U0821818

"十二五"普通高等教育本科国家级规划教材

最优化方法

（第三版）

孙文瑜　徐成贤　朱德通　孙海琳　编

中国教育出版传媒集团
高等教育出版社·北京

内容提要

本书主要内容包括：基本概念、线性规划、线性搜索与信赖域方法、无约束最优化方法、线性与非线性最小二乘问题、二次规划、约束最优化的理论与方法等。全书深入浅出，理论、计算与应用相结合，尽可能避免较深的数学推导和证明。每章后面都有一个小结，并附有习题，易于教学。

本书可作为信息与计算科学、数学与应用数学、统计学、运筹学、管理科学与工程、计算机、经济与金融，以及有关理工科专业的本科生和研究生的教材或教学参考书，亦可作为具有高等数学和线性代数基础的科技人员自学参考。

图书在版编目（CIP）数据

最优化方法 / 孙文瑜等编 . -- 3 版 . -- 北京 ：高等教育出版社，2025. 1. -- ISBN 978-7-04-063198-2

Ⅰ. O242.23

中国国家版本馆 CIP 数据核字第 2024Y2P904 号

Zuiyouhua Fangfa

策划编辑	宋玉文	责任编辑	宋玉文	封面设计	贺雅馨	版式设计	明　艳
责任绘图	杨伟露	责任校对	张　薇	责任印制	赵义民		

出版发行	高等教育出版社	网　　址	http://www.hep.edu.cn
社　　址	北京市西城区德外大街 4 号		http://www.hep.com.cn
邮政编码	100120	网上订购	http://www.hepmall.com.cn
印　　刷	北京印刷集团有限责任公司		http://www.hepmall.com
开　　本	787mm×1092mm 1/16		http://www.hepmall.cn
印　　张	16.25	版　　次	2004 年 8 月第 1 版
字　　数	370 千字		2025 年 1 月第 3 版
购书热线	010-58581118	印　　次	2025 年 11 月第 2 次印刷
咨询电话	400-810-0598	定　　价	43.20 元

物 料 号　63198-00

第三版前言

最优化研究在有限种或无限种可行方案中挑选最优方案，构造寻求最优解的计算方法。由于最优化在科学、工程、国防、交通、管理、经济、金融、机器学习、人工智能和数据科学等领域的广泛应用，现在许多高校理科、工科、经济与金融等学科都把最优化开设为一门必修或选修课程。

为了给我国高等院校理工类和管理类本科生提供一本现代、实用、合适的“最优化方法”教材，结合我们自己在最优化领域的科研和教学体会，把这个领域最基本、最重要、最实用、最有效的现代最优化方法的内容介绍给学生，使其对最优化方法有一个基本的和较全面的了解，为进一步从事最优化方法的理论、算法、软件与应用打下一个较好的基础。

本书是最优化和运筹学方面的入门教材，适合作为高等院校理工类和管理类本科生和研究生的一学期使用的教材。本书深入浅出，通俗易懂。我们努力讲清每种方法的背景、算法、性质、收敛性及数值例子，尽可能避免较深较难的数学推导和证明，力争把所需要的数学知识降到最低。对于个别有一定难度的章节，为了全书的连贯性，我们仍然给出，但用 $*$ 号表示，仅供教师和感兴趣的学生参考。例如，节 2.4 线性规划的内点算法，节 3.6 不精确线性搜索方法的收敛性，节 3.8 信赖域方法的收敛性，节 4.5 拟牛顿法的收敛性，小节 5.2.2 解线性等式约束的线性最小二乘问题，节 7.3 内点障碍函数法，节 7.4 序列二次规划方法等。对于这些章节，教师可根据具体情况予以跳过。总之，对于一学期的课程而言，本书提供了足够的教学内容，教师可根据具体情况组织教学。

本书包含最优化领域的核心内容。第一章介绍最优化问题的基本概念；第二章介绍在实际中有着最广泛应用的线性规划；第三章讨论线性搜索与信赖域方法，它们提供了最优化方法的总体收敛策略；第四章研究无约束最优化方法，这一章是全书的中心，这不仅因为无约束最优化本身的重要性，而且众多约束最优化问题也都转化为无约束问题来处理。第五章讨论一类特殊的最优化问题——线性与非线性最小二乘问题。这类问题广泛应用于回归分析、参数估计和数据拟合等领域，其目标是找到最优解使得给定的函数值与观测数据之间的残差平方和最小化。我们向大家提供解这类问题的基本的现代方法，相信这对大家今后的工作是相当有益的。第六和第七章讨论约束最优化，其中我们将一类特殊和重要的约束优化类型——二次规划单独构成一章，其重要意义自不必说。对约束最优化的理论与方法我们进行了简单的讨论，介绍了最优性条件以及两类重要的求解算法：二次罚函数法与序列二次规划方法。

我们希望这本教材选材适当，叙述和推导严谨，强调算例和应用 MATLAB、Python 等软件。同时，我们不希望本书内容太多、太全、太深。这就是说，我们希望学生了解与掌握最优化这门学科中基本的方法、理论与算法软件。本书可供一学期 48 课时 (每周 3 课时 $\times 16$ 周) $\sim$ 72 课时 (每周 4 课时 $\times 18$ 周) 的各类学校采用。教师可根据本校具体情况适当增删内容。本书适用面较广，既适用于重点院校，也适用于一般院校；既适用于信息与计算科学、数学与应用数学、统计与运筹等数学类专业，也适用于其他理工类、管理类、金融经济等学科。我们建议这门课在三年级讲授，使学生预先具有高等数学、线性代数和概率论的基本知识。同时，在讲授这门课时，最好要求学生上机编程序作练习，因为用这些方法解题都需要在计算机上完成。此外，根据我们的授课经验，对于理工类和管理类研究生一学期的最优化或运筹学课程，本书也是非常适用的。

本书每章后面都有小结，概述了这一章的主要内容、背景及一些进展。同时每章给出了一些习题供教师选择使用。全书后面附有附录和参考文献。附录中给出了求解无约束最优化和约束最优化的一些标准试验函数，这些试验函数供数值试验用。书末列出的参考文献供教师和感兴趣的学生作进一步深入研究探讨时参考。

本书第二版出版后，受到广大教师、学生和读者的好评，这对我们是很大的激励。我们在第二版的基础上，结合自己的教学体会和同行的建议，对第二版作了修改，主要体现在增加了一些 Python 程序，调用 Python 中的单纯形法、共轭梯度法、拟牛顿法、二次规划方法等算法的程序，改写了部分内容，并纠正了第二版中的一些错误。这些修正使得本教材更能适应目前的教学情况，更方便教师组织教学和学生进行学习。

在本书写作和录入的过程中，作者的研究生们提供了不少建议，并协助做了许多工作，谨致谢意。

南京航空航天大学理学院院长倪勤教授认真审阅了第一版全书手稿，并提出了宝贵的修改意见。作者谨向他致以衷心的感谢。

作者还要感谢国家自然科学基金委员会多年来对作者科研工作的资助，感谢南京师范大学、西安交通大学和上海师范大学对作者工作的一贯支持，感谢高等教育出版社编辑对本书的写作给予的指导与关心。

尽管本书作者多年来一直从事最优化方法的研究和教学，但限于水平和时间，本书难免有不妥之处，欢迎读者批评指正。

编　者

2024 年 2 月 18 日

第一版前言

第二版前言

目 录

第一章　基本概念

1.1 最优化问题简介

最优化技术在国民经济的许多领域如国防、工农业生产、交通运输、金融、贸易、管理、科学研究中有广泛的应用. 所谓最优化就是在众多可行的方案或方法中找到最好的方案或方法. 例如在确定投资项目时希望选择期望收益最大或风险最小的项目, 空间飞船的设计要求在有限的空间放置尽可能多的设备, 一个建筑在满足设计要求的条件下建筑费用应尽可能少, 两地之间的输送管道或运输路线在满足要求的条件下应尽可能短. 为应用最优化技术确定最优的方案, 需要针对具体的实际问题建立相应的最优化模型, 再根据模型的具体形式和特性选择适当的最优化方法求解. 本书旨在介绍最优化的基本理论和常用的最优化方法.

在生产管理和经济活动中, 很多问题都可以归结为最优化问题, 尤其是线性规划问题. 一类是如何合理使用有限资源, 我们举例介绍一类如何合理使用有限资源, 以获得最大效益的线性规划问题.

例 1.1.1　某公司生产甲、乙两种商品, 每件甲商品要耗 A 种原料 3 kg, B 种原料 3 kg, 产值为 180 元; 每件乙商品要耗 A 种原料 4.5 kg, B 种原料 1.5 kg, 产值为 150 元. 现该公司共有 A 种原料 900 kg, B 种原料 600 kg, 试确定甲、乙两种商品各生产多少件, 使得该公司总产值最大.

建立模型　设该公司生产甲商品 x_1 件, 生产乙商品 x_2 件, 则该公司的总产值为 $180x_1+150x_2$. 甲、乙两种商品的产量受到 A 种原料和 B 种原料总量的限制, 即 x_1, x_2 要满足以下一组不等式约束条件:

$$\begin{cases} 3x_1+4.5x_2\leqslant 900, \\ 3x_1+1.5x_2\leqslant 600. \end{cases} \tag{1.1.1}$$

此外, x_1, x_2 还应该是非负数, 即

$$x_1\geqslant 0, \quad x_2\geqslant 0. \tag{1.1.2}$$

因此, x_1, x_2 应该在满足资源约束条件 (1.1.1) 和非负约束条件 (1.1.2) 下, 该公司的总产值 z 取最大值:

$$\max\ z=180x_1+150x_2. \tag{1.1.3}$$

这样, 我们得到了该问题的线性规划模型如下:

$$
\begin{aligned}
\max\quad & z = 180x_1 + 150x_2 \\
\text{s.t.}\quad & 3x_1 + 4.5x_2 \leqslant 900, \\
& 3x_1 + 1.5x_2 \leqslant 600, \\
& x_1 \geqslant 0, \quad x_2 \geqslant 0.
\end{aligned}
\tag{1.1.4}
$$

例 1.1.2 某工厂需要储存甲种货物 1 350 t, 乙种货物 1 460 t, 现计划租赁 A, B 两种类型仓库来存储甲、乙两种货物, A, B 两种仓库的总数不能超过 50 个. 已知 30 t 甲种货物和 25 t 乙种货物可装满一个 A 型仓库; 20 t 甲种货物和 40 t 乙种货物可装满一个 B 型仓库. 若每个 A 型仓库的租金为 0.5 万元, 每个 B 型仓库的租金为 0.8 万元. 试问: 如何安排 A, B 两种类型仓库的个数, 使得总租金最少?

建立模型 设 x_1, x_2 分别为 A, B 两种类型仓库的个数, 依题意可得如下线性规划模型:

$$
\begin{aligned}
\min\quad & z = 0.5x_1 + 0.8x_2 \\
\text{s.t.}\quad & x_1 + x_2 \leqslant 50, \\
& 30x_1 + 20x_2 \geqslant 1\,350, \\
& 25x_1 + 40x_2 \geqslant 1\,460, \\
& x_1 \geqslant 0, \quad x_2 \geqslant 0.
\end{aligned}
\tag{1.1.5}
$$

现在再举一个两杆桁架问题的例子, 这是一个典型的非线性规划问题.

例 1.1.3 两杆桁架问题. 考虑图 1.1.1 中的两杆桁架问题. 桁架由两个钢管组成, 上端穿在一起, 下端分别固定在两个支点上. 两支点之间的距离, 即跨度为 $2s$. 现在设计问题是要确定桁架的高度、钢管的厚度和平均直径, 使得钢管能支撑 $2W$ 的负荷, 并使得桁架本身的总质量最小.

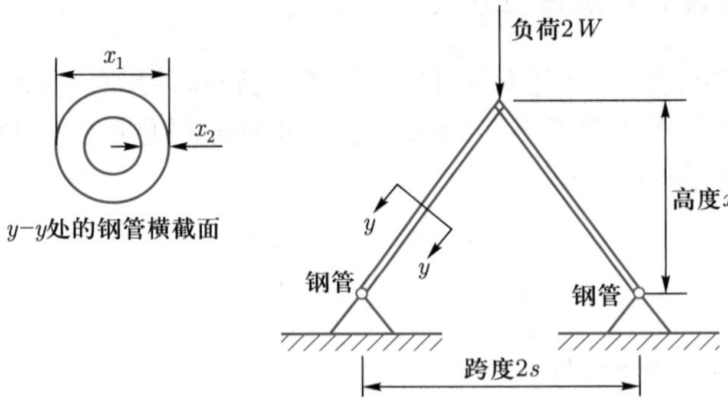

图 1.1.1

解 如图 1.1.1, 设 x_1 表示平均钢管直径, x_2 表示钢管厚度, x_3 表示桁架高度. 于是, 钢管的截面积为 $2\pi\frac{x_1}{2}x_2$. 注意到钢管的长度为 $\sqrt{s^2+x_3^2}$, 并设钢管的密度为 ρ, 我们得到钢管的质量为 $\rho\pi x_1 x_2\sqrt{s^2+x_3^2}$.

约束条件为

1. 因为空间有限, 所以桁架高度不能超过 b_1, 即 $x_3 \leqslant b_1$.
2. 平均钢管直径与钢管厚度的比不能超过 b_2, 即 $\dfrac{x_1}{x_2} \leqslant b_2$.
3. 钢管的压应力不能超过钢管的弯曲应力, 即

$$W\sqrt{s^2 + x_3^2} \leqslant b_3 x_1 x_2 x_3.$$

4. 平均直径 x_1, 厚度 x_2, 高度 x_3 还必须满足条件

$$W(s^2 + x_3^2)^{\frac{3}{2}} \leqslant b_4 x_1 x_3 (x_1^2 + x_2^2).$$

这样, 我们得到两杆桁架设计问题的非线性规划模型:

$$\begin{aligned}
\min \quad & x_1 x_2 (s^2 + x_3^2)^{\frac{1}{2}} \\
\text{s.t.} \quad & x_3 - b_1 \leqslant 0, \\
& x_1 - b_2 x_2 \leqslant 0, \\
& W(s^2 + x_3^2)^{\frac{1}{2}} - b_3 x_1 x_2 x_3 \leqslant 0, \\
& W(s^2 + x_3^2)^{\frac{3}{2}} - b_4 x_1 x_3 (x_1^2 + x_2^2) \leqslant 0, \\
& x_1, x_2, x_3 \geqslant 0.
\end{aligned}$$

下面考虑金融数学中一个经典的模型: Markowitz 均值–方差投资组合优化模型.

例 1.1.4 *某投资者要将一笔资金投入 n 个资产以谋求回报. 设第 i 个资产的回报率为随机变量 ξ_i, $\mu_i = E[\xi_i]$ 是 ξ_i 的期望, $i = 1, 2, \cdots, n$, $\xi = (\xi_1, \xi_2, \cdots, \xi_n)^{\mathrm{T}}$, $\mu = (\mu_1, \mu_2, \cdots, \mu_n)^{\mathrm{T}}$, $\Sigma = E[(\xi - \mu)(\xi - \mu)^{\mathrm{T}}]$ 为 ξ 的协方差阵, 并且市场不允许卖空, 试问投资者如何分配资金, 在风险最小时最大化自己的收益?*

建立模型 该问题为一个随机优化问题. 由于投资者并不知道未来确切的回报率, 所以无法确切地最大化其收益, 而风险也正是来自于此. 在这种情况下, 投资者可以综合考虑其期望收益率和相应的风险. 设投资者在第 i 个资产上分配的资金比例是 x_i, 由于不允许卖空，所以投资组合的约束为

$$\sum_{i=1}^{n} x_i = 1,$$

$$x_i \geqslant 0, i = 1, 2, \cdots, n.$$

设 $x = (x_1, x_2, \cdots, x_n)^{\mathrm{T}}$. 从而投资组合 x 的回报率为 $\sum\limits_{i=1}^{n} x_i \xi_i$, 期望收益为 $E\left[\sum\limits_{i=1}^{n} x_i \xi_i\right] = x^{\mathrm{T}}\mu$, 方差为

$$E\left[\left(x^{\mathrm{T}}\xi - E\left[x^{\mathrm{T}}\xi\right]\right)^2\right] = x^{\mathrm{T}}\Sigma x.$$

投资者将方差视为风险，从而投资组合的目标如下:

$$\max_{x} x^{\mathrm{T}}\mu - \eta x^{\mathrm{T}}\Sigma x,$$

这里 η 为一个大于 0 的参数, 可以理解为 "风险容忍度". η 越大, 说明投资者越保守. 这样, Markowitz 均值–方差投资组合优化模型如下:

$$\begin{aligned}\max_{x}\quad & x^{\mathrm{T}}\mu-\eta x^{\mathrm{T}}\Sigma x\\ \text{s.t.}\quad & \sum_{i=1}^{n}x_i=1,\\ & x_i\geqslant 0, i=1,2,\cdots,n.\end{aligned}$$

这是一个凸二次规划模型，我们将在第六章讨论这类问题的求解.

再看一个非线性规划问题的例子.

例 1.1.5

$$\begin{aligned}\min_{x_1,x_2}\quad & (x_1-2)^2+(x_2-2)^2\\ \text{s.t.}\quad & x_1+2x_2=4,\\ & x_1\geqslant 0,\\ & x_2\geqslant 0.\end{aligned}$$

解 如图 1.1.2 所示, 可行域

$$\mathcal{F}=\{(x_1,x_2)|x_1+2x_2=4,x_1\geqslant 0,x_2\geqslant 0\}$$

为一条线段. 目标函数的等高线为

$$f(x_1,x_2)=k.$$

例如, 图中显示了 $f(x_1,x_2)=\dfrac{4}{5},f(x_1,x_2)=4,\cdots$. 极小点为 $x_1^*=\dfrac{8}{5},x_2^*=\dfrac{6}{5}$, 它在可行域 $\mathcal{F}$ 和目标函数等高线的切线上. 这时目标函数值为

$$f(x_1^*,x_2^*)=\left(\frac{8}{5}-2\right)^2+\left(\frac{6}{5}-2\right)^2=\frac{4}{5}.$$

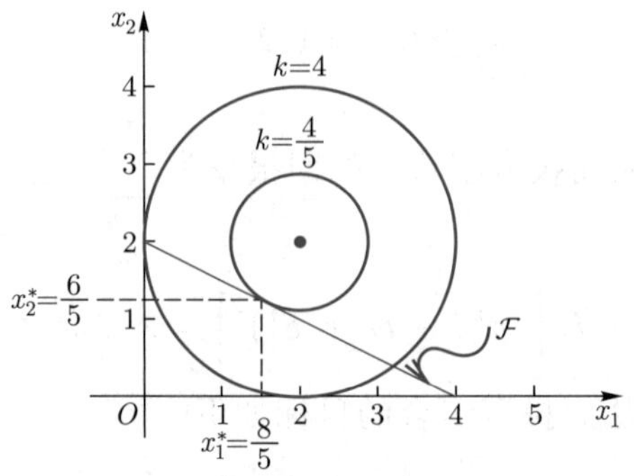

图 1.1.2

最优化问题的数学模型的一般形式为

$$
\begin{aligned}
\min \quad & f(x) \\
\text{s.t.} \quad & c_i(x)=0, \quad i=1,2,\cdots,m, \\
& c_i(x)\geqslant 0, \quad i=m+1,m+2,\cdots,p,
\end{aligned} \tag{1.1.6}
$$

其中 $x=(x_1,x_2,\cdots,x_n)^{\mathrm{T}}\in\mathbf{R}^n$, $f:\ \mathbf{R}^n\to\mathbf{R}$, $c_i:\ \mathbf{R}^n\to\mathbf{R}(i=1,2,\cdots,p)$ 为连续函数, 通常还要求连续可微. x 称为决策变量, $f(x)$ 为目标函数, $c_i(x)(i=1,2,\cdots,p)$ 为约束函数, $c_i(x)=0(i=1,2,\cdots,m)$ 为等式约束, $c_i(x)\geqslant 0(i=m+1,m+2,\cdots,p)$ 为不等式约束, 并记等式约束的指标集为 $E=\{1,2,\cdots,m\}$, 不等式约束的指标集为 $I=\{m+1,m+2,\cdots,p\}$. min 和 s.t. 分别是英语单词 minimize (极小化) 和 subject to (受约束) 的缩写.

根据实际问题的不同要求, 最优化模型有不同的形式, 但经过适当的变换都可以转换成上述一般的形式. 例如, 对于求目标函数 $f(x)$ 极大的问题

$$\max\ f(x)$$

可转换成求 $-f(x)$ 极小的问题

$$\min\ \phi(x),$$

其中 $\phi(x)=-f(x)$. 又如对于形如

$$c_i(x)\leqslant 0$$

的不等式约束, 可同样转换成上述形式的不等式约束

$$h_i(x)\geqslant 0,$$

其中 $h_i(x)=-c_i(x)$. 还有像

$$a(x)\leqslant b(x)+c$$

的不等式约束, 可通过令 $h(x)=b(x)-a(x)+c$ 转换成

$$h(x)\geqslant 0$$

的不等式约束形式. 通过后面进一步深入的学习, 我们会看到转换在最优化理论和方法的研究和应用中有重要作用.

问题 (1.1.6) 是最优化问题的一般数学表现形式. 只要在问题中存在任何约束条件, 就称为约束最优化问题. 只有等式约束时,

$$
\begin{aligned}
\min \quad & f(x) \\
\text{s.t.} \quad & c_i(x)=0, \quad i=1,2,\cdots,m
\end{aligned}
$$

称为等式约束最优化问题, 只有不等式约束时,

$$
\begin{aligned}
\min \quad & f(x) \\
\text{s.t.} \quad & c_i(x)\geqslant 0, \quad i=1,2,\cdots,m
\end{aligned}
$$

称为不等式约束最优化问题. 如果既有等式约束, 又有不等式约束, 则称为混合约束优化问题, 或一般约束优化问题, 如问题 (1.1.6). 我们常常把如下形式的经常出现的简单界约束优化问题

$$\begin{aligned} \min_{x\in\mathbf{R}^n} \quad & f(x) \\ \text{s.t.} \quad & l_i \leqslant x_i \leqslant u_i,\ i=1,2,\cdots,n \end{aligned} \tag{1.1.7}$$

称为盒式约束优化问题 (或有界约束优化问题), 其中 $l_i < u_i\ (i=1,2,\cdots,n)$ 为常数. 如果问题中无任何约束条件, 则称为无约束最优化问题. 无约束最优化问题的数学模型为

$$\min \quad f(x), \qquad x\in\mathbf{R}^n, \tag{1.1.8}$$

一般简记为

$$\min \quad f(x).$$

无约束最优化问题是最优化的基础, 一则很多实际的最优化问题本身就是无约束最优化问题, 二则许多约束最优化方法都是通过变换把约束最优化问题转换成无约束最优化问题后, 用适当的无约束优化方法求解.

根据模型 (1.1.6) 中函数的具体性质和复杂程度, 最优化问题又有许多不同的类型. 根据决策变量的取值是离散的还是连续的分为离散最优化和连续最优化, 离散最优化通常又称组合最优化, 如整数规划、资源配置、邮路问题、生产安排等问题都是离散最优化问题的典型例子. 离散最优化问题的求解较之连续最优化问题的求解难度更大, 本书只介绍连续最优化的理论与方法. 根据连续最优化模型中函数的光滑与否又分为光滑最优化与非光滑最优化. 如果模型 (1.1.6) 中的所有函数都连续可微, 则称为光滑最优化; 只要有一个函数非光滑, 则相应的优化问题就是非光滑最优化问题. 本书只研究光滑最优化问题的求解方法, 即在本书的大多数章节我们都假定模型中的函数连续可微, 有时二阶或更高阶连续可微. 对于连续光滑的最优化问题, 如果所有函数都是变量 $x=(x_1,x_2,\cdots,x_n)^{\mathrm{T}}$ 的线性函数, 则称 (1.1.6) 为线性规划问题. 线性规划问题的一般形式为

$$\begin{aligned} \min \quad & c_1x_1+c_2x_2+\cdots+c_nx_n \\ \text{s.t.} \quad & a_{11}x_1+a_{12}x_2+\cdots+a_{1n}x_n=b_1, \\ & \cdots\cdots\cdots\cdots \\ & a_{m1}x_1+a_{m2}x_2+\cdots+a_{mn}x_n=b_m, \\ & a_{m+1,1}x_1+a_{m+1,2}x_2+\cdots+a_{m+1,n}x_n\geqslant b_{m+1}, \\ & \cdots\cdots\cdots\cdots \\ & a_{p1}x_1+a_{p2}x_2+\cdots+a_{pn}x_n\geqslant b_p. \end{aligned} \tag{1.1.9}$$

即

$$\begin{aligned} \min_{x\in\mathbf{R}^n} \quad & c^{\mathrm{T}}x \\ \text{s.t.} \quad & a_i^{\mathrm{T}}x=b_i,\ i=1,2,\cdots,m, \end{aligned} \tag{1.1.10}$$

$$a_i^{\mathrm{T}}x \geqslant b_i,\ i=m+1,m+2,\cdots,p,$$

其中

$$c=(c_1,c_2,\cdots,c_n)^{\mathrm{T}},\ a_i=(a_{i1},a_{i2},\cdots,a_{in})^{\mathrm{T}},\ i=1,2,\cdots,p.$$

有时对变量 x 还有非负的约束

$$x_i \geqslant 0,\quad i=1,2,\cdots,n,$$

或有界的约束

$$l_i \leqslant x_i \leqslant u_i,\quad i=1,2,\cdots,n,$$

但这些约束都可以包括在上述模型的不等式约束中. 上述线性规划模型的矩阵向量表示为

$$\begin{aligned} \min \quad & c^{\mathrm{T}}x \\ \text{s.t.} \quad & A_1x=b^1, \\ & A_2x \geqslant b^2, \end{aligned} \tag{1.1.11}$$

其中 $c=(c_1,c_2,\cdots,c_n)^{\mathrm{T}}$, $b^1=(b_1,b_2,\cdots,b_m)^{\mathrm{T}}$, $b^2=(b_{m+1},b_{m+2},\cdots,b_p)^{\mathrm{T}}$,

$$A_1=\begin{pmatrix} a_{11} & a_{12} & \cdots & a_{1n} \\ a_{21} & a_{22} & \cdots & a_{2n} \\ \vdots & \vdots & & \vdots \\ a_{m1} & a_{m2} & \cdots & a_{mn} \end{pmatrix},\quad A_2=\begin{pmatrix} a_{m+1,1} & a_{m+1,2} & \cdots & a_{m+1,n} \\ a_{m+2,1} & a_{m+2,2} & \cdots & a_{m+2,n} \\ \vdots & \vdots & & \vdots \\ a_{p1} & a_{p2} & \cdots & a_{pn} \end{pmatrix}.$$

当模型 (1.1.6) 中的目标函数 $f(x)$ 是变量 x 的二次函数, 而所有约束都是 x 的线性函数时称为二次规划问题. 二次规划问题的一般形式为

$$\begin{aligned} \min \quad & q(x)=\frac{1}{2}x^{\mathrm{T}}Gx+c^{\mathrm{T}}x+d \\ \text{s.t.} \quad & a_i^{\mathrm{T}}x=b_i,\ i=1,2,\cdots,m, \\ & a_i^{\mathrm{T}}x \geqslant b_i,\ i=m+1,m+2,\cdots,p, \end{aligned} \tag{1.1.12}$$

其中 $c=(c_1,c_2,\cdots,c_n)^{\mathrm{T}}$, d 为纯量, G 为 $n\times n$ 对称矩阵

$$G=\begin{pmatrix} G_{11} & G_{12} & \cdots & G_{1n} \\ G_{21} & G_{22} & \cdots & G_{2n} \\ \vdots & \vdots & & \vdots \\ G_{n1} & G_{n2} & \cdots & G_{nn} \end{pmatrix},$$

满足 $G_{ij}=G_{ji},\ \forall\, i\neq j$. 只要模型 (1.1.6) 的函数中有一个关于 x 是非线性的, 就称为非线性最优化问题. 非线性最优化问题是最一般的最优化问题, 而线性规划和二次规划问题却是相当重要的特殊的最优化问题, 这同样因为在实际中形成的许多最优化问题是线性规划问题或二次规划问题, 而且在用迭代法求非线性最优化问题的最优解时我们常常

用线性规划或二次规划来局部近似原非线性最优化问题, 并通过求所得近似问题的最优解来对已有最优解的估计进行改进.

如果点 $x \in \mathbf{R}^n$ 满足最优化模型 (1.1.6) 中的所有约束条件就称为可行点 (feasible point), 所有可行点的全体称为可行域 (feasible region), 在本书中我们用 $\mathcal{F}$ 表示可行域, 即

$$\mathcal{F} = \{x \mid c_i(x) = 0, i = 1, 2, \cdots, m,\ c_i(x) \geqslant 0, i = m+1, m+2, \cdots, p\}.$$

在一个可行点 $\bar{x}$ 考虑不等式约束 $c_i(x) \geqslant 0$, 如果有 $c_i(\bar{x}) = 0$, 就称不等式约束 $c_i(x) \geqslant 0$ 在点 $\bar{x}$ 是有效约束或起作用约束 (active constraint), 并称可行点 $\bar{x}$ 位于约束 $c_i(x) \geqslant 0$ 的边界. 我们用 $I(\bar{x})$ 表示在 $\bar{x}$ 处所有有效的不等式约束的指标集,

$$I(\bar{x}) = \{i \mid c_i(\bar{x}) = 0,\ i \in I\}. \tag{1.1.13}$$

如果有 $c_i(\bar{x}) > 0$, 就称不等式约束 $c_i(x) \geqslant 0$ 在点 $\bar{x}$ 是无效约束或不起作用约束 (inactive constraint), 并称 $\bar{x}$ 是约束 $c_i(x) \geqslant 0$ 的内点. 在任意可行点, 所有的等式约束都被认为是有效约束, 在一个可行点, 所有有效约束的全体被称为该可行点的有效集, 其指标集记为

$$\mathcal{A}_{\bar{x}} = \{i \mid i = 1, 2, \cdots, m, m+1, \cdots, p,\quad c_i(\bar{x}) = 0\}. \tag{1.1.14}$$

$$\mathcal{A}_{\bar{x}} = E \cup I(\bar{x}). \tag{1.1.15}$$

对于一可行点 $\bar{x}$ 如果没有一个不等式约束是有效的, 就称 $\bar{x}$ 是可行域的内点, 不是内点的可行点就是可行域的边界点. 显然, 在边界点至少有一个不等式约束是有效约束. 当存在等式约束时, 任何可行点都要满足等式约束, 因此不可能是等式约束的内点.

图 1.1.3 给出了由下述约束条件给出的可行域 $\mathcal{F}$:

$$\begin{aligned} &c_1(x) = 2x_1 + 3x_2 + x_3 - 6 = 0,\\ &x_1 \geqslant 0,\\ &x_2 \geqslant 0,\\ &x_3 \geqslant 0. \end{aligned}$$

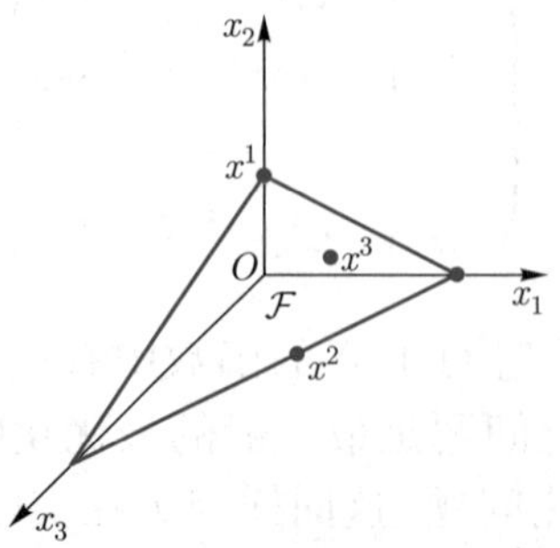

图 1.1.3 可行域与可行域的边界

对于可行点 x^1, 约束 $x_1 \geqslant 0$ 和 $x_3 \geqslant 0$ 是有效约束, 而 $x_2 \geqslant 0$ 是无效约束. 对于可行点 x^2, 则刚好相反, 约束 $x_2 \geqslant 0$ 是有效约束, 而 $x_1 \geqslant 0$ 和 $x_3 \geqslant 0$ 是无效约束. 而对于可行点 x^3, 三个不等式约束都是无效约束. 图 1.1.3 中可行域的边界由粗线表示.

一个可行点 $x^* \in \mathcal{F}$ 称为问题 (1.1.6) 的全局 (或总体) 最优解, 如果有

$$f(x^*) \leqslant f(x), \quad \forall x \in \mathcal{F} \tag{1.1.16}$$

对所有不同于 x^* 的可行点 x 严格成立, 即

$$f(x^*) < f(x), \quad \forall x \in \mathcal{F}, \ x \neq x^*, \tag{1.1.17}$$

则称 x^* 为严格全局 (或严格总体) 最优解. 对于可行点 x^*, 如果存在一个邻域

$$\mathcal{N}(x^*) = \{x \mid \|x - x^*\| \leqslant \delta\},$$

使得

$$f(x^*) \leqslant f(x), \ \forall x \in \mathcal{N}(x^*) \cap \mathcal{F}, \tag{1.1.18}$$

则称 x^* 为优化问题 (1.1.6) 的局部最优解, 其中 $\delta > 0$ 是一个小的正数, 范数 $\|\cdot\|$ 可以是任意向量范数, 但一般常用 ℓ^2 范数

$$\|x\| = \left(\sum_{i=1}^{n} x_i^2\right)^{\frac{1}{2}}.$$

如果上述不等式 (1.1.18) 对所有 $x \in \mathcal{N}(x^*) \cap \mathcal{F}$, $x \neq x^*$ 严格成立, 则称 x^* 为严格局部极小点.

图 1.1.4 就单变量函数的情形给出了全局最优解和局部最优解的一个例子. 在这个图中, 点 x_1 是所示函数的严格全局极小解, x_2 和 x_3 则是局部极小解, 其中 x_3 是严格局部极小解, 而 x_2 是非严格局部极小解. 需要注意的是并非所有的连续可微函数都有极小解, 单变量函数 $f(x) = x^3$ 就是一个最简单而又容易理解的例子. 即使问题有最优解, 最优解未必唯一, 也未必是全局最优解. 本书介绍的方法一般只能用于确定最优化问题的局部最优解, 有关确定全局最优解的最优化方法属于最优化研究的另一个领域——全局最优化. 然而, 如果最优化问题的目标函数是凸的, 而可行域是凸集, 则问题的任何最优解 (不一定唯一) 必是全局最优解, 这样的最优化问题又称凸规划. 进一步, 对于凸集上的严格凸函数的极小化问题, 存在唯一的全局最优解 (见定理 1.2.17).

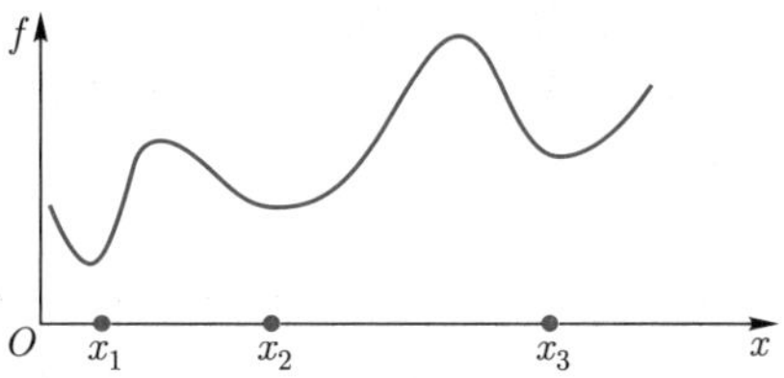

图 1.1.4　全局极小点与局部极小点

1.2 凸集和凸函数

正如我们在上一节所指出的目标函数为凸函数, 可行集为凸集的凸规划问题可确保任意局部最优解也是问题的全局最优解. 因此, 凸集与凸函数在最优化理论与算法的研究与学习中起着重要作用. 本节我们介绍凸集与凸函数的某些基本概念和基本性质. 下面先讨论凸集.

1.2.1 凸集

定义 1.2.1 集合 $D \subset \mathbf{R}^n$ 称为凸集, 如果对于任意 $x,\ y \in D$ 有

$$\lambda x + (1-\lambda) y \in D, \quad \forall\ 0 \leqslant \lambda \leqslant 1. \tag{1.2.1}$$

换句话说, 如果任意两点 $x,\ y \in D$, 则连接 x 与 y 的直线段上的所有点都在 D 内.

图 1.2.1 给出了平面上凸集与非凸集的例子.

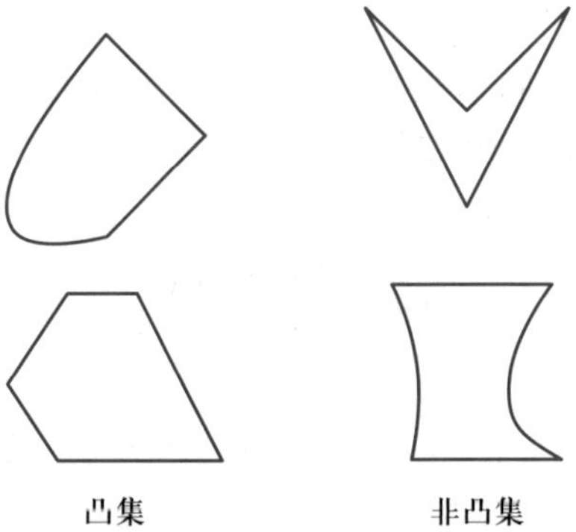

图 1.2.1 凸集与非凸集

例 1.2.2 (1) 超平面 $H = \{x \mid p^{\mathrm{T}} x = \alpha\}$ 是凸集, 其中 $p \in \mathbf{R}^n$ 是非零向量, 称为超平面的法向量, α 为实数.

(2) 闭半空间 $H^- = \{x \mid p^{\mathrm{T}} x \leqslant \alpha\}$ 和 $H^+ = \{x \mid p^{\mathrm{T}} x \geqslant \alpha\}$ 是凸集;

开半空间 $H_o^- = \{x \mid p^{\mathrm{T}} x < \alpha\}$ 和 $H_o^+ = \{x \mid p^{\mathrm{T}} x > \alpha\}$ 是凸集.

解 我们仅证明 (1), 其他证明类似. 事实上, 对任意 $x_1, x_2 \in H$ 和每一个 $\theta \in [0,1]$, 有

$$p^{\mathrm{T}}[\theta x_1 + (1-\theta) x_2] = \theta p^{\mathrm{T}} x_1 + (1-\theta) p^{\mathrm{T}} x_2 = \theta\alpha + (1-\theta)\alpha = \alpha,$$

故 $\theta x_1 + (1-\theta) x_2 \in H$, 因此超平面 H 是凸集. □

显然, $\mathbf{R}^n$ 中的超平面 $H = \{x \mid p^{\mathrm{T}} x = \alpha\}$ 是 $n-1$ 维的, 如果 $\alpha = 0$, 则该超平面简化为直交于 p 的向量子空间. 例如,

$$H = \{(x_1, x_2, x_3) \mid x_1 + 3x_2 - x_3 = 5\}$$

是 $\mathbf{R}^3$ 中的一个平面, 这里, $x = (x_1, x_2, x_3)^{\mathrm{T}}, p = (1, 3, -1)^{\mathrm{T}}, \alpha = 5$.

$$H^- = \{(x_1, x_2, x_3) \mid x_1 + 3x_2 - x_3 \leqslant 5\}$$

是一个闭半空间, 是 $\mathbf{R}^3$ 中超平面的一边.

由有限个闭半空间的交组成的集合

$$D = \{x \mid p_i^{\mathrm{T}} x \leqslant \beta_i, \quad i = 1, \cdots, m\} \tag{1.2.2}$$

叫多面集 (polyhetral), 其中 p_i 是非零向量, β_i 是数. 多面集是一个闭凸集. 例如,

$$\mathcal{F} = \left\{ (x_1, x_2) \middle| \begin{array}{l} x_1 + 2x_2 \leqslant 2, \\ x_2 \leqslant \dfrac{1}{2}, \\ x_1 \geqslant 0, \ x_2 \geqslant 0 \end{array} \right\}.$$

由于等式可以用不等式表示, 所以

$$D = \{x \in \mathbf{R}^n \mid Ax = b, \ x \geqslant 0\}$$

和

$$D = \{x \in \mathbf{R}^n \mid Ax \geqslant b, \ x \geqslant 0\}$$

都是多面集, 它们都是闭凸集.

集合 $K \subset \mathbf{R}^n$ 称为锥, 如果对 $x \in K$ 和 $\lambda \geqslant 0$ 有 $\lambda x \in K$. 显然, 集合

$$LFD(\bar{x}) = \left\{ d \,\middle|\, \begin{array}{ll} d^{\mathrm{T}} \nabla c_i(\bar{x}) \geqslant 0, & i \in I(\bar{x}) \\ d^{\mathrm{T}} \nabla c_i(\bar{x}) = 0, & i \in E \end{array} \right\}$$

是一个锥, 而且是一个线性化锥, 因为它由线性化约束函数得到.

如果锥 K 是凸集, 则 K 称为凸锥. 例如, $\mathbf{R}^n$ 中的非负卦限

$$\mathbf{R}_+^n = \{x = (\xi_1, \xi_2, \cdots, \xi_n) \mid \xi_1 \geqslant 0, \xi_2 \geqslant 0, \cdots, \xi_n \geqslant 0\}$$

是凸锥. 正半定锥

$$S_+^n = \{A \in \mathbf{R}^{n \times n} \mid A^{\mathrm{T}} = A, x^{\mathrm{T}} A x \geqslant 0, \ \forall x \in \mathbf{R}^n\}$$

是一个凸锥.

凸集有下面一些基本性质: 设 $D_1, D_2 \subset \mathbf{R}^n$ 是凸集, 则

(1) 两个凸集的交 $D_1 \cap D_2 = \{x \mid x \in D_1 \ \text{且} \ x \in D_2\}$ 是凸集;

(2) 两个凸集的和 $D_1 + D_2 = \{x + y \mid x \in D_1, \ y \in D_2\}$ 是凸集;

(3) 两个凸集的差 $D_1 - D_2 = \{x - y \mid x \in D_1, \ y \in D_2\}$ 是凸集;

(4) 对于任意非零实数 α, 集合 $\alpha D_1 = \{\alpha x \mid x \in D_1\}$ 也是凸集.

(1) 的**证明** 设 $x_1, x_2 \in D_1 \cap D_2$, 则有 $x_1 \in D_1, x_2 \in D_1, x_1 \in D_2, x_2 \in D_2$. 由定义, 对于 $0 \leqslant \lambda \leqslant 1$, 有

$$\lambda x_1 + (1-\lambda) x_2 \in D_1, \quad \lambda x_1 + (1-\lambda) x_2 \in D_2,$$

故 $\lambda x_1 + (1-\lambda) x_2 \in D_1 \cap D_2$. 所以 $D_1 \cap D_2$ 是凸集. □

其余留给读者作为练习.

设 $x^{(1)}, x^{(2)}, \cdots, x^{(p)} \in \mathbf{R}^n$, 数 $\alpha_1, \alpha_2, \cdots, \alpha_p$ 满足

$$\sum_{i=1}^{p} \alpha_i = 1,\ \alpha_i \geqslant 0\,(i = 1, 2, \cdots, p),$$

则

$$x = \alpha_1 x^{(1)} + \alpha_2 x^{(2)} + \cdots + \alpha_p x^{(p)}$$

称为向量 $x^{(1)}, x^{(2)}, \cdots, x^{(p)}$ 的凸组合.

根据凸集的定义, 我们可以得到凸集的任意有限个点的凸组合仍属于凸集的结论, 这就是我们下面的定理.

定理 1.2.3 *$D \subset \mathbf{R}^n$ 是凸集的充分必要条件是 D 中任意 m 个点 $x^{(i)}$ $(i = 1, 2, \cdots, m)$ 的凸组合仍属于 D, 即有*

$$\sum_{i=1}^{m} \alpha_i x^{(i)} \in D,\ \alpha_i \geqslant 0\ (i = 1, 2, \cdots, m),\ \sum_{i=1}^{m} \alpha_i = 1. \tag{1.2.3}$$

证明 先用数学归纳法证明必要性. 根据凸集的定义, 定理的结论在 $m = 2$ 时显然成立. 设结论在 $m = k$ 时成立, 我们证明结论在 $m = k + 1$ 时也成立. 设 $x^{(i)} \in D$, $i = 1, 2, \cdots, k + 1$, 考虑任意一组实数 $\alpha_i \geqslant 0$, $i = 1, 2, \cdots, k + 1$, $\sum\limits_{i=1}^{k+1} \alpha_i = 1$, 则

$$\begin{aligned}
\sum_{i=1}^{k+1} \alpha_i x^{(i)} &= \sum_{i=1}^{k} \alpha_i x^{(i)} + \alpha_{k+1} x^{(k+1)} \\
&= (1 - \alpha_{k+1}) \sum_{i=1}^{k} \frac{\alpha_i}{1 - \alpha_{k+1}} x^{(i)} + \alpha_{k+1} x^{(k+1)} \\
&\triangleq (1 - \alpha_{k+1}) \bar{x} + \alpha_{k+1} x^{(k+1)},
\end{aligned}$$

其中, $\bar{x} = \sum\limits_{i=1}^{k} \dfrac{\alpha_i}{1 - \alpha_{k+1}} x^{(i)}$. 由于 $1 - \alpha_{k+1} = \sum\limits_{i=1}^{k} \alpha_i$, 我们有

$$\sum_{i=1}^{k} \frac{\alpha_i}{1 - \alpha_{k+1}} = 1,\ \frac{\alpha_i}{1 - \alpha_{k+1}} \geqslant 0\,(i = 1, 2, \cdots, k),$$

故由归纳假设有

$$\bar{x} = \sum_{i=1}^{k} \frac{\alpha_i}{1 - \alpha_{k+1}} x^{(i)} \in D.$$

再由凸集的定义得

$$\sum_{i=1}^{k+1} \alpha_i x^{(i)} = (1 - \alpha_{k+1}) \bar{x} + \alpha_{k+1} x^{(k+1)} \in D.$$

由数学归纳法原理, (1.2.3) 得证.

再证充分性. 设 D 中点的每一个凸组合都包含在 D 中. 于是, 对于任意两点 $x^{(1)}$, $x^{(2)} \in D$, 有

$$\alpha_1 x^{(1)} + \alpha_2 x^{(2)} \in D,$$

其中, $\alpha_1, \alpha_2 \geqslant 0$, $\alpha_1 + \alpha_2 = 1$. 由定义可知 D 是凸集. □

凸集除了在刻画可行域的特性方面起重要作用外, 下面的凸集分离定理在分析最优解的最优性条件时起重要作用.

定义 1.2.4 设 D_1, $D_2 \subset \mathbf{R}^n$ 为两非空凸集, 若存在非零向量 $a \in \mathbf{R}^n$ 和实数 β, 使得

$$D_1 \subset H^+ = \{x \in \mathbf{R}^n \mid a^{\mathrm{T}} x \geqslant \beta\},$$
$$D_2 \subset H^- = \{x \in \mathbf{R}^n \mid a^{\mathrm{T}} x \leqslant \beta\},$$

则称超平面

$$H = \{x \in \mathbf{R}^n \mid a^{\mathrm{T}} x = \beta\} \tag{1.2.4}$$

分离集合 D_1 和 D_2. 如果更有

$$D_1 \subset H_o^+ = \{x \in \mathbf{R}^n \mid a^{\mathrm{T}} x > \beta\},$$
$$D_2 \subset H_o^- = \{x \in \mathbf{R}^n \mid a^{\mathrm{T}} x < \beta\},$$

则称超平面 H 严格分离 D_1 和 D_2, 其中 H_o^+, H_o^- 分别表示集合 H^+, H^- 的内部.

定理 1.2.5 (投影定理) 设 $D \subset \mathbf{R}^n$ 是非空闭凸集, $y \in \mathbf{R}^n$ 但 $y \notin D$, 则

(1) 存在唯一的点 $\bar{x} \in D$, 使得集合 D 到点 y 的距离最小, 即

$$\|\bar{x} - y\| = \inf_{x \in D} \|x - y\|. \tag{1.2.5}$$

(2) $\bar{x} \in D$ 是点 y 到集合 D 的最短距离点的充分必要条件为

$$(x - \bar{x})^{\mathrm{T}} (\bar{x} - y) \geqslant 0, \quad \forall\, x \in D, \tag{1.2.6}$$

或写成

$$\langle x - \bar{x}, y - \bar{x} \rangle \leqslant 0, \quad \forall\, x \in D. \tag{1.2.7}$$

参见图 1.2.2.

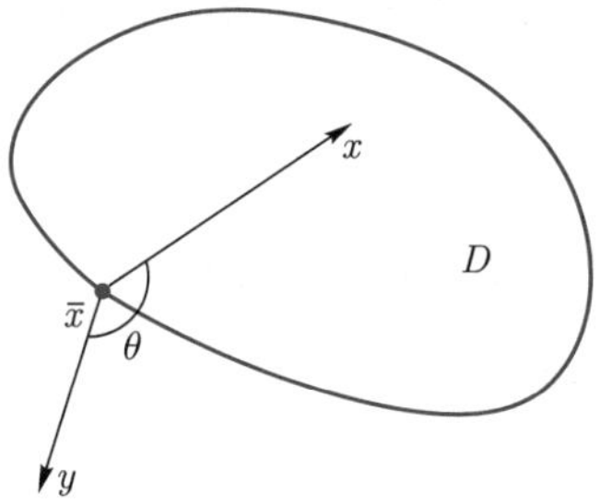

图 1.2.2 点到闭凸集的最短距离

证明 (注: 本证明仅供教师参考, 对学生不作要求.)

(1) 先证点 $\bar{x}$ 的存在性. 取充分大的 $\mu > 0$ 使得

$$D_S = D \cap (y + \mu S) \neq \varnothing,$$

其中 $\varnothing$ 表示空集, S 为空间 $\mathbf{R}^n$ 中的单位球

$$S = \{x \in \mathbf{R}^n \mid \|x\| \leqslant 1\}.$$

由于 D 是闭凸集, $y + \mu S$ 是有界闭集, 故集合 D_S 是非空有界闭凸集. 因此连续函数

$$f(x) = \|x - y\|$$

在集合 $D_S = D \cap (y + \mu S)$ 上必取得最小值. 故存在 $\bar{x} \in D_S$ 使得

$$\|\bar{x} - y\| = \inf_{x \in D_s} \|x - y\| = \inf_{x \in D} \|x - y\|. \tag{1.2.8}$$

从而 $\bar{x}$ 是集合 D 到 y 距离最短的点.

再证点 $\bar{x}$ 的唯一性. 设有两点 $\bar{x}, \tilde{x} \in D$, 都满足

$$\inf_{x \in D} \|x - y\| = \gamma,$$

使得

$$\|y - \bar{x}\| = \|y - \tilde{x}\| = \gamma. \tag{1.2.9}$$

由范数的三角不等式有

$$\begin{aligned}\left\|y - \frac{\bar{x} + \tilde{x}}{2}\right\| &= \left\|\frac{1}{2}(y - \bar{x}) + \frac{1}{2}(y - \tilde{x})\right\| \\ &\leqslant \frac{1}{2}\|y - \bar{x}\| + \frac{1}{2}\|y - \tilde{x}\| \\ &= \gamma.\end{aligned} \tag{1.2.10}$$

由于 D 是凸集, 故 $\dfrac{\bar{x} + \tilde{x}}{2} \in D$. 又因为 γ 是集合 D 到 y 的最短距离, 故 (1.2.10) 中等式成立, 即有

$$\left\|\frac{1}{2}(y - \bar{x}) + \frac{1}{2}(y - \tilde{x})\right\| = \frac{1}{2}\|y - \bar{x}\| + \frac{1}{2}\|y - \tilde{x}\|. \tag{1.2.11}$$

利用习题 5 得到: 存在实数 α 使得

$$y - \bar{x} = \alpha(y - \tilde{x}). \tag{1.2.12}$$

利用 $\|y - \bar{x}\| = \|y - \tilde{x}\| = \gamma$, 得到 $|\alpha| = 1$. 若 $\alpha = -1$, 则由 $y - \bar{x} = -y + \tilde{x}$ 得

$$y = \frac{\bar{x} + \tilde{x}}{2} \in D,$$

这与 $y \notin D$ 相矛盾. 因此必有 $\alpha = 1$, 由 $y - \bar{x} = y - \tilde{x}$ 得 $\bar{x} = \tilde{x}$. 这就证明了 $\bar{x}$ 的唯一性.

(2) 先证充分性. 设定理中所述的条件成立, 则对任意 $x \in D, x \neq \bar{x}$ 有

$$\begin{aligned}\|x - y\|^2 &= \|x - \bar{x} + \bar{x} - y\|^2 \\ &= \|x - \bar{x}\|^2 + \|\bar{x} - y\|^2 + 2(x - \bar{x})^{\mathrm{T}}(\bar{x} - y).\end{aligned}$$

由 $\|x - \bar{x}\|^2 > 0$ 以及 $(x - \bar{x})^{\mathrm{T}}(\bar{x} - y) \geqslant 0$, 得

$$\|x - y\|^2 > \|\bar{x} - y\|^2, \quad \forall\, x \in D.$$

这就证明了 $\bar{x}$ 是 D 到 y 距离最短的点.

再证必要性. 设 $\bar{x}$ 是 D 到点 y 距离最短的点, 即

$$\|\bar{x} - y\|^2 \leqslant \|x - y\|^2, \quad \forall x \in D. \tag{1.2.13}$$

由于 D 是凸集及 $\bar{x} \in D$, 对于任意给定的 $x \in D$ 以及任意的 $\lambda \in (0,1)$ 有

$$\bar{x} + \lambda(x - \bar{x}) = \lambda x + (1 - \lambda)\bar{x} \in D.$$

用此代替式 (1.2.13) 中的 x 得

$$\begin{aligned}\|\bar{x} - y\|^2 &\leqslant \|y - \bar{x} - \lambda(x - \bar{x})\|^2 \\ &= \|y - \bar{x}\|^2 + \lambda^2\|x - \bar{x}\|^2 - 2\lambda(y - \bar{x})^{\mathrm{T}}(x - \bar{x}).\end{aligned}$$

因此对任意 $\lambda \in (0,1)$ 得

$$\lambda^2\|x - \bar{x}\|^2 - 2\lambda(y - \bar{x})^{\mathrm{T}}(x - \bar{x}) \geqslant 0.$$

将此式改写为

$$\lambda^2\|x - \bar{x}\|^2 + 2\lambda(\bar{x} - y)^{\mathrm{T}}(x - \bar{x}) \geqslant 0.$$

在上式两端同除以 λ, 再令 $\lambda \to 0$ 便得

$$(x - \bar{x})^{\mathrm{T}}(\bar{x} - y) \geqslant 0, \quad \forall\, x \in D.$$

这就完成了定理的证明. □

利用上述定理我们可以得到点与闭凸集的分离定理.

定理 1.2.6 设 $D \subset \mathbf{R}^n$ 为非空闭凸集, $y \in \mathbf{R}^n$, $y \notin D$, 则存在非零向量 $a \in \mathbf{R}^n$ 和实数 β 使得

$$a^{\mathrm{T}}x \leqslant \beta < a^{\mathrm{T}}y, \quad \forall x \in D \tag{1.2.14}$$

成立, 即存在超平面 $H = \{x \in \mathbf{R}^n \mid a^{\mathrm{T}}x = \beta\}$ 严格分离点 y 与凸集 D.

证明 由 D 是非空闭凸集, $y \notin D$ 以及定理 1.2.5 知存在唯一的点 $\bar{x} \in D$ 使集合 D 到点 y 的距离最短, 且有

$$(x - \bar{x})^{\mathrm{T}}(\bar{x} - y) \geqslant 0, \quad \forall\, x \in D$$

成立. 将此式改写为

$$x^{\mathrm{T}}(y-\bar{x}) \leqslant \bar{x}^{\mathrm{T}}(y-\bar{x}), \quad \forall\, x \in D.$$

由此得

$$\begin{aligned}\|y-\bar{x}\|^2 &= (y-\bar{x})^{\mathrm{T}}(y-\bar{x}) = y^{\mathrm{T}}(y-\bar{x}) - \bar{x}^{\mathrm{T}}(y-\bar{x}) \\ &\leqslant y^{\mathrm{T}}(y-\bar{x}) - x^{\mathrm{T}}(y-\bar{x}), \quad \forall\, x \in D.\end{aligned}$$

令 $a = y - \bar{x}$, 则有 $a \neq 0$ 且

$$0 < \|a\|^2 \leqslant a^{\mathrm{T}}y - a^{\mathrm{T}}x, \quad \forall\, x \in D.$$

即有 $a^{\mathrm{T}}x < a^{\mathrm{T}}y,\ \forall x \in D$. 令 $\beta = \sup\{a^{\mathrm{T}}x \mid x \in D\}$ 即得

$$a^{\mathrm{T}}x \leqslant \beta < a^{\mathrm{T}}y, \quad \forall\, x \in D,$$

这就完成了定理的证明. □

由点与闭凸集的分离定理 1.2.6 可以推得下述在最优化理论研究中起重要作用的 Farkas 引理.

引理 1.2.7 (Farkas 引理) 设 $A \in \mathbf{R}^{m\times n}$ 为 $m \times n$ 矩阵, $b \in \mathbf{R}^n$, 则下述两组方程中有且仅有一组有解

$$Ax \leqslant 0, \qquad b^{\mathrm{T}}x > 0, \tag{1.2.15}$$

$$A^{\mathrm{T}}y = b, \qquad y \geqslant 0, \tag{1.2.16}$$

其中 $x \in \mathbf{R}^n$, $y \in \mathbf{R}^m$.

证明 设方程组 (1.2.16) 有解, 即存在 $y \geqslant 0$, 使得 $A^{\mathrm{T}}y = b$. 若有 $x \in \mathbf{R}^n$ 使得 $Ax \leqslant 0$, 则由 $y \geqslant 0$ 得 $b^{\mathrm{T}}x = y^{\mathrm{T}}Ax \leqslant 0$. 这就证明了在 (1.2.16) 有解时方程组 (1.2.15) 无解.

反之, 设方程组 (1.2.16) 无解. 记 $D = \{z \mid z = A^{\mathrm{T}}y,\ y \geqslant 0\}$, 则 $D \subset \mathbf{R}^n$ 为非空闭凸集, 且有 $b \notin D$. 由定理 1.2.6 存在非零向量 $a \in \mathbf{R}^n$ 和实数 β 使得

$$a^{\mathrm{T}}x \leqslant \beta < a^{\mathrm{T}}b, \quad \forall\, x \in D.$$

由于 $0 \in D$, 从上式知 $\beta \geqslant 0$, 因而 $a^{\mathrm{T}}b > 0$. 同样从上式还可得到

$$\beta \geqslant a^{\mathrm{T}}x = a^{\mathrm{T}}A^{\mathrm{T}}y = y^{\mathrm{T}}Aa, \quad \forall\, y \geqslant 0.$$

由于 $y \geqslant 0$ 可以任意大, 从上式知必有 $Aa \leqslant 0$, 由此及 $a^{\mathrm{T}}b > 0$ 知向量 a 满足方程组 (1.2.15), 即 a 是方程组 (1.2.15) 的解, 这就完成了引理的证明. □

Farkas 引理的另一种形式为

引理 1.2.8 设 l, l' 是两个非负整数, $a_0, a_i\ (i = 1, 2, \cdots, l)$ 和 $b_i (i = 1, 2, \cdots, l')$ 是 $\mathbf{R}^n$ 中的向量, 则线性方程组和不等式组

$$d^{\mathrm{T}}a_i = 0, \qquad i = 1, 2, \cdots, l, \tag{1.2.17}$$

$$d^{\mathrm{T}}b_i \geqslant 0, \quad i=1,2,\cdots,l', \tag{1.2.18}$$

$$d^{\mathrm{T}}a_0 < 0 \tag{1.2.19}$$

无解当且仅当存在实数 λ_i $(i=1,2,\cdots,l)$ 和非负实数 μ_i $(i=1,2,\cdots,l')$ 使得

$$a_0 = \sum_{i=1}^{l}\lambda_i a_i + \sum_{i=1}^{l'}\mu_i b_i. \tag{1.2.20}$$

证明 实际上, 这个引理是 Farkas 引理 1.2.7 的一个推论. (1.2.17)—(1.2.19) 可以写成

$$\begin{aligned} -a_0^{\mathrm{T}}d &> 0, \\ -a_i^{\mathrm{T}}d &\leqslant 0, \quad i=1,2,\cdots,l, \\ a_i^{\mathrm{T}}d &\leqslant 0, \quad i=1,2,\cdots,l, \\ -b_i^{\mathrm{T}}d &\leqslant 0, \quad i=1,2,\cdots,l', \end{aligned}$$

即

$$Ad \leqslant 0, \quad -a_0^{\mathrm{T}}d > 0, \tag{1.2.21}$$

其中,

$$A = \begin{pmatrix} -a_i^{\mathrm{T}} & (i=1,2,\cdots,l) \\ a_i^{\mathrm{T}} & (i=1,2,\cdots,l) \\ -b_i^{\mathrm{T}} & (i=1,2,\cdots,l') \end{pmatrix}.$$

由于不等式组 (1.2.17)—(1.2.19) 无解, 即 (1.2.21) 无解, 根据 Farkas 引理 1.2.7 可知, 存在非负向量 $y \geqslant 0$,

$$y = \begin{pmatrix} y^{(1)} \\ y^{(2)} \\ y^{(3)} \end{pmatrix},$$

$y^{(1)} \in \mathbf{R}^l$, $y^{(2)} \in \mathbf{R}^l$, $y^{(3)} \in \mathbf{R}^{l'}$, 使得

$$A^{\mathrm{T}}y = -a_0, \tag{1.2.22}$$

即

$$\begin{aligned} -a_0 &= \sum_{i=1}^{l} y_i^{(1)}(-a_i) + \sum_{i=1}^{l} y_i^{(2)}(a_i) + \sum_{i=1}^{l'} y_i^{(3)}(-b_i) \\ &= -\sum_{i=1}^{l}(y_i^{(1)} - y_i^{(2)})a_i - \sum_{i=1}^{l'} y_i^{(3)} b_i. \end{aligned}$$

令 $\lambda_i = y_i^{(1)} - y_i^{(2)}$ $(i=1,2,\cdots,l)$, $\mu_i = y_i^{(3)} \geqslant 0$ $(i=1,2,\cdots,l')$, 得到

$$a_0 = \sum_{i=1}^{l}\lambda_i a_i + \sum_{i=1}^{l'}\mu_i b_i,$$

这就是我们要证明的结论 (1.2.20). □

在明白了点与凸集的分离关系之后, 我们再学习两个凸集的分离关系. 首先给出凸集支撑超平面的概念.

定义 1.2.9 设 $D \subset \mathbf{R}^n$ 为非空集合, 且点 $\bar{x} \in \mathbf{R}^n$ 属于集合 D 的边界, 即 $\bar{x} \in \partial D$, 其中,

$$\partial D = \{x \in \mathbf{R}^n \mid D \cap N_\delta(x) \neq \varnothing,\ \ (\mathbf{R}^n \backslash D) \cap N_\delta(x) \neq \varnothing,\ \ \forall\ \ \delta > 0\},$$

其中, $N_\delta(x) = \{y \mid \|y - x\| < \delta\}$. 若存在非零向量 $a \in \mathbf{R}^n$ 使成立

$$D \subset H_{\bar{x}}^+ = \{x \in \mathbf{R}^n \mid a^{\mathrm{T}}(x - \bar{x}) \geqslant 0\}$$

或者

$$D \subset H_{\bar{x}}^- = \{x \in \mathbf{R}^n \mid a^{\mathrm{T}}(x - \bar{x}) \leqslant 0\},$$

则称超平面

$$H_{\bar{x}} = \{x \in \mathbf{R}^n \mid a^{\mathrm{T}}(x - \bar{x}) = 0\} \tag{1.2.23}$$

是集合 D 在其边界点 $\bar{x}$ 的支撑超平面 (如图 1.2.3).

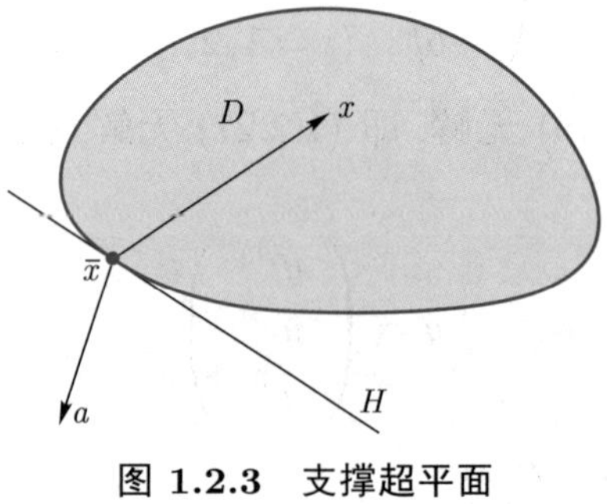

图 1.2.3 支撑超平面

可以看出, 非空凸集在其任一个边界点处都存在支撑超平面.

定理 1.2.6 是点与闭凸集的分离定理, 下面我们不加证明给出点与凸集的分离定理.

定理 1.2.10 设 $D \in \mathbf{R}^n$ 是非空凸集, $\bar{x} \notin D$, 则存在非零向量 $a \in \mathbf{R}^n$ 使成立

$$a^{\mathrm{T}} x \leqslant a^{\mathrm{T}} \bar{x},\ \ \forall\ x \in \bar{D}.$$

由上述定理, 我们可以得到下列两个凸集的分离定理.

定理 1.2.11 设 D_1, D_2 是 $\mathbf{R}^n$ 的两个非空凸集, 且 $D_1 \cap D_2 = \varnothing$, 则存在超平面分离 D_1 和 D_2, 即存在非零向量 $a \in \mathbf{R}^n$ 使得

$$a^{\mathrm{T}} x \leqslant a^{\mathrm{T}} y,\ \ \forall\ x \in \bar{D}_1,\ y \in \bar{D}_2. \tag{1.2.24}$$

证明 令

$$D = D_1 - D_2 = \{x - y \mid x \in D_1, y \in D_2\}.$$

由凸集的性质知 D 为凸集, 且零向量不属于 D, 这是因为如果有 $0 \in D$, 则有 $x - y = 0$ 和 $x = y \in D_1 \cap D_2$, 从而 $D_1 \cap D_2 \neq \varnothing$, 这与定理的条件相矛盾. 由 $0 \notin D$, 从推论 1.2.10 知存在非零向量 $a \in \mathbf{R}^n$ 使得

$$a^{\mathrm{T}} z \leqslant a^{\mathrm{T}} 0 = 0, \quad \forall\ z \in \bar{D}.$$

取 $z = x - y$, $x \in \bar{D}_1$, $y \in \bar{D}_2$, 代入上式即得定理的结论. 定理证毕. □

1.2.2 凸函数

在明白了凸集的基本概念和有关的性质之后, 我们转而学习凸函数.

定义 1.2.12 设函数 $f(x)$ 在凸集 D 上有定义, 如果对任意 x, $y \in D$ 和任意 $\lambda \in [0,1]$ 有

$$f(\lambda x + (1-\lambda) y) \leqslant \lambda f(x) + (1-\lambda) f(y), \tag{1.2.25}$$

则称 $f(x)$ 是凸集 D 上的凸函数.

如果对任意 x, $y \in D, x \neq y$ 和任意 $\lambda \in (0,1)$ 有

$$f(\lambda x + (1-\lambda) y) < \lambda f(x) + (1-\lambda) f(y), \tag{1.2.26}$$

则称 $f(x)$ 是凸集 D 上的严格凸函数.

凸函数的定义表明, 如果 $f(x)$ 是凸集 D 上的凸函数, 则对于凸集 D 上的任意两点 x, y, 连结点 $(x, f(x))$ 与点 $(y, f(y))$ 的弦位于函数图形 (曲线或曲面) 的上方 (弦在曲线上方). 图 1.2.4 给出了凸函数的几何直观表示.

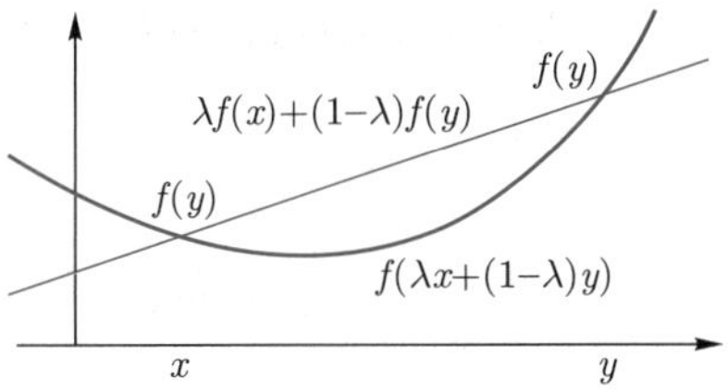

图 1.2.4 凸函数

同凸函数相对应的是凹函数, 一个函数 $f(x)$ 称为凸集 D 上的 (严格) 凹函数, 如果 $-f(x)$ 是凸集 D 上的 (严格) 凸函数.

显然, $f(x) = |x|$ 是 $\mathbf{R}$ 上的凸函数; $f(x) = x + 2$ 是 $\mathbf{R}$ 上的凸函数; $f(x) = -x_1^2 - 5x_2^2 + 2x_1x_2 + 10x_1 - 10x_2$ 是 $\mathbf{R}^2$ 上的凹函数; $f(x) = x^3$ 不是 $\mathbf{R}$ 上的凸函数, 但是在 $D = \{x | x \geqslant 0\}$ 上是凸函数.

例 1.2.13 线性函数 $f(x) = c^{\mathrm{T}} x = c_1 x_1 + c_2 x_2 + \cdots + c_n x_n$ 既是 $\mathbf{R}^n$ 上的凸函数, 也是 $\mathbf{R}^n$ 上的凹函数.

证明 任取 $x, y \in \mathbf{R}^n, \lambda \in [0,1]$, 有

$$\begin{aligned} f(\lambda x + (1-\lambda)y) &= c^{\mathrm{T}}(\lambda x + (1-\lambda)y) \\ &= \lambda c^{\mathrm{T}} x + (1-\lambda)c^{\mathrm{T}} y \\ &= \lambda f(x) + (1-\lambda) f(y). \end{aligned}$$

所以由凸函数的定义, 线性函数 $f(x) = c^{\mathrm{T}}x$ 是凸函数.

同样可证, 线性函数 $f(x) = c^{\mathrm{T}}x$ 也是 $\mathbf{R}^n$ 上的凹函数. □

例 1.2.14 函数 $f(x) = x^2$ 是 $\mathbf{R}$ 上的凸函数.

证明 任取 $x, y \in \mathbf{R}, \lambda \in [0,1]$, 如果

$$(\lambda x_1 + (1-\lambda)x_2)^2 \leqslant \lambda x_1^2 + (1-\lambda)x_2^2, \tag{1.2.27}$$

则 $f(x) = x^2$ 是凸函数. 展开 (1.2.27),

$$\lambda^2 x_1^2 + (1-\lambda)^2 x_2^2 + 2\lambda(1-\lambda)x_1x_2 \leqslant \lambda x_1^2 + (1-\lambda)x_2^2.$$

化简、合并, 得到

$$\lambda(1-\lambda)(x_1 - x_2)^2 \geqslant 0. \tag{1.2.28}$$

注意到 $\lambda(1-\lambda) \geqslant 0$, 所以 (1.2.28) 成立, 从而 $f(x) = x^2$ 是 $\mathbf{R}$ 上的凸函数. □

例 1.2.15 二次函数 $f(x) = \dfrac{1}{2}x^{\mathrm{T}}Gx + b^{\mathrm{T}}x$ 是 $\mathbf{R}^n$ 上的严格凸函数当且仅当 G 是正定矩阵.

证明 设 $f(x) = \dfrac{1}{2}x^{\mathrm{T}}Gx + b^{\mathrm{T}}x$ 是严格凸的, 由定义有

$$f(\lambda x_1 + (1-\lambda)x_2) < \lambda f(x_1) + (1-\lambda) f(x_2),$$

对任何 $x_1, x_2 \in \mathbf{R}^n, x_1 \neq x_2, 0 < \lambda < 1$ 成立, 即

$$\begin{aligned} &\lambda\left(\frac{1}{2}x_1^{\mathrm{T}}Gx_1 + b^{\mathrm{T}}x_1\right) + (1-\lambda)\left(\frac{1}{2}x_2^{\mathrm{T}}Gx_2 + b^{\mathrm{T}}x_2\right) - \\ &\frac{1}{2}(\lambda x_1 + (1-\lambda)x_2)^{\mathrm{T}}G(\lambda x_1 + (1-\lambda)x_2) - b^{\mathrm{T}}(\lambda x_1 + (1-\lambda)x_2) > 0. \end{aligned}$$

化简得到

$$\lambda(1-\lambda)(x_1 - x_2)^{\mathrm{T}}G(x_1 - x_2) > 0.$$

因为 $x_1 \neq x_2$, 故令 $y = x_1 - x_2$, 则 $y \neq 0$. 又 $\lambda(1-\lambda) > 0$, 故得到

$$y^{\mathrm{T}}Gy > 0.$$

因为 $x_1 \neq x_2$ 是任意的, 故 $y \neq 0$ 是任意的, 从而 G 是正定的.

上述各步均可逆, 从而结论得到. □

一般地, 对于二次函数

$$
\begin{aligned}
f(x) &= \frac{1}{2}x^{\mathrm{T}}Gx + b^{\mathrm{T}}x + c \\
&= \frac{1}{2}\sum_{i,j=1}^{n} G_{i,j}x_i x_j + \sum_{i,j}^{n} b_i x_i + c,
\end{aligned}
$$

其中 G 是对称矩阵,

当 G 是正半定矩阵时, 二次函数 $f(x)$ 是凸函数;

当 G 是正定矩阵时, 二次函数 $f(x)$ 是严格凸函数;

当 G 是负半定矩阵时, 二次函数 $f(x)$ 是凹函数;

当 G 是负定矩阵时, 二次函数 $f(x)$ 是严格凹函数;

当 G 是不定矩阵时, 二次函数 $f(x)$ 既不是凸函数, 也不是凹函数.

容易看出, 凸函数有如下基本性质:

定理 1.2.16 (1) 如果 f 是定义在凸集 D 上的凸函数, 实数 $\alpha \geqslant 0$, 则 αf 也是凸集 D 上的凸函数.

(2) 如果 f_1, f_2 是定义在凸集 D 上的凸函数, 则 $f_1 + f_2$ 也是凸集 D 上的凸函数.

(3) 如果 $f_i(x)(i = 1, 2, \cdots, m)$ 是非空凸集 D 上的凸函数, 则 $f(x) = \max\limits_{1\leqslant i\leqslant m} |f_i(x)|$ 也是凸集 D 上的凸函数.

(4) 如果 $f_i(x)(i = 1, 2, \cdots, m)$ 是非空凸集 D 上的凸函数, 则 $f(x) = \sum\limits_{i=1}^{m} \alpha_i f_i(x)$ 也是凸集 D 上的凸函数, 其中 $\alpha_i \geqslant 0(i = 1, 2, \cdots, m)$.

证明 仅证明 (4), 其余留作练习.

设 $f_i(x)$ $(i = 1, 2, \cdots, m)$ 是凸集 D 上的凸函数. 任取 $x, y \in D, \lambda \in [0, 1]$, 由于 $\alpha_i \geqslant 0$ $(i = 1, 2, \cdots, m)$, 我们有

$$
\begin{aligned}
f(\lambda x + (1-\lambda)y) &= \sum_{i=1}^{m} \alpha_i f_i(\lambda x + (1-\lambda)y) \\
&\leqslant \sum_{i=1}^{m} \alpha_i[\lambda f_i(x) + (1-\lambda)f_i(y)] \\
&= \lambda \sum_{i=1}^{m} \alpha_i f_i(x) + (1-\lambda)\sum_{i=1}^{m} \alpha_i f_i(y) \\
&= \lambda f(x) + (1-\lambda)f(y).
\end{aligned}
$$

所以 $f(x) = \sum\limits_{i=1}^{m} \alpha_i f_i(x)$ 是凸集 D 上的凸函数. □

可行域是凸集, 目标函数是凸函数的最优化问题称为凸规划问题. 下面我们证明: 凸规划的局部最优解必是全局最优解; 极小化凸集上的严格凸函数有唯一最优解.

定理 1.2.17 设 x^* 是凸规划问题的一个局部最优解, 则

(1) 局部最优解 x^* 也是全局最优解.

(2) 如果目标函数是严格凸的, 则 x^* 是唯一的全局最优解.

证明 (1) 定理的结论可用反证法加以证明. 设 x^* 是凸规划问题的一个局部最优解, 但不是全局最优解, 则存在另一可行点 y 满足 $f(y) < f(x^*)$. 由可行域的凸性, 对于任意 $0 \leqslant \lambda \leqslant 1$, 点 $\lambda x^* + (1-\lambda)y$ 都是可行点. 又根据目标函数的凸性有

$$\begin{aligned} f(\lambda x^* + (1-\lambda)y) &\leqslant \lambda f(x^*) + (1-\lambda)f(y) \\ &< \lambda f(x^*) + (1-\lambda)f(x^*) = f(x^*). \end{aligned}$$

这表明在 x^* 的任意小的邻域内都存在函数值小于 $f(x^*)$ 的可行点, 这与 x^* 是局部最优解相矛盾. 因此函数值小于 $f(x^*)$ 的可行点不存在, x^* 必是一个全局最优解.

再设 $f(x)$ 是严格凸的, 设 $x^* \neq y^*$ 都是全局最优解, 则 $f(x^*) = f(y^*)$. 由严格凸函数的定义, 对于任意 $0 < \lambda < 1$, 有

$$f(\lambda x^* + (1-\lambda)y^*) < \lambda f(x^*) + (1-\lambda)f(y^*) = f(x^*).$$

这与 x^* 是全局最优解矛盾. □

最优化问题的可行域是由约束条件确定的, 什么样的约束确定的可行域是凸的呢? 下面的定理对此给出了答案.

定理 1.2.18 考虑非空可行域

$$\mathcal{F} = \{x \mid c_i(x) \geqslant 0,\ i = 1, 2, \cdots, m\}.$$

如果每一个约束函数 $c_i(x)$ 都是凹函数, 则可行域 $\mathcal{F}$ 是凸集.

证明 设 x, y 为两个不同的可行点, 即有 $c_i(x) \geqslant 0,\ c_i(y) \geqslant 0,\ i = 1, 2, \cdots, m$. 由函数 $c_i(x)$ $(i = 1, 2, \cdots, m)$ 的凹性, 知 $-c_i(x)$ $(i = 1, 2, \cdots, m)$ 是凸函数. 再由凸函数的定义, 对 $\lambda \in [0, 1]$, 有

$$-c_i(\lambda x + (1-\lambda)y) \leqslant -\lambda c_i(x) - (1-\lambda)c_i(y) \leqslant 0, \quad i = 1, 2, \cdots, m,$$

即有

$$c_i(\lambda x + (1-\lambda)y) \geqslant 0, \quad \forall\, \lambda \in [0, 1],\ i = 1, 2, \cdots, m.$$

这就证明了

$$\lambda x + (1-\lambda)y \in \mathcal{F},$$

即 $\mathcal{F}$ 是凸集. □

完全类似地, 对于可行域为

$$\mathcal{F} = \{x \mid c_i(x) \leqslant 0,\ i = 1, 2, \cdots, m\}$$

的问题, 如果每一个约束函数 $c_i(x)$ 都是凸函数, 则可行域 $\mathcal{F}$ 是凸集.

对于可行域为

$$\mathcal{F}=\{x \mid c_i(x)=0,\ i=1,2,\cdots,m\}$$

的问题, 我们可以把 $\mathcal{F}$ 写成

$$\mathcal{F}=\left\{x \;\middle|\; \begin{array}{ll} -c_i(x)\leqslant 0, & i=1,2,\cdots,m \\ c_i(x)\leqslant 0, & i=1,2,\cdots,m \end{array}\right\}.$$

这样, 如果每一个约束函数 $c_i(x)$ 既是凸函数, 又是凹函数, 则可行域 $\mathcal{F}$ 是凸集. 由例 1.2.13 的讨论可知, 线性函数既是凸函数, 又是凹函数, 所以当 $c_i(x)$ 均为线性函数时, 可行域 $\mathcal{F}$ 是凸集.

下面的几个定理分别用函数值, 一阶导数和二阶导数刻画了一般的非线性函数是凸函数的基本特性, 它们也被称为凸函数的判别定理.

定理 1.2.19 函数 $f(x)$ 是 $\mathbf{R}^n$ 上凸函数的充分必要条件是对任意 $x,\ y\in\mathbf{R}^n$, 单变量函数 $\psi(\alpha)=f(x+\alpha y)$ 是关于 α 的凸函数.

证明 先证必要性. 设 $f(x)$ 是 $\mathbf{R}^n$ 上的凸函数, $\alpha_1,\ \alpha_2$ 是 α 的任意两个值, 由 $\psi(\alpha)$ 的定义和 $f(x)$ 的凸性, 对任意 $\lambda\in[0,1]$, 有

$$\begin{aligned}\psi(\lambda\alpha_1+(1-\lambda)\alpha_2)&=f(x+(\lambda\alpha_1+(1-\lambda)\alpha_2)y)\\&=f(\lambda x+(1-\lambda)x+(\lambda\alpha_1+(1-\lambda)\alpha_2)y)\\&=f(\lambda(x+\alpha_1 y)+(1-\lambda)(x+\alpha_2 y))\\&\leqslant\lambda f(x+\alpha_1 y)+(1-\lambda)f(x+\alpha_2 y)\\&=\lambda\psi(\alpha_1)+(1-\lambda)\psi(\alpha_2).\end{aligned}$$

由凸函数的定义知 $\psi(\alpha)$ 是关于 α 的凸函数.

再证充分性. 设对任意 $x,\ y\in\mathbf{R}^n$, 单变量函数 $\psi(\alpha)=f(x+\alpha y)$ 是关于 α 的凸函数. 任取 $x,\ y\in\mathbf{R}^n$, 设 $\bar{z}=x+\alpha_1 y$, $\hat{z}=x+\alpha_2 y$ 为方向 $x+\alpha y$ 上的两个点, 则对于任意 $\lambda\in[0,1]$, 有

$$\begin{aligned}f(\lambda\bar{z}+(1-\lambda)\hat{z})&=f(\lambda(x+\alpha_1 y)+(1-\lambda)(x+\alpha_2 y))\\&=f(x+(\lambda\alpha_1+(1-\lambda)\alpha_2)y)\\&=\psi(\lambda\alpha_1+(1-\lambda)\alpha_2)\\&\leqslant\lambda\psi(\alpha_1)+(1-\lambda)\psi(\alpha_2)\\&=\lambda f(x+\alpha_1 y)+(1-\lambda)f(x+\alpha_2 y)\\&=\lambda f(\bar{z})+(1-\lambda)f(\hat{z}).\end{aligned}$$

由 $x,\ y\in\mathbf{R}^n$ 的任意性可知 $\bar{z},\hat{z}$ 的任意性, 从而可知 $f(x)$ 是 $\mathbf{R}^n$ 上的凸函数. □

如果凸函数是可微的, 我们可以建立凸函数的一阶可微特征.

定理 1.2.20　设 $f(x)$ 是定义在非空开凸集 D 上的可微函数, 则

(1) $f(x)$ 是 D 上凸函数的充分必要条件是

$$f(y) \geqslant f(x) + \nabla f(x)^{\mathrm{T}}(y-x), \quad \forall\ x,\ y \in D. \tag{1.2.29}$$

(2) $f(x)$ 是 D 上严格凸函数的充分必要条件是

$$f(y) > f(x) + \nabla f(x)^{\mathrm{T}}(y-x), \quad \forall\ x,\ y \in D,\ x \neq y. \tag{1.2.30}$$

证明省略, 可参见袁亚湘、孙文瑜 (1997).

凸函数的定义 1.2.12 表示了两点的线性插值大于函数值, 即弦在曲线之上. 这个定理表明了根据局部导数的线性近似是函数值的低估, 即凸函数图形位于图形上任一点切线的上方, 如图 1.2.5. 对于二次连续可微函数, 我们考虑凸函数的二阶可微特征.

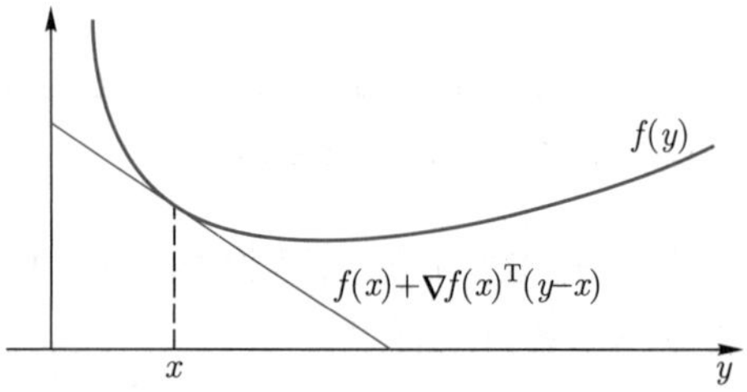

图 1.2.5　凸函数的一阶特征

定理 1.2.21　设 $f(x)$ 是非空开凸集 $D \subset \mathbf{R}^n$ 上的二阶可微函数, 则

(1) $f(x)$ 是 D 上凸函数的充分必要条件是 $f(x)$ 的 Hesse 矩阵 (二阶导数矩阵) $\nabla^2 f(x)$ 在 D 上正半定, 即对每一个 $x \in D$, 有

$$y^{\mathrm{T}} \nabla^2 f(x) y \geqslant 0, \quad \forall y \in \mathbf{R}^n.$$

(2) 如果 $f(x)$ 的 Hesse 矩阵 $\nabla^2 f(x)$ 在 D 上正定, 则 $f(x)$ 是 D 上的严格凸函数; 反之, 如果 $f(x)$ 是 D 上的严格凸函数, 则 $\nabla^2 f(x)$ 在 D 上正半定.

证明　(1) 先证必要性. 设 $f(x)$ 是凸函数, 任取 $\bar{x} \in D$, 我们要证明 $s^{\mathrm{T}} \nabla^2 f(\bar{x}) s \geqslant 0,\ \forall\ s \in \mathbf{R}^n$. 由于 D 是开集, 故对于任意 $s \in \mathbf{R}^n$ 存在充分小的 $\alpha > 0$, 使得 $\bar{x} + \alpha s \in D$. 根据定理 1.2.20 有

$$f(\bar{x} + \alpha s) \geqslant f(\bar{x}) + \alpha \nabla f(\bar{x})^{\mathrm{T}} s, \quad \forall s \in \mathbf{R}^n. \tag{1.2.31}$$

又由于 $f(x)$ 在 D 上二阶可微, 将 $f(\bar{x} + \alpha s)$ 在 $\bar{x}$ 处二阶泰勒展开, 得

$$f(\bar{x} + \alpha s) = f(\bar{x}) + \alpha \nabla f(\bar{x})^{\mathrm{T}} s + \frac{1}{2} \alpha^2 s^{\mathrm{T}} \nabla^2 f(\bar{x}) s + o(\|\alpha s\|^2). \tag{1.2.32}$$

将 (1.2.32) 代入 (1.2.31) 得

$$\frac{1}{2} \alpha^2 s^{\mathrm{T}} \nabla^2 f(\bar{x}) s + o(\|\alpha s\|^2) \geqslant 0, \quad \forall\ s \in \mathbf{R}^n.$$

上式两边除以 α^2, 并令 $\alpha \to 0$, 取极限得

$$s^{\mathrm{T}}\nabla^2 f(\bar{x})s \geqslant 0, \quad \forall\, s \in \mathbf{R}^n, \quad \bar{x} \in D,$$

这就证明了 $\nabla^2 f(x)$ 在 D 上是正半定的.

再证充分性. 设 $\nabla^2 f(x)$ 在 D 上正半定. 任取 $x \in D$, 将 $f(x)$ 在点 $\bar{x} \in D$ 展开, 有

$$f(x) = f(\bar{x}) + \nabla f(\bar{x})^{\mathrm{T}}(x-\bar{x}) + \frac{1}{2}(x-\bar{x})^{\mathrm{T}}\nabla^2 f(\xi)(x-\bar{x}), \tag{1.2.33}$$

其中 $\xi = \bar{x}+\theta(x-\bar{x}) = \theta x+(1-\theta)\bar{x},\ 0<\theta<1$. 由集合 D 的凸性知 $\xi \in D$, 因而 $\nabla^2 f(\xi)$ 正半定, 故有 $(x-\bar{x})^{\mathrm{T}}\nabla^2 f(\xi)(x-\bar{x}) \geqslant 0$, 代入 (1.2.33) 即得

$$f(x) \geqslant f(\bar{x}) + \nabla f(\bar{x})^{\mathrm{T}}(x-\bar{x})$$

对任意 $x,\ \bar{x} \in D$ 成立. 根据定理 1.2.20 的结论 (1) 即知 $f(x)$ 是 D 上的凸函数.

(2) 设 $f(x)$ 的 Hesse 矩阵 $\nabla^2 f(x)$ 在 D 上正定, 任取两个不同点 $x,\ y \in D, x \neq y$, 将 $f(y)$ 在点 x 处展开, 有

$$f(y) = f(x) + \nabla f(x)^{\mathrm{T}}(y-x) + \frac{1}{2}(y-x)^{\mathrm{T}}\nabla^2 f(\xi)(y-x), \tag{1.2.34}$$

其中 $\xi = x+\theta(y-x) \in D,\ \theta \in (0,1)$. 由 $\nabla^2 f(x)$ 在 D 上的正定性以及 $y \neq x$, 有 $(y-x)^{\mathrm{T}}\nabla^2 f(\xi)(y-x) > 0$, 代入 (1.2.34) 即得

$$f(y) > f(x) + \nabla f(x)^{\mathrm{T}}(y-x)$$

对任意不同的 $x,\ y \in D$ 成立, 根据定理 1.2.20 的结论 (2) 知 $f(x)$ 是 D 上的严格凸函数.

当 $f(x)$ 是 D 上的严格凸函数时, $f(x)$ 也是 D 上的凸函数, 由本定理的第一部分立得 $\nabla^2 f(x)$ 在 D 上正半定的结论. □

注意, 与二次函数的情形不一样, 在这个定理中, 并没有严格凸函数的 Hesse 矩阵在凸集 D 上正定的结论, 这可以用一个简单的单变量函数的例子 $f(x)=x^4$ 来说明这样的结论并不成立. 事实上, 这一函数显然是严格凸的, 但在点 $x=0$ 处我们有 $\nabla^2 f(x) = 12x^2 = 0$, 即 $\nabla^2 f(x)$ 在 $x=0$ 处不是正定的, 只是正半定.

这样, 我们可以通过函数的 Hesse 矩阵来判断函数的凸性. 特别地, 由于二次函数的 Hesse 矩阵是常数矩阵, 与所考虑的点无关, 因此, 我们很容易对二次函数判断其凸性.

例 1.2.22　判断函数

$$f(x_1,x_2) = x_1 + 3x_2 + \frac{3}{2}x_1^2 + \frac{3}{2}x_1x_2 + 2x_2^2$$

的凸性.

将这个函数改写为

$$f(x_1,x_2) = (1,3)\begin{pmatrix} x_1 \\ x_2 \end{pmatrix} + \frac{1}{2}(x_1,x_2)\begin{pmatrix} 3 & \frac{3}{2} \\ \frac{3}{2} & 4 \end{pmatrix}\begin{pmatrix} x_1 \\ x_2 \end{pmatrix}.$$

可以看出, 这里

$$\nabla^2 f(x_1,x_2)=\begin{pmatrix} 3 & \dfrac{3}{2} \\ \dfrac{3}{2} & 4 \end{pmatrix}$$

是一个正定矩阵. 所以 f 是严格凸的.

和凸函数关系密切的是水平集. 下面几个定理讨论与凸函数对应的水平集的性质.

定理 1.2.23 设 $D\in \mathbf{R}^n$ 是非空凸集, f 是定义在 D 上的凸函数, α 是任一个实数, 则水平集 $L_\alpha=\{x\in D \mid f(x)\leqslant \alpha\}$ 是一个凸集.

证明 设 $x_1,x_2\in L_\alpha$, 于是 $x_1\in D, x_2\in D, f(x_1)\leqslant\alpha, f(x_2)\leqslant\alpha$. 今设 $\lambda\in[0,1]$, $x=\lambda x_1+(1-\lambda)x_2$. 由 D 的凸性知 $x\in D$. 又由于 f 是凸函数, 故

$$f(x)=f(\lambda x_1+(1-\lambda)x_2)\leqslant \lambda f(x_1)+(1-\lambda)f(x_2)\leqslant \lambda\alpha+(1-\lambda)\alpha=\alpha.$$

因此, $x\in L_\alpha$, 从而 L_α 是凸集. □

进一步, 若 f 是 D 上的连续凸函数, 则水平集 L_α 是闭凸集.

定理 1.2.24 设 f 是非空凸集 $D\in\mathbf{R}^n$ 上的连续凸函数, 则水平集 $L_\alpha=\{x\in D\mid f(x)\leqslant\alpha\}$ 是闭凸集.

证明 我们只要证明 L_α 是闭的即可. 设存在序列 $\{x_k\}\subset L_\alpha, \{x_k\}\to x^*$. 我们要证 $x^*\in L_\alpha$. 由 f 的连续性,

$$f(x^*)=\lim_{k\to\infty} f(x_k)\leqslant\alpha,$$

从而 $x^*\in L_\alpha$. 这表明 L_α 是闭集. □

定理 1.2.25 设 f 在非空凸集 $D\in\mathbf{R}^n$ 上二次连续可微, 且存在常数 $m>0$, 使得

$$u^{\mathrm{T}}\nabla^2 f(x)u\geqslant m\|u\|^2,\quad \forall x\in L_\alpha,\ \ u\in\mathbf{R}^n, \tag{1.2.35}$$

则水平集 $L(x_0)=\{x\in D\mid f(x)\leqslant f(x_0)\}$ 是有界闭凸集.

证明 由上面两个定理知 $L(x_0)$ 是闭凸集. 现在证明 $L(x_0)$ 的有界性.

因为水平集 $L(x_0)$ 是凸的, 由 (1.2.35) 有, $\forall x,y\in L(x_0)$,

$$m\|y-x\|^2\leqslant (y-x)^{\mathrm{T}}\nabla^2 f(x+\alpha(y-x))(y-x),\qquad \alpha\in(0,1).$$

由于 f 在 D 上二次连续可微, 故

$$\begin{aligned} f(y)&=f(x)+\nabla f(x)^{\mathrm{T}}(y-x)+\frac{1}{2}(y-x)^{\mathrm{T}}\nabla^2 f(\xi)(y-x)\\ &\geqslant f(x)+\nabla f(x)^{\mathrm{T}}(y-x)+\frac{1}{2}m\|y-x\|^2, \end{aligned}$$

其中 $\xi = x + \alpha(y - x) \in L(x_0), m$ 与 x, y 无关. 因此, 对任意 $y \in L(x_0), y \neq x_0$,

$$
\begin{aligned}
f(y) - f(x_0) &\geqslant \nabla f(x_0)^{\mathrm{T}}(y - x_0) + \frac{1}{2}m\|y - x_0\|^2 \\
&\geqslant -\|\nabla f(x_0)\|\|y - x_0\| + \frac{1}{2}m\|y - x_0\|^2.
\end{aligned}
\tag{1.2.36}
$$

由于 $f(y) \leqslant f(x_0)$, 故上式两边同除以 $\|y - x_0\|$, 得

$$
\|y - x_0\| \leqslant \frac{2}{m}\|\nabla f(x_0)\|. \tag{1.2.37}
$$

这表明水平集 $L(x_0) = \{x \in D \mid f(x) \leqslant f(x_0)\}$ 有界. □

1.3 最优性条件

最优性条件是指最优化问题 (1.1.6) 的最优解 (局部的或全局的) 所必须满足的条件, 常用的有一阶必要条件和二阶必要条件. 至于充分必要条件只对一些特殊的最优化问题存在. 最优性条件不仅对于最优化理论的研究具有重要意义, 而且对最优化问题的求解、最优化算法的设计和算法终止条件的确定都起重要作用. 本节主要讨论无约束最优化的最优性条件, 并给出等式约束最优化问题最优性条件的初步介绍. 在第七章我们还将对一般约束优化问题的最优性条件进行较为深入的讨论.

首先, 我们复习一下高等数学中求一元函数极值点的方法.

例 1.3.1 求一元函数 $f(x) = x^2 - x^3$ 的极值点.

解 $f'(x) = 2x - 3x^2 = x(2 - 3x)$. 令 $f'(x) = 0$, 得驻点为

$$
x_1^* = 0, \quad x_2^* = \frac{2}{3}.
$$

再用二阶导数来判定极小极大点. 求二阶导数, $f''(x) = 2 - 6x$. 对于 x_1^*, $f''(x_1^*) = 2 > 0$. 对于 x_2^*, $f''(x_2^*) = -2 < 0$. 所以, $x_1^* = 0$ 是局部极小点, $x_2^* = \dfrac{2}{3}$ 是局部极大点. 显然, $x^* = +\infty$ 是全局极小点, $x^* = -\infty$ 是全局极大点. □

这个例子表明, 对于一元无约束优化问题, 局部极值点一定是驻点 (这是一阶必要条件), 但驻点不一定是局部极值点. 进一步, 当 $f'(x^*) = 0$ 时,

如果 $f''(x^*) > 0$, 则 x^* 是局部极小点.

如果 $f''(x^*) < 0$, 则 x^* 是局部极大点.

现在, 我们把上述结果推广到 n 维无约束极小化问题, 得到解无约束优化问题

$$
\min_{x \in \mathbf{R}^n} f(x) \tag{1.3.1}
$$

的最优性条件.

定义 1.3.2 设 $f(x)$ 为定义在空间 $\mathbf{R}^n$ 上的连续函数, 点 $\bar{x} \in \mathbf{R}^n$, 若对于方向 $s \in \mathbf{R}^n$ 存在数 $\delta > 0$ 使成立

$$f(\bar{x} + \alpha s) < f(\bar{x}), \quad \forall\ \alpha \in (0, \delta), \tag{1.3.2}$$

则称 s 为 $f(x)$ 在 $\bar{x}$ 处的一个下降方向. 在点 $\bar{x}$ 处的所有下降方向的全体记为 $\mathcal{D}(\bar{x})$.

下面的定理给出了在 $f(x)$ 连续可微时下降方向同函数 $f(x)$ 的梯度 $\nabla f(x)$ 之间的关系.

定理 1.3.3 设函数 $f(x)$ 在点 $\bar{x}$ 处连续可微, 如果存在非零向量 $s \in \mathbf{R}^n$ 使成立

$$\nabla f(\bar{x})^{\mathrm{T}} s < 0, \tag{1.3.3}$$

则 s 是 $f(x)$ 在点 $\bar{x}$ 处的一个下降方向.

证明 对于充分小的 $\alpha > 0$, 将 $f(\bar{x} + \alpha s)$ 在点 $\bar{x}$ 处作 Taylor 展开, 有

$$f(\bar{x} + \alpha s) = f(\bar{x}) + \alpha \nabla f(\bar{x})^{\mathrm{T}} s + o(\|\alpha s\|).$$

由 $\alpha > 0$ 以及 $\nabla f(\bar{x})^{\mathrm{T}} s < 0$ 知存在 $\delta > 0$, 使对任意 $\alpha \in (0, \delta)$ 有

$$\alpha \nabla f(\bar{x})^{\mathrm{T}} s + o(\|\alpha s\|) < 0.$$

结合这两式有

$$f(\bar{x} + \alpha s) < f(\bar{x}), \quad \forall\ \alpha \in (0, \delta),$$

这就证明了 s 是 $f(x)$ 在点 $\bar{x}$ 处的一个下降方向. □

$$\mathcal{D}(\bar{x}) = \{s \mid \nabla f(\bar{x})^{\mathrm{T}} s < 0\} \tag{1.3.4}$$

称为 $\bar{x}$ 处的下降方向集.

图 1.3.1 给出了两个变量的函数

$$f(x) = f(x_1, x_2) = \left(\frac{x_1 - \hat{x}_1}{a_1}\right)^2 + \left(\frac{x_2 - \hat{x}_2}{a_2}\right)^2$$

在点 $\bar{x}$ 处的下降方向, 图中的椭圆曲线是函数的等高线, 点 $\hat{x} = (\hat{x}_1, \hat{x}_2)$ 是 $f(x)$ 的极小值点, 在点 $\bar{x}$, 向量 $\bar{g} = g(\bar{x})$ 是 $f(x)$ 在该点的梯度, 从点 $\bar{x}$ 出发, 指向直线 ab 左侧的任何方向都是 $f(x)$ 在点 $\bar{x}$ 的下降方向, 例如图中的方向 s.

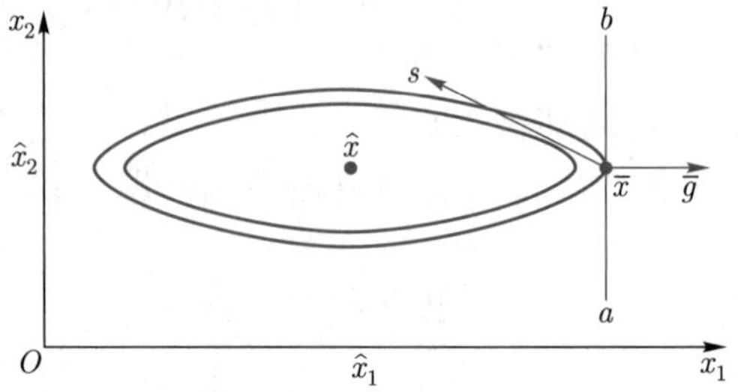

图 1.3.1 下降方向

设 $f(x)$ 的一阶导数和二阶导数存在, 且分别表示为

$$g(x) = \nabla f(x), \quad G(x) = \nabla^2 f(x), \tag{1.3.5}$$

则我们有

定理 1.3.4 (一阶必要条件) 设 $f : D \subset \mathbf{R}^n \to \mathbf{R}$ 在开集 D 上连续可微, 若 $x^* \in D$ 是 (1.3.1) 的局部极小点, 则

$$g(x^*) = 0. \tag{1.3.6}$$

证明 设 x^* 是一个局部极小点, 考虑序列

$$x_k = x^* - \alpha_k g(x^*). \tag{1.3.7}$$

利用 Taylor 展式, 对于充分大的 k, 有

$$0 \leqslant f(x_k) - f(x^*) = -\alpha_k f'(\eta_k) g(x^*), \tag{1.3.8}$$

其中 η_k 是 x_k 和 x^* 的凸组合. 两边同除以 α_k, 并取极限. 由于 $f \in C^1$, 故有

$$0 \leqslant -\|f'(x^*)\|^2. \tag{1.3.9}$$

这意味着 $f'(x^*) = 0$. □

定理 1.3.5 (二阶必要条件) 设 $f : D \subset \mathbf{R}^n \to \mathbf{R}$ 在开集 D 上二阶连续可微, 若 $x^* \in D$ 是 (1.3.1) 的局部极小点, 则

$$g(x^*) = 0, \quad G(x^*) \geqslant 0. \tag{1.3.10}$$

证明 (1.3.10) 中第一式在定理 1.3.4 中已经证明, 故只需证明第二式. 考虑序列 $x_k = x^* + \alpha_k d$, d 任意. 由于 $f \in C^2$ 和 $g(x^*) = 0$, 故由 Taylor 展开式, 对于充分大的 k, 有

$$0 \leqslant f(x_k) - f(x^*) = \frac{1}{2}\alpha_k^2 d^{\mathrm{T}} G(\eta_k) d, \tag{1.3.11}$$

其中 η_k 是 x_k 和 x^* 的凸组合. 由于 x^* 是局部极小点, $f \in C^2$, 则上式两边同除以 $\frac{1}{2}\alpha_k^2$, 并取极限, 得

$$d^{\mathrm{T}} G(x^*) d \geqslant 0, \quad \forall d \in \mathbf{R}^n. \tag{1.3.12}$$

从而 (1.3.10) 第二式得到. □

下面我们讨论二阶充分条件.

定理 1.3.6 (二阶充分条件) 设 $f : D \subset \mathbf{R}^n \to \mathbf{R}$ 在开集 D 上二阶连续可微, 则 $x^* \in D$ 是 f 的一个严格局部极小点的充分条件是

$$g(x^*) = 0 \text{ 和 } G(x^*) \text{ 是正定矩阵}. \tag{1.3.13}$$

证明 设 (1.3.13) 成立, 则由 Taylor 展开式, 对任意向量 d,

$$f(x^*+\varepsilon d)=f(x^*)+\frac{1}{2}\varepsilon^2 d^{\mathrm{T}}G(x^*+\theta\varepsilon d)d,\ \varepsilon>0. \tag{1.3.14}$$

由于 $G(x^*)$ 正定, $f\in C^2$, 故可选择 ε, 使得 $x^*+\varepsilon d\in N_\delta(x^*)$, 从而 $d^{\mathrm{T}}G(x^*+\theta\varepsilon d)d>0$, 这样

$$f(x^*+\varepsilon d)>f(x^*), \tag{1.3.15}$$

即 x^* 是严格局部极小点. □

一般地, 目标函数的平稳点不一定是极小点. 但若目标函数是可微凸函数, 则其平稳点就是其极小点, 且为总体极小点.

定理 1.3.7 (凸最优性定理) *设 $f:D\subset\mathbf{R}^n\to\mathbf{R}$ 是凸函数, 且 $f\in C^1$. 则 x^* 是总体极小点的充分必要条件是 $g(x^*)=0$.*

证明 因为 f 是 $\mathbf{R}^n$ 上的可微凸函数, $g(x^*)=0$, 故有

$$f(x)\geqslant f(x^*)+g(x^*)^{\mathrm{T}}(x-x^*)=f(x^*),\quad \forall x\in D. \tag{1.3.16}$$

这表明 x^* 是 D 中 f 的总体极小点.

必要性显然. □

考虑等式约束优化问题

$$\begin{aligned} \min \quad & f(x) \\ \text{s.t.} \quad & c_i(x)=0,\ i=1,2,\cdots,m. \end{aligned} \tag{1.3.17}$$

Lagrange (1760) 提出了 Lagrange 方法, 引进一个乘子, 把约束附加到目标函数上去, 形成一个新的目标函数——Lagrange 函数, 然后极小化无约束优化问题.

引进 Lagrange 函数

$$L(x,\lambda)=f(x)-\sum_{i=1}^m \lambda_i c_i(x), \tag{1.3.18}$$

求这个函数的驻点:

$$\frac{\partial L}{\partial x_j}=\frac{\partial f}{\partial x_j}-\sum_{i=1}^m \lambda_i\frac{\partial c_i}{\partial x_j}=0,\ j=1,2,\cdots,n, \tag{1.3.19}$$

$$\frac{\partial L}{\partial \lambda_i}=c_i=0,\ i=1,2,\cdots,m. \tag{1.3.20}$$

这个方程组有 $m+n$ 个未知量 (x,λ) 和 $m+n$ 个方程. (1.3.19) 称为驻点条件, (1.3.20) 称为可行性条件, 保证约束条件满足. (1.3.19)—(1.3.20) 称为等式约束优化问题 (1.3.17) 的一阶最优性条件.

一般约束最优化的最优性条件 (KKT 条件, Karush-Kuhn-Tucker 条件) 将在第七章讨论.

1.4 最优化方法概述

现实生活中大量的最优化问题, 除极个别例子外, 即使一些看似简单的问题, 一般都不可能给出问题的解的显式表达式. 以下述简单的无约束最优化问题为例,

$$\min \quad f(x) = \mathrm{e}^{2x} + x^2.$$

根据最优性的一阶必要条件, 最优解必定是方程

$$\nabla f(x) = 2\mathrm{e}^{2x} + 2x = 0$$

的解. 由 $\nabla f(x)$ 的连续性, 当 $x \to -\infty$ 时有 $\nabla f(x) \to -\infty$ 和 $x \to \infty$ 时有 $\nabla f(x) \to \infty$, 上述方程的解存在, 但我们却无法得出解的任何解析表达式. 因此求最优化问题的解, 一般用迭代的方法, 其基本思想为, 给定最优解的一个初始估计, 记为 $x^{(0)}$, 方法产生一个逐步改善的有限或无限的迭代序列 $\{x^{(k)}\}$, 在 $\{x^{(k)}\}$ 是有限点列时, 它的最后一个点是 KKT 点; 在 $\{x^{(k)}\}$ 是无限点列时, 其任意一个聚点是 KKT 点, 并在对最优解的估计满足指定的精度要求时停止迭代. 根据最优性的一阶必要条件, 最优解一定是 KKT 点, 因此理论上由迭代法所确定的解一般是 KKT 点, 再由方法的其他一些特性, 如下降性可以确保所得的 KKT 点是所论问题的最优解或最优解的近似.

随着最优化理论和最优化技术的发展, 以及最优化方法越来越广泛的应用, 已经有大量的最优化方法适用于各种不同类型的最优化问题的求解. 本书作为最优化理论和方法的一本教科书, 将重点介绍一些最基本, 也是最普遍使用的有效的最优化方法. 尽管最优化问题的类型和求解的方法千差万别, 但所有的方法都具有下述基本的迭代格式:

算法 1.4.1 (最优化方法的基本迭代格式)
步 1. 给定最优解的一个初始估计 $x^{(0)}$, 置 $k = 0$;
步 2. 如果 $x^{(k)}$ 满足对最优解估计的终止条件, 停止迭代;
步 3. 确定一个改善 $x^{(k)}$ 的修正量 $s^{(k)}$;
步 4. 得到最优解的一个更好的估计 $x^{(k+1)} = x^{(k)} + s^{(k)}$, 置 $k \triangleq k+1$ 后转步 2. □

在上述迭代法的基本格式中涉及初始点的选取; 迭代点好坏的判定; 收敛速度; 迭代的终止条件; 以及最重要也是最关键的修正量 $s^{(k)}$ 的确定. 下面对这些分别加以简单的讨论.

初始点的选取依赖于方法的收敛性能. 一个算法称为收敛的, 如果算法产生的序列 $\{x^{(k)}\}$ 满足

$$\lim_{k\to\infty} \|x^{(k)} - x^*\| = 0, \tag{1.4.1}$$

其中 x^* 是问题的 KKT 点. 一个算法如果对于任意给定的初始点都能够收敛, 就说这个方法全局收敛或总体收敛. 有些算法只有当初始点接近或充分接近最优解时才有收敛性, 称这样的算法为局部收敛的方法. 因此对于全局收敛的算法, 初始点的选取可以没有任何的限制, 而对于局部收敛的算法, 则要求初始点应尽可能接近最优解. 然而由于最优解是未知的, 选取一个好的初始点也是一个困难的问题. 对于大量的实际的最优化问题一般可以从以前的实践经验确定合适的最优解的初始估计.

在最优化方法中, 一般要选用一个评价函数 (merit function) 来评价一个迭代点的好坏. 对于无约束最优化问题, 由于没有约束条件, 通常就用目标函数 $f(x)$ 作为评价函数. 以无约束极小化问题

$$\min \quad f(x)$$

为例, 如果有 $f(x^{(k+1)}) < f(x^{(k)})$, 就说点 $x^{(k+1)}$ 要好于点 $x^{(k)}$, 即要求产生的迭代序列 $\{x^{(k)}\}$ 使评价函数值单调下降. 对于约束最优化问题, 则要复杂一些. 如果迭代点都是可行点, 当然可以直接用目标函数作评价函数, 这适用于迭代点都是可行点的方法. 但是如果迭代点不是可行点, 判定一个点的好坏既要考虑目标函数值的大小, 还要考虑这个点的可行程度 (离可行域的距离). 因此这类方法采用的评价函数中一般既包含目标函数又包含约束函数. 对此有许多不同类型的评价函数, 有关这些评价函数我们将在第七章学习约束最优化方法时加以介绍.

收敛速度是迭代方法的又一重要性质. 对于一个不可能在有限步内找到最优解的最优化方法, 我们不仅要求它收敛, 还要求它有较快的收敛速度, 这是因为一个收敛很慢的方法往往需要很长的时间才能得到满足精度要求的最优解的近似, 因而不是一个有效的方法. 设向量序列 $\{x^{(k)}\} \subset \mathbf{R}^n$ 收敛于 x^*, 定义误差序列

$$e_k = x^{(k)} - x^*. \tag{1.4.2}$$

如果存在正的常数 C 和 r 使成立

$$\lim_{k\to\infty} \frac{\|e_{k+1}\|}{\|e_k\|^r} = C, \tag{1.4.3}$$

则称序列 $\{x^{(k)}\}$ r 阶收敛于 x^*(以 C 为因子). 最常见的为 $r = 1$ 与 $r = 2$ 的情形. 当 $r = 1$, $0 < C < 1$ 时称为线性收敛, 这时的误差序列满足

$$\|e_{k+1}\| \leqslant C\|e_k\|, \tag{1.4.4}$$

依最简单的情形, 在上式中取等号, 设初始误差为 1, 如果 $C = 0.5$, 则误差序列为

$$1, 0.5, 0.25, 0.125, 0.062\,5, \cdots,$$

如果 $C = 0.1$, 则误差序列为

$$1, 0.1, 0.01, 0.001, \cdots,$$

可以看出 C 越小, 收敛越快. 如果从同一个初始点开始, 收敛快的算法可以用较少的迭代次数达到预定的精度, 而收敛慢的算法则需要较多的迭代次数才能得到相同精度要求的点.

当 $r = 1$, $C = 0$ 时, 称序列 $\{x^{(k)}\}$ 超线性收敛于 x^*, 超线性收敛是一种比线性收敛快的收敛, 从后面的学习我们可以看到, 多数的最优化方法具有超线性收敛的特性. 在上述收敛率的定义中, 所有 $r > 1$ 的收敛都属于超线性收敛. 事实上, 由

$$\lim_{k\to\infty} \frac{\|e_{k+1}\|}{\|e_k\|^r} = C,$$

有

$$\lim_{k\to\infty}\frac{\|e_{k+1}\|}{\|e_k\|}=\lim_{k\to\infty}\frac{\|e_{k+1}\|}{\|e_k\|^r}\|e_k\|^{r-1}=C\lim_{k\to\infty}\|e_k\|^{r-1}=0.$$

称 $r=2$ 时的收敛为二次收敛, 这时误差序列满足以下不等式

$$\|e_{k+1}\|\leqslant C\|e_k\|^2. \tag{1.4.5}$$

二次收敛是一种更快的收敛, 还是考察上式取等式时的简单情形, 设初始误差为 0.1, $C=1$, 则误差序列为

$$0.1,\ 0.01,\ 0.000\,1,\ 0.000\,000\,01,\cdots,$$

可以看到, 二次收敛的方法每迭代一次近似解的精度就增加一倍.

迭代的终止条件在不同的最优化方法中也是不同的. 理论上, 根据最优性的一阶必要条件, 以及算法的设计思想, KKT 条件是最合适的迭代终止条件. 以无约束最优化问题为例, 可以用

$$\|\nabla f(x^{(k)})\|\leqslant\varepsilon \tag{1.4.6}$$

来终止迭代, 其中 $\varepsilon>0$ 是给定的精度要求. 可是这样的终止准则依赖于函数在极小点邻域内的性质, 图 1.4.1 就单变量函数的情形给出了一个例子. 图中点 x_1^* 和 x_2^* 是函数 $f(x)$ 的两个无约束局部最优解, 点 $\bar{x}_1$ 在 x_1^* 的邻域内, 点 $\bar{x}_2$ 在 x_2^* 的邻域内. 从图 1.4.1 可以看出, 尽管点 $\bar{x}_1$ 离最优解 x_1^* 还有一段距离, 但由于函数在这个邻域内比较平坦, 在点 $\bar{x}_1$ 的梯度值已经很小; 而对于点 $\bar{x}_2$, 尽管它已十分接近最优解 x_2^*, 但由于函数在这个邻域内呈现比较陡的特性, 在点 $\bar{x}_2$ 的梯度值还相对较大. 正因为如此, 准则 (1.4.6) 一般适用于收敛速度比较慢的算法.

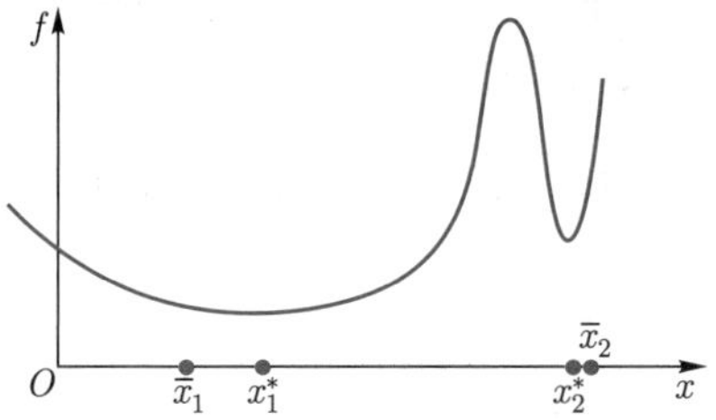

图 1.4.1 极小点邻域内的梯度

一个理想的算法终止准则为

$$\|x^{(k)}-x^*\|\leqslant\varepsilon, \tag{1.4.7}$$

然而由于 x^* 是未知的, 这样的准则并不具有任何实用价值. 但是由

$$\begin{aligned}\frac{\|x^{(k+1)}-x^*\|}{\|x^{(k)}-x^*\|}&=\frac{\|x^{(k+1)}-x^{(k)}+x^{(k)}-x^*\|}{\|x^{(k)}-x^*\|}\\&\geqslant\left|\frac{\|x^{(k+1)}-x^{(k)}\|-\|x^{(k)}-x^*\|}{\|x^{(k)}-x^*\|}\right|\end{aligned}$$

$$= \left| \frac{\|x^{(k+1)} - x^{(k)}\|}{\|x^{(k)} - x^*\|} - 1 \right| \geqslant 0,$$

在序列 $\{x^{(k)}\}$ 超线性收敛于 x^* 时, 我们可以得到

$$\lim_{k\to\infty} \frac{\|x^{(k+1)} - x^{(k)}\|}{\|x^{(k)} - x^*\|} = 1. \tag{1.4.8}$$

上式表明, 对于一个超线性收敛的算法, $\|x^{(k+1)} - x^{(k)}\|$ 是 $\|x^{(k)} - x^*\|$ 的一个估计. 因此对于具有超线性收敛速度的方法,

$$\|x^{(k+1)} - x^{(k)}\| \leqslant \varepsilon \tag{1.4.9}$$

是一个比较合适的终止准则. 同样也可以用评价函数值序列来确定终止准则, 还是以无约束优化问题为例, 由于 x^* 未知,

$$\|f(x^{(k)}) - f(x^*)\| \leqslant \varepsilon \tag{1.4.10}$$

不可能直接用作收敛准则, 但当 $f(x)$ 二次连续可微时可以推得

$$|f(x^{(k+1)}) - f(x^{(k)})| = O(\|x^{(k+1)} - x^{(k)}\|^2), \tag{1.4.11}$$

因此对于快速收敛的算法

$$|f(x^{(k+1)}) - f(x^{(k)})| \leqslant \varepsilon \tag{1.4.12}$$

也是一个相当有效的收敛准则. 在有些方法中为确保所得的是最优解满意的估计, 往往采用两个或几个收敛准则同时使用的方法. 例如, 有时, 虽然 $\|x_{k+1} - x_k\|$ 是小的, 但 $f(x_k) - f(x_{k+1})$ 是大的, 极小点 x^* 远离 x_k. 这时终止准则 (1.4.9) 是不适当的. 有时, 虽然 $f(x_k) - f(x_{k+1})$ 是小的, 但 $\|x_{k+1} - x_k\|$ 是大的, 极小点 x^* 也远离 x_k. 这时终止准则 (1.4.12) 是不适当的. 这样, 我们可以同时采取这两种准则:

当 $\|x_k\| > \varepsilon$ 和 $|f(x_k)| > \varepsilon$ 时, 采用

$$\frac{\|x_{k+1} - x_k\|}{\|x_k\|} \leqslant \varepsilon, \quad \frac{|f(x_k) - f(x_{k+1})|}{|f(x_k)|} \leqslant \varepsilon, \tag{1.4.13}$$

否则采用

$$\|x_{k+1} - x_k\| \leqslant \varepsilon, \quad |f(x_k) - f(x_{k+1})| \leqslant \varepsilon. \tag{1.4.14}$$

此外, 也可以把 (1.4.6) 和其他准则组合起来使用.

如果最优解的一个近似不能满足所要求的精度, 则需要计算一个修正量 $s^{(k)}$ 来得到最优解的一个更好的近似 $x^{(k+1)} = x^{(k)} + s^{(k)}$. $s^{(k)}$ 的计算是最优化方法最关键和最主要的计算工作. 对于大多数的最优化方法来说, $s^{(k)}$ 是通过求解一个相对简单易于求解的最优化问题 (通常称为子问题) 确定的. 由于最优化要求确定使目标函数值取最优 (最小) 的可行点, 修正量 $s^{(k)}$ 的确定要求在新点 $x^{(k+1)}$ 处的评价函数值小于在点 $x^{(k)}$ 处的评价函数值, 我们称这样每次迭代都使评价函数值下降的算法为单调下降算法, 本书介绍的都是这类单调下降算法. 在 20 世纪 90 年代, 出现了所谓的非单调算法, 这类算法不要求迭代点每次都使评价函数值下降, 代之以要求每隔若干步使评价函数值下降, 对这类方法本书不作详细介绍.

小 结

本章作为全书的开篇，主要介绍了同最优化方法和技术有关的基本概念和基本理论，全章共分 4 节.

节 1.1 帮助读者认识和了解最优化问题，给出了最优化问题一般形式的数学模型，以作为后述各章节学习的基础；指出了这种一般形式的模型同各种具体问题模型之间的关系和相互转换；给出了几类主要的最优化问题的标准形式，如线性规划，二次规划，无约束最优化，等式约束最优化和不等式约束最优化问题等；介绍了最优化问题的一些基本定义，如可行点，可行域，起作用 (有效) 约束，局部最优解，全局最优解等，以及它们之间的关系.

节 1.2 介绍了最优化的基本理论之一——凸集和凸函数，凸集和凸函数在理解和以后进一步学习、应用和研究最优化中起着重要的作用. 该节首先通过引入凸集的定义，分析了凸集同最优化直接相关的性质和特性，其重点为在最优化理论中起重要作用的凸集分离定理. 由于凸函数的任何局部最优解必是它的全局最优解，因此对凸函数的判定和凸函数性质的了解尤为重要. 给出了一个函数是凸函数的一阶充分必要条件，二阶充分必要条件，介绍了目标函数为凸函数、可行域为凸集的凸规划问题，证明了凸规划问题的任何最优解必为全局最优解，给出了可行域是凸集的条件和要求，还讨论了水平集的性质.

节 1.3 讲述最优化的基础——最优性条件. 几何直观上一个可行点是一个最优化问题的最优解，如果在该点处不存在任何既可行又下降的方向. 但要给出一个可实际用于判定一个可行点是最优解的条件并非那么简单，需要有一定的理论支持. 节 1.3 对此作了简要的介绍；引入了可行方向、下降方向的定义，再根据凸集分离定理和 Farkas 引理给出了最优化问题最优解的一阶必要条件，又称 KKT 条件；然后在假定所有函数二阶连续可微的条件下给出了一般最优化问题最优解的二阶必要条件和二阶充分条件. 这些条件在有关的最优化算法设计和研究中起着重要的作用，是算法设计和研究的基础，也是理解和学好具体最优化算法所必需的.

作为一本最优化方法的教科书，节 1.4 用于介绍一般最优化方法的基本特征和要求，以后各章节的各式各样的最优化方法大部分都具有这些特征. 对于现实生活中的大量最优化问题，一般不可能直接给出问题的具有解析表达式的解，确定问题的最优解一般采用迭代法，即从一个给定的初始点开始，方法逐步产生一个越来越接近最优解的点的序列，并在一定的条件得到满足时取相应的迭代点作为所求最优解的一个近似. 我们在这一节给出了一般方法的迭代格式，评价一个点好坏的准则和方法、终止迭代的准则、衡量一个方法性能的收敛性 (包括局部收敛性和全局收敛性) 和收敛速度.

习 题

1. 考虑由约束

$$x_1^2 + x_2^2 \leqslant 1, \qquad 1 - x_2 + x_1 \geqslant 0, \qquad x_1 \leqslant 0$$

确定的可行域 $\mathcal{F}$. 判定点 $x^{(1)}=\left(-\dfrac{1}{2},\dfrac{1}{2}\right)^{\mathrm{T}}$, $x^{(2)}=(-1,1)^{\mathrm{T}}$, $x^{(3)}=(-1,0)^{\mathrm{T}}$, $x^{(4)}=\left(0,-\dfrac{1}{2}\right)^{\mathrm{T}}$ 和 $x^{(5)}=\left(-\dfrac{1}{2},-\dfrac{1}{2}\right)^{\mathrm{T}}$ 是不是可行点? 如果是可行点, 是内点还是边界点? 是哪个约束的边界点?

2. 考虑下述约束最优化问题

$$\begin{aligned}\min\ & x_1\\ \text{s.t.}\ & x_1^2+(x_2-2)^2\leqslant 3,\\ & x_1^2\geqslant 1,\end{aligned}$$

画出问题的可行域和目标函数的等位线, 并由此确定问题的所有局部最优解和全局最优解.

3. 设 $\mathcal{F}=\{x\mid c_i(x)\geqslant 0,\ i=1,2,\cdots,m\}$, 其中所有 $c_i(x)$ $(i=1,2,\cdots,m)$ 都连续. 证明点 $\bar{x}\in\mathcal{F}$ 是内点当且仅当对某一 $\varepsilon>0$ 有

$$\{x\mid \|x-\bar{x}\|<\varepsilon\}\subset\mathcal{F}.$$

4. (1) 证明有限个凸集的交集仍然是凸集.

(2) 设 $D_1=\{x\mid x_1+x_2\leqslant 1,\ x_1\geqslant 0\}$, $D_2=\{x\mid x_1-X_2\geqslant 0,\ x_1\leqslant 0\}$. 令 $D=D_1\cup D_2$. 证明 D_1, D_2 均为凸集, 但 D 却不是凸的, 由此得出凸集的并集未必是凸集.

5. 设 $u,v\in\mathbf{R}^n$, 对于 2–范数 $\|\cdot\|$, 如果

$$\|u+v\|=\|u\|+\|v\|,$$

则 $u=0$ 或 $v=\lambda u$, 对某个实数 λ.

6. 设 $f(x)$ 为定义在凸集 $D\subset\mathbf{R}^n$ 上的凸函数, α 为一个给定的实数, 称集合

$$\mathcal{T}=\{x\mid f(x)\leqslant\alpha\}$$

为函数 $f(x)$ 关于实数 α 的水平集. 证明对任意实数 α, 集合 $\mathcal{T}$ 是凸集.

7. 设 $f_i(x)$ $(i=1,2,\cdots,m)$ 是定义在凸集 $D\subset\mathbf{R}^n$ 上的凸函数, 证明函数

$$g(x)=\sum_{i=1}^{m}\alpha_i f_i(x)$$

也是 D 上的凸函数, 其中 $\displaystyle\sum_{i=1}^{m}\alpha_i=1$, $\alpha_i\geqslant 0$ $(i=1,2,\cdots,m)$, 即凸函数的凸组合还是凸函数.

8. 设 $c_i(x)$ $(i\in E)$ 是线性函数, $c_i(x)$ $(i\in I)$ 是凹函数, 证明约束集

$$\Omega=\left\{x\ \middle|\ \begin{array}{ll}c_i(x)=0, & i\in E\\ c_i(x)\geqslant 0, & i\in I\end{array}\right\}$$

是凸集.

9. 设多变量函数 $f: \mathbf{R}^n \to \mathbf{R}$ 和单变量函数 $\phi: \mathbf{R} \to \mathbf{R}$ 都是凸函数, 证明复合函数 $h(x) = \phi(f(x)),\ x \in \mathbf{R}^n$ 是凸函数.

10. 设 $c_i(x)\ (i = 1, 2, \cdots, m)$ 为 $\mathbf{R}^n$ 上的凹函数, $f(x)$ 是 $\mathbf{R}^n$ 上的凸函数, 证明函数

$$P(x) = f(x) - \mu \sum_{i=1}^{m} \log c_i(x)$$

在集合 $D = \{x \mid c_i(x) > 0\}$ 上是凸函数.

11. 设 A 是 $m \times n$ 矩阵, b 是 n 维向量, 利用 Farkas 引理证明下述两组系统中有且仅有一组有解:

$$Ax \leqslant 0,\ x \geqslant 0,\ b^{\mathrm{T}}x > 0;$$
$$A^{\mathrm{T}}y \geqslant b,\ y \geqslant 0.$$

12. 设 x^* 是凸规划问题的一个解. 证明如果目标函数严格凸, 则 x^* 是唯一全局最优解.

13. 设 $f(x)$ 定义在集合 $D \subset \mathbf{R}^n$ 上且连续可微.

(1) 证明 $f(x)$ 是 D 上严格凸函数的充分必要条件为

$$f(y) > f(x) + \nabla f(x)^{\mathrm{T}}(y - x),\ \ \forall\, x,\ y \in D,\ x \neq y.$$

(2) 证明 $f(x)$ 是 D 上一致凸函数的充分必要条件是

$$f(y) \geqslant f(x) + \nabla f(x)^{\mathrm{T}}(y - x) + c\|y - x\|^2,\ \ \forall\, x,\ y \in D,$$

其中 $c > 0$ 是某个常数.

14. 求出函数

$$f(x) = 2x_1^3 - 3x_1^2 - 6x_1x_2(x_1 - x_2 - 1)$$

的所有稳定点, 其中哪一个点是极小点? 哪一个点是极大点? 有没有既不是极大点又不是极小点的点?

15. 确定线性函数 $f(x) = 2x_1 - x_2 + 3x_3$ 的所有下降方向. 请问这样的下降方向是否同所在点的位置有关?

16. 设

$$q(x) = \frac{1}{2}x^{\mathrm{T}}Bx + b^{\mathrm{T}}x + c,$$

其中, $x \in \mathbf{R}^n$, $B \in \mathbf{R}^{n \times n}$ 为对称矩阵, $b \in \mathbf{R}^n$, $c \in \mathbf{R}$. 证明 $q(x)$ 有唯一极小点的充分必要条件是矩阵 B 正定, 并给出这个极小解.

17. 考虑问题

$$\begin{aligned} \min \quad & q(x) = \frac{1}{2}x^{\mathrm{T}}Bx + b^{\mathrm{T}}x + c \\ \text{s.t.} \quad & \|x\| \leqslant \rho, \end{aligned}$$

$\rho > 0$ 为一个给定的常数, 证明

(1) 如果 B 正定, 且 $\|B^{-1}b\| \leqslant \rho$, 则问题的最优解为

$$x^* = -B^{-1}b;$$

(2) 如果 (1) 的条件不满足, 则问题的最优解是下述方程组对某一 $\mu > 0$ 的解

$$\begin{cases} (B + \mu I)x = -b, \\ \|x\| = \rho, \end{cases}$$

其中 $\mu > 0$ 使得矩阵 $B + \mu I$ 至少正半定.

18. 考虑下述三个数列:

$$\begin{aligned} u_k &= \frac{1}{c^{2-k}} \ (c > 0), \\ v_k &= \frac{1}{k^k}, \\ w_k &= a^{p^k} \ (0 < a < 1,\ p > 1), \end{aligned}$$

证明它们分别具有线性, 超线性和阶数为 p 的收敛率.

19. 设 $a_0 = b$, 考虑数列 $a_{k+1} = \frac{1}{2}\left(a_k + \frac{b}{a_k}\right)$, 证明数列 $\{a_k\}$ 的极限为 $a^* = \sqrt{b}$, 且收敛率是二次的.

第二章　线性规划

2.1 线性规划问题和基本性质

当最优化问题中的目标函数与约束函数都是变量 $x \in \mathbf{R}^n$ 的线性函数时称为线性规划. 工程与管理科学中大量的问题都是变量数目为成百上千, 乃至上万或数十万的线性规划问题. 学习和研究线性规划的求解方法, 不仅可以用于求解大量的实际线性规划问题, 而且可以用于非线性最优化问题的求解, 这是因为当用迭代法求解一个非线性最优化问题时, 如果我们在迭代点对问题中的有关函数取局部线性近似, 所得的问题就是一个线性规划问题. 我们在本章将学习求解线性规划问题的常用方法, 包括单纯形法, 对偶单纯形法, 以及用于求解大规模线性规划问题的内点算法. 在具体学习这些方法之前, 我们先了解线性规划问题及其有关的概念和基本性质.

2.1.1 线性规划问题

在生产管理和经济活动中, 很多问题都可以归结为线性规划问题. 一类是如何合理使用有限资源, 以获得最大效益的线性规划问题.

例 2.1.1 某工厂生产甲、乙两种产品, 生产这两种产品要消耗 A, B 两种原料. 生产每吨产品所需的 A、B 两种原料量见表 2.1.1. 现该厂每周所能得到 A, B 两种原料分别为 160 t 和 150 t. 已知该厂生产的每吨甲、乙两种产品的利润分别为 3 000 元和 1 000 元. 问该厂应如何安排两种产品的产量才能使每周获得的利润最大?

表 2.1.1　数　据　表

原料	每吨产品的消耗/千元		每周资源总量/t
	甲	乙	
A 原料	3	2	160
B 原料	5	1	150

建立模型 设该厂每周生产甲种产品的产量为 x_1 (t), 乙种产品的产量为 x_2 (t), 则每周能获得的利润总额为 $z = 3x_1 + x_2$ (千元). 但产量的大小受到 A, B 两种原料量的限制, 即 x_1, x_2 要满足以下一组不等式约束条件:

$$\begin{cases} 3x_1 + 2x_2 \leqslant 160, \\ 5x_1 + x_2 \leqslant 150. \end{cases} \tag{2.1.1}$$

此外, x_1, x_2 还应该是非负数,

$$x_1 \geqslant 0, \quad x_2 \geqslant 0. \tag{2.1.2}$$

因此, x_1, x_2 应该在满足资源约束条件 (2.1.1) 和非负约束条件 (2.1.2) 下, 使利润 z 取最大值:

$$\max \quad z = 3x_1 + x_2. \tag{2.1.3}$$

这样, 我们得到了该问题的线性规划模型:

$$\begin{array}{ll} \max & z = 3x_1 + x_2 \\ \text{s.t.} & 3x_1 + 2x_2 \leqslant 160, \qquad (l_1) \\ & 5x_1 + x_2 \leqslant 150, \qquad (l_2) \\ & x_1 \geqslant 0, \quad x_2 \geqslant 0. \end{array} \tag{2.1.4}$$

另一类线性规划问题是为了达到一定的目标, 如何组织安排以使得消耗的资源为最少.

例 2.1.2 某公司在生产中共需要 A, B 两种材料至少 350 kg, 其中 A 种材料至少需要 100 kg. 加工每千克 A 种材料需要 2 h, 加工每千克 B 种材料需要 1 h, 而公司共有 600 个加工小时. 另外, 已知每千克 A 种材料的价格为 2000 元, 每千克 B 种材料的价格为 3000 元. 试问在满足生产需要的条件下, 在公司加工能力范围内, 如何购买 A, B 两种材料, 使购进成本最低?

建立模型 设 x_1, x_2 分别为购进的 A 种材料和 B 种材料的千克数. 依题意可得如下线性规划模型:

$$\begin{array}{ll} \min & z = 2x_1 + 3x_2 \\ \text{s.t.} & x_1 + x_2 \geqslant 350, \\ & x_1 \qquad \geqslant 100, \\ & 2x_1 + x_2 \leqslant 600, \\ & x_1 \geqslant 0, \ x_2 \geqslant 0. \end{array} \tag{2.1.5}$$

2.1.2 图解法

对于两个变量的线性规划问题, 用图解法求解是非常有效和简单的. 我们以例 2.1.1 中建模得到的线性规划等问题为例来说明图解法, 并从几何直观了解线性规划的可行域和最优解的性能.

例 2.1.3

$$\begin{array}{ll} \max & z = 3x_1 + x_2 \\ \text{s.t.} & 3x_1 + 2x_2 \leqslant 160, \qquad (l_1) \\ & 5x_1 + x_2 \leqslant 150, \qquad (l_2) \\ & x_1 \geqslant 0, \quad x_2 \geqslant 0. \end{array}$$

解 这一问题的可行域为图 2.1.1 所示的多边形 $OABC$, 我们还需要在可行域中找到点 (x_1, x_2) 使目标函数值 $z = 3x_1 + x_2$ 极大. 为此, 我们过原点作虚线 EF : $3x_1 + x_2 = 0$, 它的斜率为 -3, 当 z 的值从 0 增加时, 虚线 EF 向右侧平行移动. 当移动到 $B(20, 50)$ 时, 再移动就与可行域不相交了. 于是 $B(20, 50)$ 是最优解, 最优值为 $z = 3 \times 20 + 50 = 110$. □

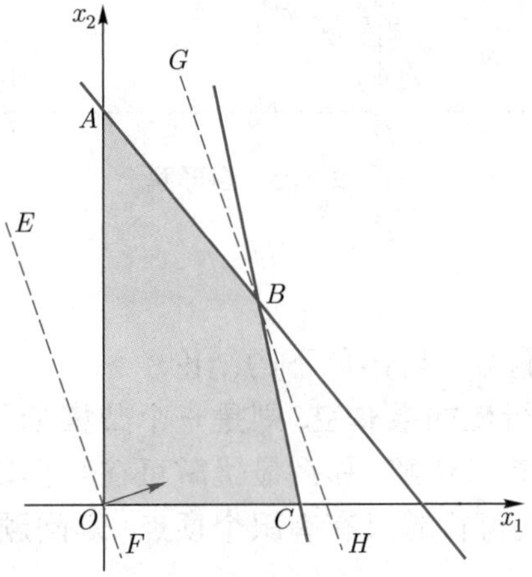

图 2.1.1 图形解

例 2.1.4

$$
\begin{aligned}
\min \quad & 3x_1 - 2x_2 \\
\text{s.t.} \quad & -x_1 + x_2 \leqslant 3, \\
& -2x_1 + x_2 \leqslant 2, \\
& 4x_1 + x_2 \leqslant 16, \\
& x_1 \geqslant 0, \quad x_2 \geqslant 0.
\end{aligned}
$$

解 图 2.1.2 给出了这一问题的可行域 $\mathcal{F}$, 它是由线段 AB, BC, CD, DE, EA 围成的凸多边形 (凸集), A, B, C, D, E 是这个凸集的五个顶点. 写有 $f = 6$, $f = 0$ 与 $f = -5$ 的三条平行斜线是目标函数 $f(x) = 3x_1 - 2x_2$ 不同取值的同位线, 可以看出随着同位线的向左移动, 目标函数值逐渐减小, $f = -5$ 的同位线同可行域相交于可行域的顶点 A. 如果把 $f = -5$ 的同位线再向左作任何一点点的移动, 尽管目标函数值会有所减小, 但与可行域不再有任何交点. 也就是说不存在任何使目标函数值小于 -5 的可行点, 因此可行域的顶点 A 是上述线性规划问题的最优解, 最优目标函数值为 -5. 由图 2.1.2 我们还可以看出在顶点 A, 约束

$$
-x_1 + x_2 \leqslant 3, \qquad -2x_1 + x_2 \leqslant 2
$$

是有效或起作用的约束, 而其余三个约束在点 A 是不起作用的约束. 据此, 最优解 A 可以由方程组

$$
-x_1 + x_2 = 3, \qquad -2x_1 + x_2 = 2
$$

的解直接确定, 即有 $x_1^* = 1$, $x_2^* = 4$. □

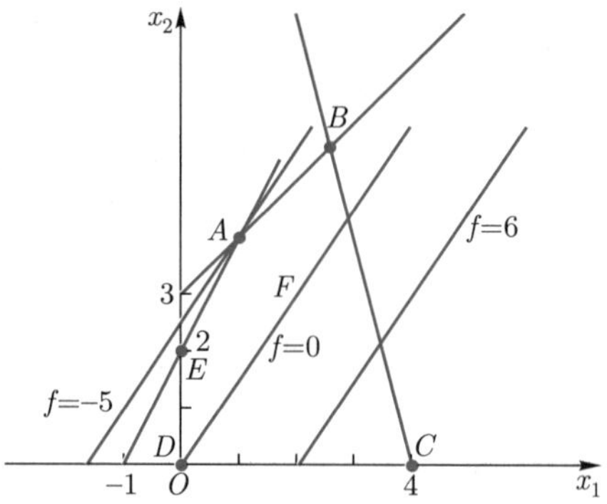

图 2.1.2 图形解

2.1.3 基本性质

从上述直观的例子, 我们可以得出如下的结论:

(1) 线性规划问题的可行域如果非空, 则是一个凸集 (凸多面体);

(2) 如果线性规划问题有最优解, 那么最优解可在可行域的顶点中确定;

(3) 如果可行域有界, 且可行域只有有限个顶点, 则问题的最优解必存在, 并在这有限个顶点中确定;

(4) 最优解可由最优顶点处的有效约束形成的方程组的解确定.

关于可行域的凸性可以直接从第一章凸集的定义或从定理 1.2.18 得出.

例 2.1.5 证明下述线性规划的可行域

$$D = \{x \in \mathbf{R}^n \mid Ax = b,\ x \geqslant 0\} \tag{2.1.6}$$

是凸集.

证明 [证一] 从定义证明. 任取两点 $x^0, x^1 \in D$, 令

$$x = \lambda x^0 + (1-\lambda)x^1, \quad 0 \leqslant \lambda \leqslant 1.$$

注意到

$$x^0 \in D \text{ 意味着 } Ax^0 = b,\ x^0 \geqslant 0,$$

$$x^1 \in D \text{ 意味着 } Ax^1 = b,\ x^1 \geqslant 0.$$

由于 $\lambda \geqslant 0$ 和 $(1-\lambda) \geqslant 0$, 故有 $\lambda x^0 + (1-\lambda)x^1 \geqslant 0$. 此外,

$$\begin{aligned} Ax &= A(\lambda x^0 + (1-\lambda)x^1) \\ &= A(\lambda x^0) + A((1-\lambda)x^1) \\ &= \lambda Ax^0 + (1-\lambda)Ax^1 \\ &= \lambda b + (1-\lambda)b \\ &= b. \end{aligned}$$

所以, $Ax=b, x\geqslant 0$, 从而 $x=\lambda x^0+(1-\lambda)x^1\in D$, 这证明了可行域 D 是凸集.

[证二] 直接从第一章定理 1.2.18 可知该可行域 D 是凸集, 这是因为线性规划问题的任何形式的约束都可以转换成 $c_i(x)\geqslant 0$ 的形式, 而对于线性函数 $c_i(x)$, 它们既是凸函数又是凹函数, 从而由定理 1.2.18 得到该可行域 D 是凸集. □

线性规划问题的可行域, 在两个变量的情形, 是由约束所表示的一些直线围成的凸多边形, 在三个变量的情形是由约束所表示的一些平面所围成的凸多面体 (见图 2.1.3), 而在维数大于 3 时, 是由线性约束所表示的一些超平面所围成的超凸多面体. 根据约束条件的不同, 凸多面体可能有界, 也可能无界, 图 2.1.3 的可行域由约束条件

$$x_1+x_2+x_3\leqslant 1,\quad x_1\geqslant 0,\ x_2\geqslant 0,\ x_3\geqslant 0$$

确定, 可行域有界. 而图 2.1.4 的可行域由约束

$$x_1+x_2\leqslant 1,\ \ x_1\geqslant 0,\ x_2\geqslant 0,\ x_3\geqslant 0$$

确定, 是无界的可行域.

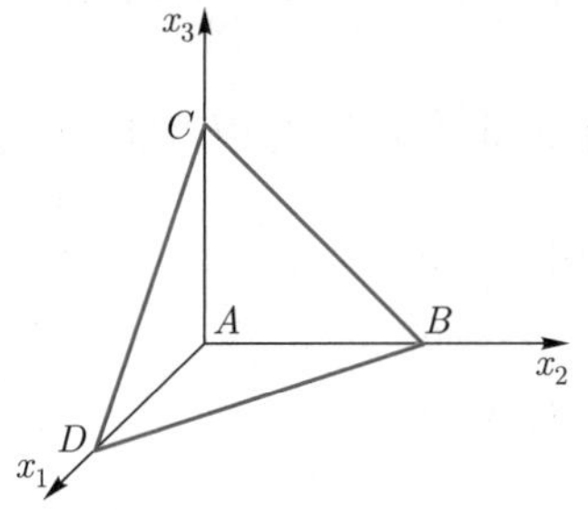

图 2.1.3 有界可行域

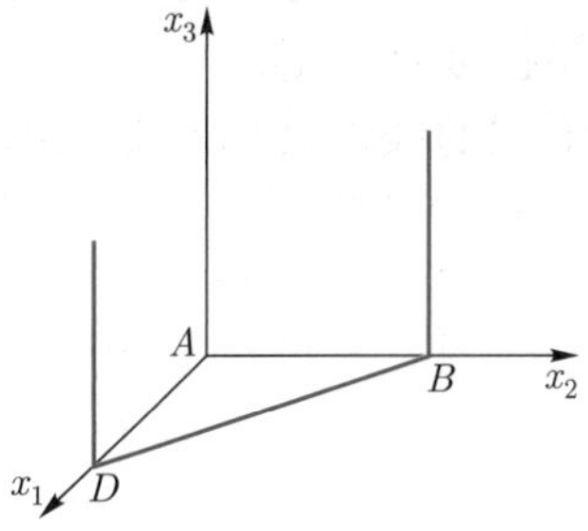

图 2.1.4 无界可行域

可以把可行域分为内部与边界, 边界又分顶点 (如图 2.1.2 的 A, B, C, D, E, 图 2.1.3 中的 A, B, C, D), 边 (如图 2.1.2 中的边 AB, BC, CD, DE, EA, 图 2.1.3 中的 AB, AC, AD, BC, BD, CD) 以及界面 (如图 2.1.3 的面 ABC, ABD, ADC, BDC).

对于线性规划问题可以很容易地证明其最优解如果存在, 必定在可行域的边界上. 这是因为如果最优解在可行域的内部, 则由于在可行域的内部所有的约束都不起作用, 可以把它看作一个无约束最优化问题, 根据无约束最优解的一阶必要条件, 目标函数 $f(x)=\sum\limits_{i=1}^{n}c_ix_i$ 的一阶导数为零, 即有

$$\nabla f(x)=(c_1,c_2,\cdots,c_n)^{\mathrm{T}}=0.$$

这是明显不可能的 (除非所有 $c_j=0,\ j=1,2,\cdots,n$, 这又没有意义). 进一步的分析可以证明: 最优解必定在可行域的某个顶点取得.

对于变量多于 3 的线性规划问题, 已不可能用图形画出其可行域, 再根据目标函数的等高线 (同位线) 确定问题的最优顶点来得出最优解. 在下一节学习的单纯形法是在问题的基本可行解中确定最优解. 事实上, 下面进一步的分析将表明在基本可行解和可行域的顶点之间有等阶关系, 也就是说基本可行解就是可行域顶点的代数表示.

现在我们讨论求解线性规划的做法. 还是回到图 2.1.2, 假设我们要确定问题的最优解并已知初始顶点 C, 根据最优解必在可行域顶点的结论, 我们只需在可行域的顶点中逐个确定最优解. 因此我们需要确定一个比顶点 C 更优的顶点, 从图 2.1.2 可以看出从点 C 有两种移动可以到达另一个顶点, 一是沿边 CB 移动到 B 点, 另一个是沿边 CD 移动到 D 点. 从图中可以看出沿这两个边移动都可以使目标函数值下降, 从中选择一个使目标函数下降快的边, 设为 CD, 由此可以得到顶点 D. 由于顶点 D 不是最优的, 在顶点 D 再找一个使目标函数下降快的边 DE, 沿此边移动得到更好的顶点 E, 由于 E 还不是最优解, 可以找到使目标函数下降的边 EA, 沿此边移动便可确定问题的最优顶点 A. 我们在下一节学习的单纯形法就是根据这一思路逐步确定问题的最优解, 即, 在非最优解的顶点, 确定一条使目标函数下降比较快的边, 沿此边移动产生一个更优的顶点, 重复这一过程或者得到问题的一个最优解, 或者确定问题无最优解.

2.1.4 线性规划的标准形

单纯形法要求线性规划具有所谓的标准形式, 本节接下来的讨论将针对标准形的线性规划问题展开, 因此我们先给出线性规划问题的标准形式, 并指出如何把其他形式的线性规划转换成标准形.

标准形式的线性规划问题只有线性等式约束和对变量的非负约束, 即

$$
\begin{array}{ll}
\min & f(x)=c_1x_1+c_2x_2+\cdots+c_nx_n \\
\text{s.t.} & a_{11}x_1+a_{12}x_2+\cdots+a_{1n}x_n=b_1, \\
& a_{21}x_1+a_{22}x_2+\cdots+a_{2n}x_n=b_2, \\
& \cdots\cdots\cdots\cdots \\
& a_{m1}x_1+a_{m2}x_2+\cdots+a_{mn}x_n=b_m, \\
& x_1\geqslant 0,\ x_2\geqslant 0,\ \cdots,\ x_n\geqslant 0.
\end{array}
\tag{2.1.7}
$$

或矩阵向量的表达方式

$$
\begin{array}{ll}
\min & f(x)=c^{\mathrm{T}}x \\
\text{s.t.} & Ax=b, \\
& x\geqslant 0,
\end{array}
\tag{2.1.8}
$$

其中 $c=(c_1,c_2,\cdots,c_n)^{\mathrm{T}}$ 称为价值系数向量, $c_j\ (j=1,2,\cdots,n)$ 称为价值系数,

$$
A=\begin{pmatrix}
a_{11} & a_{12} & \cdots & a_{1n} \\
a_{21} & a_{22} & \cdots & a_{2n} \\
\vdots & \vdots & & \vdots \\
a_{m1} & a_{m2} & \cdots & a_{mn}
\end{pmatrix}
$$

是线性等式约束的 $m\times n$ 系数矩阵, $b=(b_1,b_2,\cdots,b_m)^{\mathrm{T}}\in\mathbf{R}^m$ 为约束的右端向量并要求 $b\geqslant 0$. 对于系数矩阵 A, 我们假定 $m\leqslant n$ 且行满秩, 这是因为如果 A 不是行满秩, 则表示约束中有线性相关的方程, 通过删除相关的约束并不影响问题的可行域而使剩下的约束形成的系数矩阵满秩. 至于 m, 如果 $m>n$, 则约束方程组或者不相容, 可行域

为空集, 或者删除相关约束得 $m \leqslant n$. 如果 $m = n$ 且满秩, 则约束方程组有唯一解, 如果这个唯一的解还满足变量的非负条件, 则它就是最优解, 否则就没有最优解. 因此只有在 $m < n$ 时, 才需要在无限多个满足约束方程的可行解中确定使目标函数值取最优的解.

实际中出现的任何线性规划问题都可以通过变换转换为线性规划的标准形.

1. 目标函数的转换

如果原问题是求函数的极大化

$$\max \quad z = c^{\mathrm{T}} x,$$

则可通过两边乘 -1, 等价地将其转换为极小化问题

$$\min \quad -z = -c^{\mathrm{T}} x.$$

反之亦然. 例如, 原问题是求 $z = 5x_1 - 5x_2 + 3x_3$ 的极大, 我们可将目标函数改为 $\bar{z} = -z = -5x_1 + 5x_2 - 3x_3$ 后求极小, 在求出最优解后, 再将最优目标函数值乘 -1, 即得到原问题的最优函数值. 如果函数中有常数项, 删去常数项并不对最优解的确定产生任何影响, 但需在最优解确定后, 对目标函数的最优值加上删去的常数项, 即可得到原问题的最优目标函数值.

2. 约束条件的转换

(a) 我们通常要求右端项 $b \geqslant 0$. 对于不等式约束, 如果右端项是负的, 先用 -1 乘不等式的两端并改变不等号的方向, 将其改成右端项非负的不等式. 例如将 $x_1 + x_2 \geqslant -1$ 改写成 $-x_1 - x_2 \leqslant 1$. 对于等式约束, 直接乘 -1 即可.

(b) 如果某一约束条件为

$$a_{i1}x_1 + a_{i2}x_2 + \cdots + a_{ip}x_p \leqslant b_i,$$

则可以通过引进非负变量 x_{p+1}, 使两边相等, 即

$$a_{i1}x_1 + a_{i2}x_2 + \cdots + a_{ip}x_p + x_{p+1} = b_i.$$

这样的 x_{p+1} 称为松弛变量 (slack variable). 如果某一约束条件为

$$a_{i1}x_1 + a_{i2}x_2 + \cdots + a_{ip}x_p \geqslant b_i,$$

则也可以通过引进非负变量 x_{p+1} 使两边相等, 即

$$a_{i1}x_1 + a_{i2}x_2 + \cdots + a_{ip}x_p - x_{p+1} = b_i.$$

这样的 x_{p+1} 称为剩余变量.

例如, 对于约束 $-2x_1 + 4x_2 \leqslant 3$ 引入松弛变量 $x_3 \geqslant 0$, 使得 $-2x_1 + 4x_2 + x_3 = 3$ 成立.

3. 变量的非负约束

如果某个变量 x_j 是没有非负限制的自由变量, 我们总可以将其写成两个非负变量的差, $x_j = x_j' - x_j''$, 其中 $x_j' \geqslant 0, x_j'' \geqslant 0$. 由于 x_j' 可以大于也可以小于 x_j'', 所以 x_j 可以是正的也可以是负的.

综上所述, 任何形式的线性规划问题都可以转化为线性规划的标准形 (standard form). 这样, 在今后的算法讨论中, 我们总是讨论标准形线性规划问题.

例 2.1.6 将下面的线性规划问题转化为标准形.

$$\begin{aligned}
\max \quad & z = 2x_1 + x_2 + 4x_3 \\
\text{s.t.} \quad & -2x_1 + 4x_2 \leqslant 4, \\
& x_1 + 2x_2 + x_3 \geqslant 5, \\
& 2x_1 + 3x_3 \leqslant 2, \\
& x_1 \geqslant 0,\ x_2 \geqslant 0.
\end{aligned}$$

解 对于前面三个不等式约束分别添加松弛变量和剩余变量 x_4, x_5, x_6, 对于自由变量 x_3, 令 $x_3 = x_3' - x_3''$, 其中 $x_3' \geqslant 0, x_3'' \geqslant 0$. 因此, 标准形为

$$\begin{aligned}
\min \quad & \bar{z} = -2x_1 - x_2 - 4x_3' + 4x_3'' \\
\text{s.t.} \quad & -2x_1 + 4x_2 + x_4 = 4, \\
& x_1 + 2x_2 + x_3' - x_3'' - x_5 = 5, \\
& 2x_1 + 3x_3' - 3x_3'' + x_6 = 2, \\
& x_1, x_2, x_3', x_3'', x_4, x_5, x_6 \geqslant 0.
\end{aligned}$$

□

2.1.5 基本可行解

现在我们就标准形的线性规划问题讨论其可行域的顶点与基本可行解之间的关系. 顶点是对于凸集而言的, 凸集 D 的一个点称为顶点, 如果它不可能表示成 D 的任何两个不同于该点的点的凸组合, 即不可能表示成

$$x = \lambda y + (1-\lambda) z, \quad \lambda \in (0,1), \tag{2.1.9}$$

其中 $y,\ z \in D,\ y \neq x,\ z \neq x$. 对于线性规划问题的可行域, 其顶点, 设为 x, 不可能表示成其任意两个不同于 x 的可行点的凸组合. 图 2.1.5 给出了凸集的顶点, 其中第二个凸集的弧 CD 上的所有边界点都是它的顶点, 但我们在本章关注的线性规划问题的可行域及其顶点仅限于类似于第一个图的情形.

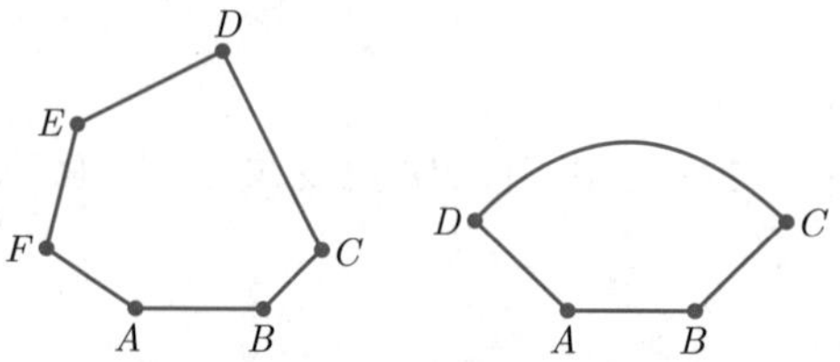

图 2.1.5 凸集的顶点

考虑标准形线性规划问题 (2.1.7) 中的等式约束

$$Ax = b. \tag{2.1.10}$$

由于 $m \times n$ 矩阵 A 满秩, 可以确定矩阵 A 的这样一个分块表示

$$A = (B\ N),$$

其中 B 为 $m \times m$ 非奇异矩阵, N 为 A 的剩余的 $n - m$ 列形成的矩阵, 将向量 x 作相应的分割

$$x = \begin{pmatrix} x_B \\ x_N \end{pmatrix},$$

其中 x_B 为相应于矩阵 B 的 x 的分量组成的 m 维向量, x_N 为相应于矩阵 N 的 x 的分量组成的 $n - m$ 维向量. 于是方程组 (2.1.10) 可以写成

$$Ax = Bx_B + Nx_N = b. \tag{2.1.11}$$

由于 B 非奇异, 我们有

$$x_B = B^{-1}(b - Nx_N) = B^{-1}b - B^{-1}Nx_N. \tag{2.1.12}$$

由此可以得到

$$x = \begin{pmatrix} x_B \\ x_N \end{pmatrix} = \begin{pmatrix} B^{-1}b - B^{-1}Nx_N \\ x_N \end{pmatrix}. \tag{2.1.13}$$

对于任意 $x_N \in \mathbf{R}^{n-m}$, 上述 x 都是方程组 (2.1.10) 的解. 特别地, 取 $x_N = 0$ 所得的解

$$x = \begin{pmatrix} B^{-1}b \\ 0 \end{pmatrix} \tag{2.1.14}$$

称为基本解, x_B 称为基本变量, x_N 称为非基本变量, 矩阵 B 为基矩阵, N 为非基矩阵, 相应地, 我们用 $\mathcal{B}$, $\mathcal{N}$ 分别表示相应的基变量和非基变量指标的集合. 基本解未必是线性规划问题 (2.1.7) 的可行解, 如果一个基本解还满足非负可行条件, 即

$$x = \begin{pmatrix} B^{-1}b \\ 0 \end{pmatrix} \geqslant 0, \tag{2.1.15}$$

则称其为基本可行解.

由于 B 是从矩阵 A 的 n 列中选取 m 列所形成的, 因此对于矩阵 B 至多有

$$\begin{pmatrix} n \\ m \end{pmatrix} = \frac{n!}{m!(n-m)!}$$

个选择, 也就是说基本解的个数是有限的, 这里 $n!$ 为 n 的阶乘, 即 $n! = n(n-1)(n-2)\cdots 3 \cdot 2 \cdot 1$. $\begin{pmatrix} n \\ m \end{pmatrix}$ 仅仅是基本解个数的一个上界, 因为并非 A 的每一个分块表示都

使得 B 非奇异. 作为基本解的一个子集, 基本可行解 (即顶点) 的个数要少于基本解的个数.

下面考察由例 2.1.4 的约束构成的可行域, 并验证其基本可行解同可行域顶点的对应关系. 首先通过引入三个松弛变量, 设为 x_3, x_4, x_5, 将约束转换为标准形

$$\begin{aligned}
&-x_1 + x_2 + x_3 = 3,\\
&-2x_1 + x_2 + x_4 = 2,\\
&4x_1 + x_2 + x_5 = 16,\\
&x_1 \geqslant 0,\ x_2 \geqslant 0,\ x_3 \geqslant 0,\ x_4 \geqslant 0,\ x_5 \geqslant 0.
\end{aligned}$$

由于 $n=5$, $m=3$, 对于 B 共有 10 种可能的选择. 下面给出了由此得出的 10 个基本解

$$\begin{aligned}
&x^{(1)} = (0,0,3,2,16)^{\mathrm{T}}, && x^{(2)} = (0,2,1,0,14)^{\mathrm{T}},\\
&x^{(3)} = (4,0,7,10,0)^{\mathrm{T}}, && x^{(4)} = \left(\frac{13}{5},\frac{28}{5},0,\frac{18}{5},0\right)^{\mathrm{T}},\\
&x^{(5)} = (1,4,0,0,8)^{\mathrm{T}}, && x^{(6)} = \left(\frac{14}{6},\frac{40}{6},-\frac{8}{6},0,0\right)^{\mathrm{T}},\\
&x^{(7)} = (-3,0,0,-4,28)^{\mathrm{T}}, && x^{(8)} = (-1,0,2,0,20)^{\mathrm{T}},\\
&x^{(9)} = (0,3,0,-1,13)^{\mathrm{T}}, && x^{(10)} = (0,16,-13,-14,0)^{\mathrm{T}}.
\end{aligned}$$

在这 10 个基本解中, 由于后面 5 个有负的分量, 因而不是基本可行解. 前 5 个基本解由于没有负分量因而是基本可行解, 而这 5 个基本可行解刚好对应图 2.1.2 中可行域的 5 个顶点: $x^{(1)}$ 对应顶点 D, $x^{(2)}$ 对应顶点 E, $x^{(3)}$ 对应顶点 C, $x^{(4)}$ 对应顶点 B, $x^{(5)}$ 对应顶点 A.

下述定理从理论上给出了基本可行解同可行域顶点之间的一一对应关系.

定理 2.1.7 *可行点 $x \in \mathcal{F} = \{x \mid Ax = b,\ x \geqslant 0\}$ 是 $\mathcal{F}$ 的顶点的充分必要条件是 x 是一个基本可行解.*

证明 先证充分性, 设 x 是一基本可行解, 即存在 A 的一个分块 $A = [B\ \ N]$, B 非奇异, 使得

$$x = \begin{pmatrix} x_B \\ x_N \end{pmatrix} = \begin{pmatrix} B^{-1}b \\ 0 \end{pmatrix} \geqslant 0.$$

为方便, 我们假定 B 由 A 的前 m 列构成, N 由 A 的后 $n-m$ 列构成. 假设 x 不是可行域的顶点, 则存在两个不同于 x 的可行点 y 和 z, 以及某一实数 $\lambda \in (0,1)$, 使得

$$x = \lambda y + (1-\lambda) z.$$

将 y 和 z 同样表示成

$$y = \begin{pmatrix} y_B \\ y_N \end{pmatrix}, \quad z = \begin{pmatrix} z_B \\ z_N \end{pmatrix}.$$

由 y, z 的可行性有 $y_N \geqslant 0$, $z_N \geqslant 0$. 由 $0 = x_N = \lambda y_N + (1-\lambda) z_N$, $0 < \lambda < 1$, 必有 $y_N = 0$, $z_N = 0$, 从而 $y = \begin{pmatrix} y_B \\ 0 \end{pmatrix}$, $z = \begin{pmatrix} z_B \\ 0 \end{pmatrix}$. 又由于 x, y, z 是可行解, 我们有

$$Bx_B = By_B = Bz_B = b.$$

由于 B 非奇异, 上述等式表明 $x_B = y_B = z_B$. 由此得出 $x = y = z$ 的结论, 这与 y, z 不同于 x 相矛盾, 这就证明了 x 是 $\mathcal{F}$ 的顶点.

再证必要性. 设 x 为一顶点, 我们证明它是一个基本可行解. 由 x 的可行性, 即 $Ax = b$, $x \geqslant 0$, 可以把 x 的分量分成正的和零两部分, 即

$$x = \begin{pmatrix} x_B \\ x_N \end{pmatrix}, \quad x_B > 0, \quad x_N = 0,$$

其中 x_B 的分量数不一定为 m, 设为 p. 为方便, 同样假定 x_B 由 x 的前 p 个分量组成. 对矩阵 A 作同样的分块得

$$A = (B\ N),$$

其中 B 为 $m \times p$ 矩阵. 首先证明 B 的列线性无关.

假定 B 的列线性相关, 则存在一个非零向量, 设为 $w \in \mathbf{R}^p$ 使成立 $Bw = 0$. 从 $Bx_B = b$ 得

$$B(x_B \pm \lambda w) = Bx_B \pm \lambda Bw = b$$

对 $\lambda \in \mathbf{R}$ 的所有取值都成立. 由于 $x_B > 0$, 存在充分小的 $\lambda > 0$ 使得

$$x_B + \lambda w \geqslant 0, \quad x_B - \lambda w \geqslant 0.$$

令

$$y = \begin{pmatrix} x_B + \lambda w \\ 0 \end{pmatrix}, \quad z = \begin{pmatrix} x_B - \lambda w \\ 0 \end{pmatrix},$$

则 y 和 z 都是可行的且有 $y \neq x$, $z \neq x$. 由于 $x = \dfrac{y+z}{2}$ 是凸组合, 这与 x 是可行域顶点的假定相矛盾, 这就证明了 B 的列线性无关.

再证 x 为一基本可行解. 由于矩阵 B 的列线性无关, 则必有 $p \leqslant m$. 如果 $p = m$, 则 B 非奇异, 由 $x_N = 0$ 得

$$Ax = Bx_B + Nx_N = Bx_B = b, \quad x_B = B^{-1}b > 0.$$

因此 x 是基本可行解. 如果 $p < m$, 则由于 A 满秩, 可从 N 中选取 $m-p$ 个列加入到矩阵 B 中形成一个新的 $m \times m$ 非奇异矩阵 B, 并把 N 中剩余的列组成新的矩阵 N, 对解向量 x 作同样的重新组合得 x_B 和 x_N. 显然, 对此有 $x_B = B^{-1}b \geqslant 0$, $x_N = 0$, 即 x 是一个基本可行解. 这就完成了必要性的证明. □

从定理的证明过程可以看到, 对于一个基本可行解并非它的所有基本变量都可能取正值, 如果某个基本可行解中的基本变量含有零分量, 则称其为退化的基本可行解 (顶点). 一个有退化顶点的线性规划称为退化的线性规划. 我们通常对线性规划作非退化的假定, 这是因为退化现象是由于约束条件中存在可删除的约束而出现的.

2.1.6 最优解的性质

本节最后, 我们不加证明地给出线性规划的可行点的表示定理, 并证明线性规划的最优解必定在可行域的某个顶点取得.

线性规划的可行点的表示定理分为两种情形: 一是可行域有界的情形, 二是可行域无界的情形. 设 D 是一个凸集, 对于所有 $x \in D$ 和所有 $\alpha \geqslant 0$, 如果 $x+\alpha d \in D$, 则称方向 d 为凸集 D 的无界方向.

定理 2.1.8 设 $m \times n$ 矩阵 A 行满秩, 可行域 $\mathcal{F}=\{x \mid Ax=b,\ x \geqslant 0\}$ 有界, 则任何可行点 $x \in \mathcal{F}$ 都可以表示成 $\mathcal{F}$ 的顶点的凸组合, 即, 设 $V=\{v_1, v_2, \cdots, v_k\}$ 为 $\mathcal{F}$ 的顶点集合, 则任意可行点 $x \in \mathcal{F}$ 都可表示成

$$x=\sum_{i=1}^{k} \alpha_i v_i, \tag{2.1.16}$$

其中 $\sum_{i=1}^{k} \alpha_i=1,\ \alpha_i \geqslant 0, i=1,2, \cdots, k$.

定理 2.1.9 设 $m \times n$ 矩阵 A 行满秩, 可行域 $\mathcal{F}=\{x \mid Ax=b,\ x \geqslant 0\}$ 无界, 则任何可行点 x 都可以表示成

$$x=\sum_{i=1}^{k} \alpha_i v_i+d, \tag{2.1.17}$$

其中

$$\sum_{i=1}^{k} \alpha_i=1,\quad \alpha_i \geqslant 0,\ i=1,2, \cdots, k,$$

$V=\{v_1, v_2, \cdots, v_k\}$ 是可行域 $\mathcal{F}$ 的所有顶点的集合, d 或为零向量或为 D 的一个无界方向.

下面证明对于可行域无界的线性规划问题, 如果有有限的最优解, 则必有 $c^{\mathrm{T}} d \geqslant 0$ 成立, 其中 d 为可行域的任一无界方向.

引理 2.1.10 考虑标准形线性规划问题 (2.1.8), 设可行域无界, 但有有限的最优解, 则对于 $\mathcal{F}$ 的任意无界方向 d 均有

$$c^{\mathrm{T}} d \geqslant 0. \tag{2.1.18}$$

证明 设 x^* 为标准形线性规划问题的最优解, 则根据无界方向的定义有 $x^*+\lambda d \in \mathcal{F}$ 对所有 $\lambda \geqslant 0$ 成立. 由点 x^* 的最优性, 我们有

$$c^{\mathrm{T}}(x^*+\lambda d)=c^{\mathrm{T}} x^*+\lambda c^{\mathrm{T}} d \geqslant c^{\mathrm{T}} x^*. \tag{2.1.19}$$

由 $\lambda>0$ 得出 $c^{\mathrm{T}} d \geqslant 0$ 的结论, 证毕. □

现在, 我们给出主要定理.

定理 2.1.11 标准形线性规划问题 (2.1.8) 如果有有限的最优解, 则必可在其可行域的某个顶点取得.

证明 设可行域 $\mathcal{F}$ 的顶点集合为 $V=\{v_1,v_2,\cdots,v_k\}$. 又设 v_j 是这些顶点中使目标函数取值最小的顶点, 即有

$$c^{\mathrm{T}}v_j=\min\{c^{\mathrm{T}}v_i \mid v_i\in V\}. \tag{2.1.20}$$

我们证明顶点 v_j 就是问题的一个最优解. 考察任意可行点 $x\in\mathcal{F}$, 根据可行点的表示定理, 有

$$x=\sum_{i=1}^{k}\alpha_i v_i+d,$$

其中 d 或为零, 或为 $\mathcal{F}$ 的一个无界方向. 于是根据引理 2.1.10, 顶点 v_j 在顶点集合中的最优性, 以及 $\sum\limits_{i=1}^{k}\alpha_i=1,\ \alpha_i\geqslant 0,\ i=1,2,\cdots,k$, 得

$$c^{\mathrm{T}}x=\sum_{i=1}^{k}\alpha_i c^{\mathrm{T}}v_i+c^{\mathrm{T}}d\geqslant\sum_{i=1}^{k}\alpha_i c^{\mathrm{T}}v_j=c^{\mathrm{T}}v_j. \tag{2.1.21}$$

由于 x 在可行域 $\mathcal{F}$ 中的任意性, 这就证明了顶点 v_j 就是问题的最优解. □

2.2 单纯形法

求线性规划问题最优解的单纯形法是由 G.B. Dantzig 在 1947 年提出的, 这是 20 世纪数学界最重大的成果之一. 由于这一方法的有效性, 几十年来单纯形法一直在几乎所有的领域得到广泛的应用. 近年来, 对于大规模的线性规划问题, 尽管它受到了内点算法的挑战, 但单纯形法还是受到广大用户的青睐.

单纯形法同其他的数值求解方法一样是一种迭代法, 它根据线性规划问题的特点在问题可行域的顶点中逐步确定问题的最优解. 在每一个是基本可行解的迭代点 (即顶点), 如果它不是最优的, 单纯形法从与该顶点相连结的边中确定一个使目标函数值下降的边, 沿该边移动可以确定一个与该顶点相邻且目标函数又优于该顶点的新顶点 (新的基本可行解). 由于可行域的顶点数是有限的, 如果每一次的移动都能使目标函数值下降, 则经过有限次的移动方法必终止于问题的一个最优顶点.

考察标准形线性规划问题

$$\begin{aligned}\min\quad & f(x)=c^{\mathrm{T}}x\\ \text{s.t.}\quad & Ax=b,\ x\geqslant 0.\end{aligned} \tag{2.2.1}$$

对其中有关符号的意义及假定同节 2.1. 设 $x^{(k)}\in\mathcal{F}$ 为一个基本可行解, 单纯形法首先检验它的最优性. 如果它不是最优的, 确定与该顶点相连的一条使目标函数下降的边; 接下

来确定沿这个边移动多远可以到达另一个更优的相邻顶点, 也就是得出一个新的基本可行解.

最优性检验

设基本可行解 $x^{(k)}$ 为

$$x^{(k)} = \begin{pmatrix} x_B^{(k)} \\ 0 \end{pmatrix} = \begin{pmatrix} B_k^{-1}b \\ 0 \end{pmatrix} \geqslant 0,$$

其相应的基矩阵为 B_k, 非基矩阵为 N_k, 相应的基变量为 $x_B^{(k)}$, 非基变量 $x_N^{(k)} = 0$. 对于任意的可行解 x,

$$x = \begin{pmatrix} x_B \\ x_N \end{pmatrix},$$

其中 x_B 是 x 的基变量, x_N 是 x 的非基变量. 从 (2.1.13), 有

$$\begin{aligned} & x_B = B_k^{-1}b - B_k^{-1}N_k x_N = x_B^{(k)} - B_k^{-1}N_k x_N \geqslant 0, \\ & x_N \geqslant 0, \end{aligned} \tag{2.2.2}$$

这里 $x_B^{(k)} = B_k^{-1}b$. 设

$$c = \begin{pmatrix} c_B^{(k)} \\ c_N^{(k)} \end{pmatrix},$$

将 x 代入目标函数得

$$\begin{aligned} f(x) &= c^{\mathrm{T}}x = (c_B^{(k)})^{\mathrm{T}}x_B + (c_N^{(k)})^{\mathrm{T}}x_N \\ &= (c_B^{(k)})^{\mathrm{T}}(x_B^{(k)} - B_k^{-1}N_k x_N) + (c_N^{(k)})^{\mathrm{T}}x_N \\ &= (c_B^{(k)})^{\mathrm{T}}x_B^{(k)} + ((c_N^{(k)})^{\mathrm{T}} - (c_B^{(k)})^{\mathrm{T}}B_k^{-1}N_k)x_N. \end{aligned} \tag{2.2.3}$$

令

$$y_k = B_k^{-\mathrm{T}}c_B^{(k)}, \quad \hat{c}_N^{(k)} = c_N^{(k)} - N_k^{\mathrm{T}}B_k^{-\mathrm{T}}c_B^{(k)} = c_N^{(k)} - N_k^{\mathrm{T}}y_k, \tag{2.2.4}$$

称 y_k 为单纯形乘子, 称 $\hat{c}_j^{(k)}$, $j \in \mathcal{N}_k$ (这里 $\mathcal{N}_k$ 表示所有非基变量的指标集) 为相应于非基变量 x_j, $j \in \mathcal{N}_k$ 的简约价值系数. 因此, 对于可行点 x, 其目标函数值为

$$f(x) = c^{\mathrm{T}}x = y_k^{\mathrm{T}}b + (c_N^{(k)\mathrm{T}} - y_k^{\mathrm{T}}N_k)x_N \tag{2.2.5}$$

$$= y_k^{\mathrm{T}}b + (\hat{c}_N^{(k)})^{\mathrm{T}}x_N. \tag{2.2.6}$$

对于基本可行解

$$x^{(k)} = \begin{pmatrix} B_k^{-1}b \\ 0 \end{pmatrix} \geqslant 0,$$

相应的目标函数值为

$$f_k = f(x^{(k)}) = c_B^{(k)\mathrm{T}}x_B^{(k)} + c_N^{(k)\mathrm{T}}x_N^{(k)}$$

$$=c_B^{(k)^{\mathrm{T}}}B_k^{-1}b=y_k^{\mathrm{T}}b. \tag{2.2.7}$$

为检验点 $x^{(k)}$ 是不是问题的最优解, 我们对 (2.2.6) 进行分析. 根据可行性的要求, 我们观察当非基变量由零向正方向变动时目标函数值的变化. 从 (2.2.6) 可以看出, 如果 $\hat{c}_j^{(k)}>0$, 增大非基变量 x_j 将使目标函数值增大; 如果 $\hat{c}_j^{(k)}=0$, 增大非基变量 x_j, 目标函数值不受影响; 如果 $\hat{c}_j^{(k)}<0$, 增大非基变量 x_j 将可使目标函数值下降. 因此, 我们得到结论: 设 $x^{(k)}$ 是可行点,

1. 如果对所有 $j\in\mathcal{N}_k$ 有 $\hat{c}_j^{(k)}\geqslant 0$, 则由增大任何非基变量所引起的从 $x^{(k)}$ 向可行域内的移动只能导致目标函数值的增加, 从而 $x^{(k)}$ 是问题的最优解.

2. 如果有某一简约价值系数 $\hat{c}_j^{(k)}<0$, $j\in\mathcal{N}_k$, 则通过增大相应的非基变量 x_j 的值可使目标函数值得到改善, 因而 $x^{(k)}$ 不是问题的最优解.

事实上, 对于结论 1, 我们可以从 (2.2.3) 看出: 如果对所有 $j\in\mathcal{N}_k$ 有 $\hat{c}_j^{(k)}\geqslant 0$, 即 $\hat{c}_N^{(k)}\geqslant 0$, 由于 $x_N\geqslant 0$, 故从 (2.2.3) 有

$$\begin{aligned}c^{\mathrm{T}}x-c^{\mathrm{T}}x^{(k)}&=c^{\mathrm{T}}x-(c_B^{(k)})^{\mathrm{T}}x_B^{(k)}\\&=(\hat{c}_N^{(k)})^{\mathrm{T}}x_N=\sum_{j\in\mathcal{N}_k}\hat{c}_j^{(k)}x_j\\&\geqslant 0.\end{aligned}$$

从而, 对所有可行点 x,

$$c^{\mathrm{T}}x\geqslant c^{\mathrm{T}}x^{(k)}.$$

这表明, 如果对所有 $j\in\mathcal{N}_k$ 都有 $\hat{c}_j^{(k)}\geqslant 0$, 则基本可行解 $x^{(k)}$ 是最优解.

确定新的基本可行解

设基本可行解 $x^{(k)}$ 不是最优的基本可行解, 则我们需要确定一个使目标函数值更优的基本可行解, 也就是确定一组新的基矩阵和非基矩阵. 在单纯形法中新的基矩阵是通过把原非基矩阵的一列 (称相应的变量为入基变量) 和原基矩阵的一列 (称相应的变量为出基变量) 交换得到的.

我们知道, 如果 $\hat{c}_p^{(k)}<0$, $p\in\mathcal{N}_k$, 则增大 x_p 可使目标函数值下降. 因此可取 x_p ($p\in\mathcal{N}_k$) 为入基变量, 并把矩阵 A 中相应于变量 x_p 的列 a_p 从非基矩阵 N_k 移入基矩阵 B_k. 由于 x_p 将由非基变量成为基变量, 其取值将由零成为正值. 为此需要确定 x_p 取值的大小. 由

$$x_B=x_B^{(k)}-B_k^{-1}N_kx_N=B_k^{-1}b-B_k^{-1}N_kx_N,$$

当 x_p 由零增为正值而 x_N 的其余分量保持取零值时, 上式可改写为

$$x_B=B_k^{-1}b-B_k^{-1}a_px_p=b^{(k)}-\hat{a}_p^{(k)}x_p, \tag{2.2.8}$$

其中 $b^{(k)}=B_k^{-1}b=x_B^{(k)}$, $\hat{a}_p^{(k)}=B_k^{-1}a_p$. 为保持可行性, x_p 的取值应确保 $x_B\geqslant 0$, 即要求

$$x_j=b_j^{(k)}-x_p\hat{a}_{jp}^{(k)}\geqslant 0,\quad j\in\mathcal{B}_k, \tag{2.2.9}$$

其中 $\hat{a}_{jp}^{(k)}$ 是 m 维向量 $\hat{a}_p^{(k)}$ 的第 j 个分量 (这里 $\mathcal{B}_k$ 是所有基变量指标的集合).

现在, 我们对 (2.2.9) 进行分析.

情形 (i) 如果 $\hat{a}_{jp}^{(k)} < 0$, 则当 x_p 从 0 增大为正值时, x_j $(j \in \mathcal{B}_k)$ 增大, 可行性总是成立;

情形 (ii) 如果 $\hat{a}_{jp}^{(k)} = 0$, 则当 x_p 增大时, $x_j = b_j^{(k)}$ 保持不变, 可行性也成立;

情形 (iii) 如果 $\hat{a}_{jp}^{(k)} > 0$, 则当 x_p 增大时, x_j 将随 x_p 的增大而减小. 这时, 为保持可行性要求 $x_j \geqslant 0$ $(j \in \mathcal{B}_k)$, 需要

$$x_p \leqslant \frac{b_j^{(k)}}{\hat{a}_{jp}^{(k)}}, \quad j \in \mathcal{B}_k. \tag{2.2.10}$$

如果在 $\hat{a}_p^{(k)}$ 中仅一个 j 使得 $\hat{a}_{jp}^{(k)} > 0$, 就取 $x_p = \dfrac{b_j^{(k)}}{\hat{a}_{jp}^{(k)}}$, 并令 $q = j$.

如果 $\hat{a}_p^{(k)}$ 有几个分量为正值, x_p 取为

$$x_p = \frac{b_q^{(k)}}{\hat{a}_{qp}^{(k)}} = \min\left\{ \frac{b_j^{(k)}}{\hat{a}_{jp}^{(k)}} \;\middle|\; \hat{a}_{jp}^{(k)} > 0, \ j \in \mathcal{B}_k \right\}, \tag{2.2.11}$$

就可保持迭代点的可行性, 其中 q 是使上式达到极小的指标. 可以看出这时 x_q 从原来取正值的基变量成为取零值的非基变量, 也就是说 x_q 是所要选的出基变量. 事实上, 从 (2.2.9)—(2.2.11) 可知, 这时,

$$x_q = b_q^{(k)} - \frac{b_q^{(k)}}{\hat{a}_{qp}^{(k)}} \hat{a}_{qp}^{(k)} = 0.$$

记相应于变量 x_q 的矩阵 A 中的列为 a_q, 将 B_k 中的列 a_q 与 N_k 中的列 a_p 交换即得到新的基矩阵和非基矩阵, 分别记为 B_{k+1} 和 N_{k+1}. 由此可以确定新的基本可行解 $x^{(k+1)}$ 以及相应的目标函数值. 计算公式如下:

$$\begin{cases} x_p^{(k+1)} = \alpha_k = \min\left\{ \dfrac{b_j^{(k)}}{\hat{a}_{jp}^{(k)}} \mid \hat{a}_{jp}^{(k)} > 0, \quad j \in \mathcal{B}_k \right\}, \\ x_q^{(k+1)} = 0, \quad x_j^{(k+1)} = 0, \ j \in \mathcal{N}_k, \ j \neq p, \\ x_j^{(k+1)} = x_j^{(k)} - x_p^{(k+1)} \hat{a}_{jp}^{(k)}, \quad j \in \mathcal{B}_k, \ j \neq q, \end{cases} \tag{2.2.12}$$

$$f_{k+1} = y_k^{\mathrm{T}} b + \hat{c}_p^{(k)} x_p^{(k+1)}. \tag{2.2.13}$$

对点 $x^{(k+1)}$ 重复上述过程直至确定问题的一个最优解或者确定问题无有界的最优解. 这是因为如果对所有 $j \in \mathcal{B}_k$ 都有 $\hat{a}_{jp}^{(k)} \leqslant 0$, 则对任意 $x_p > 0$ $(p \in \mathcal{N}_k)$, 都有 $x_B = b^{(k)} - x_p \hat{a}_p^{(k)} > 0$ 可行, 且这时 $\hat{c}_p^{(k)} < 0$, 增大 x_p 可使目标函数值下降. 从而随着 x_p 不断增大, 目标函数值就会无限制地减小, 因此问题无有界的最优解.

根据上述分析, 求解标准形线性规划问题的单纯形法步骤如下.

算法 2.2.1 (单纯形法)

步 1. 给定一个初始基本可行解, 记迭代次数 $k=1$;

步 2. 计算单纯形乘子 $y_k = B_k^{-\mathrm{T}} c_B^{(k)}$ 和简约价值系数向量 $\hat{c}_N^{(k)} = c_N^{(k)} - N_k^{\mathrm{T}} y_k$;

步 3. 最优性检验: 计算 $\hat{c}_p^{(k)} = \min\{\hat{c}_j^{(k)} \mid j \in \mathcal{N}_k\}$, 如果 $\hat{c}_p^{(k)} \geqslant 0$, 则 $x^{(k)}$ 为最优解, 停止迭代; 否则有 $\hat{c}_p^{(k)} < 0$, 选 x_p 为入基变量;

步 4. 确定出基变量: 计算 $\hat{a}_p^{(k)} = B_k^{-1} a_p$. 如果对所有 $j \in \mathcal{B}_k$ 有 $\hat{a}_{jp}^{(k)} \leqslant 0$, 则问题无有界的最优解, 停止迭代; 否则确定出基变量指标

$$\frac{b_q^{(k)}}{\hat{a}_{qp}^{(k)}} = \min\left\{\frac{b_j^{(k)}}{\hat{a}_{jp}^{(k)}} \;\middle|\; \hat{a}_{jp}^{(k)} > 0,\ j \in \mathcal{B}_k\right\};$$

步 5. 交换 B_k 的列 a_q 与 N_k 的列 a_p 得新的基矩阵 B_{k+1} 和非基矩阵 N_{k+1}, 计算新的基本可行解 $x^{(k+1)}$, 置 $k \triangleq k+1$ 后转步 2. □

在上述算法中, 当存在不止一个简约价值系数 $\hat{c}_j^{(k)} < 0$ 时, 选取最负的 $\hat{c}_j^{(k)}$ 的指标为 p, 并以 x_p 作为入基变量.

单纯形表

为帮助理解上述单纯形法, 我们对下述例题用经典的单纯形表的形式求它的最优解. 考虑问题

$$\begin{aligned}
\min\quad & -2x_1 - 3x_2 \\
\text{s.t.}\quad & -x_1 + x_2 \leqslant 3, \\
& -2x_1 + x_2 \leqslant 2, \\
& 4x_1 + x_2 \leqslant 16, \\
& x_1 \geqslant 0,\ x_2 \geqslant 0,
\end{aligned}$$

这一问题同节 2.1 的例 2.1.4 有相同的可行域, 但目标函数不同, 其最优解在可行域的顶点 B 取得. 为用单纯形法求其最优解, 首先引入三个松弛变量 x_3, x_4, x_5 将其转换成标准形的线性规划问题

$$\begin{aligned}
\min\quad & -2x_1 - 3x_2 \\
\text{s.t.}\quad & -x_1 + x_2 + x_3 = 3, \\
& -2x_1 + x_2 + x_4 = 2, \\
& 4x_1 + x_2 + x_5 = 16, \\
& x_i \geqslant 0,\ i = 1, 2, \cdots, 5.
\end{aligned}$$

在用单纯形表的方式求线性规划问题的最优解时, 对于给定的初始基本可行解我们将问题用下述表的形式给出, 其中 B 和 N 的位置分别用于给出基矩阵和非基矩阵, c_B^{T} 和 c_N^{T} 分别为目标函数的价值向量, b 为约束右端项, $-f$ 用于给出目标函数在当前的负值, 至于 x_B 和 x_N 用于指明哪些是基变量, 哪些是非基变量.

基变量	x_B	x_N	右端项
负函数值	c_B^{T}	c_N^{T}	$(-f)$
x_B	B	N	b

对这样一个单纯形表, (1) 我们首先对行 $[B \quad N \quad b]$ 应用高斯 (Gauss) 消去法将 B 转化成单位矩阵, 从而得到

$$[I \quad B^{-1}N \quad B^{-1}b].$$

这时 $B^{-1}b$ 即为当前基本可行解的基变量 x_B 的取值. (2) 再用向量 $-c_B$ 同矩阵 $[I \ B^{-1}N \ B^{-1}b]$ 的每一列分别取内积后把所得的值加至行 $[c_B^{\mathrm{T}} \quad c_N^{\mathrm{T}} \quad -f]$ 的相应元素, 得到下表

基变量	x_B	x_N	右端项
负函数值	0	$c_N^{\mathrm{T}} - c_B^{\mathrm{T}}B^{-1}N$	$-c_B^{\mathrm{T}}B^{-1}b$
x_B	I	$B^{-1}N$	$B^{-1}b$

此表中的右端项即为相应的基本可行解基变量的取值, 非基变量则取零值. (3) 检验 $c_N^{\mathrm{T}} - c_B^{\mathrm{T}}B^{-1}N$ 中各分量的正负即可确定该基本可行解是不是最优解. 如有负分量, 取相应于最负分量的变量作为入基变量, 并检查同该变量对应的 $B^{-1}N$ 相应列 $\hat{a}_p$ 的各分量. 如果所有分量都非正, 则问题无有界的最优解, 迭代可以终止. (4) 确定出基变量. 通过计算 $B^{-1}b$ 的相应分量与列 $\hat{a}_p$ 的正分量的比值确定出基变量, 这也就确定了进一步进行高斯消去法的主元 $\hat{a}_{qp}^{(k)}$.

为在新的单纯形表上确定新的基本可行解, 我们不必要对新的基矩阵重复前面的高斯消去过程. 由于新的基矩阵同原基矩阵只相差一列, 我们只需在当前的单纯形表上以 $\hat{a}_{qp}^{(k)}$ 为主元, 将新加入列的其他元素消去使成为单位向量即可得新的基本可行解.

下面给出对上述问题求解过程中的各单纯形表. 对于上述引入松弛变量后已标准化的线性规划问题, $x_1 = 0,\ x_2 = 0,\ x_3 = 3,\ x_4 = 2,\ x_5 = 16$ 是其一个初始基本可行解 (相应于顶点 D), $\mathcal{B}_1 = \{3,4,5\}, \mathcal{N}_1 = \{1,2\}$.

第一次迭代 $(k=1)$: 初始单纯形表为

基变量	x_1	x_2	x_3	x_4	x_5	右端项
$-f$	-2	-3	0	0	0	0
x_3	-1	1	1	0	0	3
x_4	-2	1	0	1	0	2
x_5	4	1	0	0	1	16

(1) 由于矩阵 B 已是单位矩阵, 不需要进行高斯消去而已得基本可行解. (2) 又因为 $c_B^{\mathrm{T}} = (0,0,0)$, 对 $-f$ 行进行运算所得仍为原来的行. (3) 直接在这表上进行最优性检验. 由于 $c_1 = -2,\ c_2 = -3$ 都是负值, 该基本可行解不是最优解. 又由 $c_2 = -3 < c_1 = -2$, 取 x_2 为入基变量. (4) 再确定出基变量. 计算表中右端项的列与 x_2 所在列各正分量的比值有 $\dfrac{3}{1}$, $\dfrac{2}{1}$ 和 $\dfrac{16}{1}$, 通过比较大小取 x_4 为出基变量. 据此得新的单纯形表:

基变量	x_1	x_2	x_3	x_4	x_5	右端项
$-f$	-2	-3	0	0	0	0
x_3	-1	1	1	0	0	3
x_4	-2	$\underline{1}$	0	1	0	2
x_5	4	1	0	0	1	16

其中有下划线的数字 1 是选定的主元 $\hat{a}_{qp}$.

第二次迭代 $(k=2)$: (1) 以选定的主元消去 x_2 所在列的其余两个非零元素使其成为单位向量得下表 $(\mathcal{B}_2=\{3,2,5\},\mathcal{N}_2=\{1,4\})$.

基变量	x_1	x_2	x_3	x_4	x_5	右端项
$-f$	-2	-3	0	0	0	0
x_3	1	0	1	-1	0	1
x_2	-2	1	0	1	0	2
x_5	6	0	0	-1	1	14

新的基本可行解的基变量取值为 $x_2=2,\ x_3=1,\ x_5=14$, 这相应于可行域的顶点 E. (2) 以向量 $-c_B^{(2)}=(0,-3,0)^{\mathrm{T}}$ 对 $-f$ 所在行进行计算得下表 (以向量 $-c_B^{(2)}$ 先同第一列 $(1,-2,6)^{\mathrm{T}}$ 取内积后将值加至 -2, 再以 $-c_B^{(2)}$ 同第二列 $(0,1,0)^{\mathrm{T}}$ 取内积将值加至 -3, 继续这一过程直至最后一列. 在这一过程中, 对基变量所在列的计算可省略, 因为相应于基变量的简约价值系数为零, 因此可直接设其值为零即可.)

基变量	x_1	x_2	x_3	x_4	x_5	右端项
$-f$	-8	0	0	3	0	6
x_3	1	0	1	-1	0	1
x_2	-2	1	0	1	0	2
x_5	6	0	0	-1	1	14

(3) 由于 $\hat{c}_1^{(2)}=-8<0$, 该基本可行解还不是最优解. 取 x_1 为入基变量. (4) 计算表中右端项的列与变量 x_1 所在列各正分量的比值 $\dfrac{1}{1}$ 和 $\dfrac{14}{6}$, 比较大小应取 x_3 为出基变量. 据此得单纯行表如下, 其中有下划线的数字 1 是选定的新主元 $\hat{a}_{qp}$.

基变量	x_1	x_2	x_3	x_4	x_5	右端项
$-f$	-8	0	0	3	0	6
x_3	$\underline{1}$	0	1	-1	0	1
x_2	-2	1	0	1	0	2
x_5	6	0	0	-1	1	14

第三次迭代 $(k=3)$: (1) 以选定的主元进行高斯消去得单纯形表 $(\mathcal{B}_3=\{1,2,5\},\mathcal{N}_3=\{3,4\})$.

基变量	x_1	x_2	x_3	x_4	x_5	右端项
$-f$	-8	0	0	3	0	6
x_1	1	0	1	-1	0	1
x_2	0	1	2	-1	0	4
x_5	0	0	-6	5	1	8

新的基本可行解为 $x_1=1$, $x_2=4$ 和 $x_5=8$, 这相应于可行域的顶点 A. (2) 用 $\hat{c}_B^{(3)}=(-8,0,0)^{\mathrm{T}}$ 对 $-f$ 行进行运算得下表 (用 $-\hat{c}_B^{(3)}$ 同矩阵各列分别取内积后将内积值加至 $-f$ 所在行的相应元素):

基变量	x_1	x_2	x_3	x_4	x_5	右端项
$-f$	0	0	8	-5	0	14
x_1	1	0	1	-1	0	1
x_2	0	1	2	-1	0	4
x_5	0	0	-6	$\underline{5}$	1	8

(3) 由于 $\hat{c}_4^{(3)}=-5<0$, 这个基本可行解还不是最优解, 取 x_4 为入基变量. (4) 计算表中右端项的列与 x_4 所在列各正分量的比值 $\dfrac{8}{5}$, 于是取 x_5 为出基变量 (主元为 5).

第四次迭代 ($k=4$): (1) 以选定的主元进行高斯消去法得新的单纯形表 ($\mathcal{B}_4=\{1,2,4\}$, $\mathcal{N}_4=\{3,5\}$):

基变量	x_1	x_2	x_3	x_4	x_5	右端项
$-f$	0	0	8	-5	0	14
x_1	1	0	$-\dfrac{1}{5}$	0	$\dfrac{1}{5}$	$\dfrac{13}{5}$
x_2	0	1	$\dfrac{4}{5}$	0	$\dfrac{1}{5}$	$\dfrac{28}{5}$
x_4	0	0	$-\dfrac{6}{5}$	1	$\dfrac{1}{5}$	$\dfrac{8}{5}$

(2) 以 $\hat{c}_B^{(4)}=(0,0,-5)^{\mathrm{T}}$ 对 $-f$ 所在行的各非基变量的元素作同前面一样的运算得下表

基变量	x_1	x_2	x_3	x_4	x_5	右端项
$-f$	0	0	2	0	1	22
x_1	1	0	$-\dfrac{1}{5}$	0	$\dfrac{1}{5}$	$\dfrac{13}{5}$
x_2	0	1	$\dfrac{4}{5}$	0	$\dfrac{1}{5}$	$\dfrac{28}{5}$
x_4	0	0	$-\dfrac{6}{5}$	1	$\dfrac{1}{5}$	$\dfrac{8}{5}$

(3) 至此, 由于对所有的 $j\in\mathcal{N}_4=\{3,5\}$ 有 $\hat{c}_j^{(4)}\geqslant 0$, 已得问题的最优解 $x_1=\dfrac{13}{5}$, $x_2=\dfrac{28}{5}, x_3=0, x_4=\dfrac{8}{5}$, $x_5=0$. 这刚好相应于可行域的顶点 B. 最优函数值为 22 的负值, 即为 -22.

上面的最后一个表告诉我们, 如果

$$\text{对所有} j \in \mathcal{N}_k,\ \hat{c}_j^{(k)} \geqslant 0, \tag{2.2.14}$$

则 $x^{(k)}$ 为最优解. (2.2.14) 为单纯形表的最优解形式.

如果单纯形表出现如下形式

基变量	x_1	x_2	x_3	x_4	x_5	右端项
$-f$	0	0	-2	-1	0	-9
x_5	0	0	-1	2	1	3
x_1	1	0	0	1	0	1
x_2	0	1	-4	1	0	5

这里 $\mathcal{B}_k = \{5,1,2\}, \mathcal{N}_k = \{3,4\}$, 基本可行解 $x^{(k)} = (1,5,0,0,3)^{\mathrm{T}}$. $\hat{c}_3 = -2 < 0$, 这个基本可行解不是最优解. 于是, 增大非基变量 x_3 可使目标函数值下降. 取 x_3 为入基变量, 令 $x_3 = t > 0$ (即将 x_3 由非基变量变成基变量, 其值由零成为正值), 其他非基变量保持零值, 如 $x_4 = 0$, 得

$$x(t) = \begin{pmatrix} 1 \\ 5+4t \\ 0+t \\ 0 \\ 3+t \end{pmatrix},$$

$f(x(t)) = 9 - 2t$. 由构造方法, $x(t)$ 满足约束, 不管 t 变得多大, $x(t)$ 的每一个分量都是非负的和可行的. 当 $t \to +\infty$ 时, $f(x(t)) \to -\infty$. 因而, 问题没有有限的极小值, 即没有有界的最优解, 这是因为在表中有

$$\hat{c}_3 < 0, \quad \hat{a}_3^{(k)} = \begin{pmatrix} -1 \\ 0 \\ -4 \end{pmatrix} \leqslant 0,$$

即

$$\hat{c}_p < 0, \quad \hat{a}_{jp}^{(k)} \leqslant 0,\ \forall j \in \mathcal{B}_k, \tag{2.2.15}$$

从而导致目标函数无限制减小. 我们称 (2.2.15) 为单纯形表的无界解形式. 单纯形表的最后形式为最优解形式或无界解形式.

下面指出在单纯形法的数值计算中值得注意的问题.

在单纯形表的每一次迭代中, 我们都要计算矩阵 $B^{-1}N$, 而实际上只有其中的列 $B^{-1}a_p$ 在进一步的计算中起作用, 对矩阵 $B^{-1}N$ 的其他列的计算完全是无用的. 对于中大规模的线性规划问题, 这些无用的计算所需的计算工作量是巨大的. 因此, 一般的计算程序都采用所谓修正单纯形法, 也就是前面叙述的单纯形法. 在这个方法中每次迭代需要计算

基矩阵 B_k 的逆矩阵 B_k^{-1}, 以及三个向量, 即 $b_k = B_k^{-1}b$, $y_k = B_k^{-\mathrm{T}}c_B^{(k)}$ 和 $\hat{a}_p^{(k)} = B_k^{-1}a_p$. 至于其他的量, 如

$$\hat{c}_j^{(k)} = c_j^{(k)} - {c_B^{(k)}}^{\mathrm{T}} B_k^{-1} a_j = c_j^{(k)} - y_k^{\mathrm{T}} a_j, \quad j \in \mathcal{N}_k,$$

$$f_k = {c_B^{(k)}}^{\mathrm{T}} B_k^{-1} b = {c_B^{(k)}}^{\mathrm{T}} b_k,$$

以及计算 b_k 与 $\hat{a}_p$ 相应正分量的比值都可由这些量求得.

其次, 直接计算矩阵 B_k 的逆, 再用逆矩阵进行相关的计算也不是一个好的选择. 对于大量的实际问题而言, 约束系数矩阵都是具有大量零元素的稀疏矩阵, 因而每次迭代的基矩阵也是稀疏的. 对稀疏矩阵直接求逆所得的逆矩阵通常不再具有原有的稀疏结构, 而是具有大量非零元素的稠密的矩阵, 这不仅破坏了矩阵的稀疏结构, 也大大增加了运算的工作量. 同时直接计算矩阵的逆在数值计算上也可能是不稳定的.

为提高算法的有效性和稳定性, 对矩阵 B_k 的逆矩阵的计算可以采用逆矩阵的乘积表示. 设第 k 次迭代的基矩阵为 B_k, 相应的基本可行解不是问题的最优解, 并已确定入基变量为 x_p, 出基变量为 x_q, 由此得新的基矩阵 B_{k+1}, 即用 N_k 中的列 a_p 代替 B_k 中的列 a_q 得 B_{k+1}. 由于 $\hat{a}_p^{(k)} = B_k^{-1}a_p$, 我们有

$$B_{k+1} = B_k M_k,$$

其中

$$M_k = \begin{pmatrix} 1 & & & \hat{a}_{1p}^{(k)} & & \\ & 1 & & \hat{a}_{2p}^{(k)} & & \\ & & \ddots & \vdots & & \\ & & & \hat{a}_{qp}^{(k)} & & \\ & & & \vdots & \ddots & \\ & & & \hat{a}_{mp}^{(k)} & & 1 \end{pmatrix}.$$

于是矩阵 B_{k+1} 的逆可表示为

$$B_{k+1}^{-1} = M_k^{-1} B_k^{-1} = P_k B_k^{-1}, \tag{2.2.16}$$

其中 P_k 是矩阵 M_k 的逆矩阵. 可以直接验证矩阵 P_k 具有形式

$$P_k = \begin{pmatrix} 1 & & & \xi_1^{(k)} & & \\ & 1 & & \xi_2^{(k)} & & \\ & & \ddots & \vdots & & \\ & & & \xi_q^{(k)} & & \\ & & & \vdots & \ddots & \\ & & & \xi_m^{(k)} & & 1 \end{pmatrix}, \tag{2.2.17}$$

$$\xi_j^{(k)} = -\frac{\hat{a}_{jp}^{(k)}}{\hat{a}_{qp}^{(k)}}, \quad j \neq q, \quad \xi_q^{(k)} = \frac{1}{\hat{a}_{qp}^{(k)}}.$$

称 M_k 为第 k 次迭代的变换矩阵.

设初始基本可行解的基矩阵为单位矩阵, 即 $B_1 = I$, 则由 (2.2.16) 得第二次迭代的基矩阵的逆矩阵为 $B_2^{-1} = P_1 B_1^{-1} = P_1$, 第三次迭代的基矩阵的逆矩阵为 $B_3^{-1} = P_2 B_2^{-1} = P_2 P_1$. 依此递推得第 $k+1$ 次迭代的基矩阵的逆矩阵为

$$B_{k+1}^{-1} = P_k B_k^{-1} = P_k P_{k-1} \cdots P_2 P_1. \tag{2.2.18}$$

在具体计算过程中, 我们并不需要存储每一个矩阵 P_k, 而只需存储矩阵 P_k 的列向量 $\xi^{(k)} = (\xi_1^{(k)}, \xi_2^{(k)}, \cdots, \xi_m^{(k)})^{\mathrm{T}}$ 以及相应的列指标. 至于三个向量 $b_k = B_k^{-1} b, y_k = B_k^{-\mathrm{T}} c_B^{(k)}$ 和 $\hat{a}_p^{(k)} = B_k^{-1} a_p$ 的计算按下述方式逐步进行.

对于向量 $\hat{a}_p^{(k)}$, 由

$$\hat{a}_p^{(k)} = B_k^{-1} a_p = P_{k-1} P_{k-2} \cdots P_2 P_1 a_p,$$

记 $\hat{a}_p^{(1)} = a_p$, 则上述表达式可表示成

$$\hat{a}_p^{(i)} = P_{i-1} \hat{a}_p^{(i-1)}, \ i = 2, 3, \cdots, k,$$

依次计算 $\hat{a}_p^{(2)}$, $\hat{a}_p^{(3)}, \cdots$, 直至 $\hat{a}_p^{(k)}$.

对于向量 b_k 可以作同样的处理, 只不过更为有效, 这是因为由 $b_k = B_k^{-1} b$ 以及 $B_k^{-1} = P_{k-1} B_{k-1}^{-1}$, 我们得

$$b_k = B_k^{-1} b = P_{k-1} B_{k-1}^{-1} b = P_{k-1} b_{k-1}.$$

因此只要对上一次迭代的基本变量的取值 b_{k-1} 用 P_{k-1} 左乘即得第 k 次迭代的基变量的取值.

对于向量 $y_k = B_k^{-\mathrm{T}} c_B^{(k)}$, 只需将计算的次序倒过来就可以了. 这是因为 $y_k = B_k^{-\mathrm{T}} c_B^{(k)} = P_1^{\mathrm{T}} P_2^{\mathrm{T}} \cdots P_{k-2}^{\mathrm{T}} P_{k-1}^{\mathrm{T}} c_B^{(k)}$, 记 $y^{(2)} = P_{k-1}^{\mathrm{T}} c_B^{(k)}$, 则有

$$y^{(i+1)} = P_{k-i}^{\mathrm{T}} y^{(i)}, \ i = 1, 2, \cdots, k-1,$$

最后的 $y^{(k)}$ 就是我们所需要的向量 y_k.

根据逆矩阵的乘积表示方式, 前述的修正单纯形法的步骤可重述如下.

算法 2.2.2 (矩阵乘积表示的单纯形法)

步 1. 给定一个初始基本可行解 (设其基矩阵为单位矩阵), 记迭代次数 $k = 1, b_1 = b$;

步 2. 计算向量 $y_k = P_1^{\mathrm{T}} P_2^{\mathrm{T}} \cdots P_{k-2}^{\mathrm{T}} P_{k-1}^{\mathrm{T}} c_B^{(k)}$ 和 $\hat{c}_N^{(k)} = c_N^{(k)} - N_k^{\mathrm{T}} y_k$;

步 3. 最优性检验: 计算 $\hat{c}_p^{(k)} = \min\{\hat{c}_j^{(k)} \mid j \in \mathcal{N}_k\}$, 如果 $\hat{c}_p^{(k)} \geqslant 0$, 则 $x^{(k)}$ 为最优解, 停止迭代; 否则选 x_p 为入基变量;

步 4. 确定出基变量: 计算 $\hat{a}_p^{(k)} = P_{k-1} P_{k-2} \cdots P_2 P_1 a_p$. 如果对所有 $j \in \mathcal{B}_k$ 有 $\hat{a}_{jp}^{(k)} \leqslant 0$, 则问题无有界最优解, 停止迭代; 否则确定出基变量指标

$$\frac{b_q^{(k)}}{\hat{a}_{qp}^{(k)}} = \min\left\{ \frac{b_j^{(k)}}{\hat{a}_{jp}^{(k)}} \;\middle|\; \hat{a}_{jp}^{(k)} > 0, \ j \in \mathcal{B}_k \right\};$$

步 5. 确定变换矩阵 P_k, 计算 $b_{k+1} = P_k b_k$ 得新的基本可行解 $x^{(k+1)}$, 置 $k \triangleq k+1$ 后转步 2. □

两阶段方法和大 M 方法

单纯形法的迭代始于一个基本可行解, 对于由约束形式 $Ax \leqslant b$ 转化成标准形的线性规划问题, 取所有的松弛变量为基变量即得一个初始基矩阵为单位矩阵的基本可行解. 但是对于一般的等式约束 $a_i^{\mathrm{T}} x = b_i$ 和形如 $a_i^{\mathrm{T}} x \geqslant b_i$ 的不等式约束, 在通常情况下一般难于确定一个初始基本可行解. 考察下列线性规划问题

$$
\begin{aligned}
\min \quad & -x_1 \\
\text{s.t.} \quad & 2x_2 + 3x_2 = 7, \\
& 2x_1 - 3x_2 \leqslant 6, \\
& 4x_1 + x_2 \geqslant 4, \\
& x_1 \geqslant 0, \quad x_2 \geqslant 0,
\end{aligned}
$$

对第二与第三个约束引入松弛变量 x_3 和剩余变量 x_4 将其化成标准形

$$
\begin{aligned}
\min \quad & -x_1 \\
\text{s.t.} \quad & 2x_2 + 3x_2 = 7, \\
& 2x_1 - 3x_2 + x_3 = 6, \\
& 4x_1 + x_2 - x_4 = 4, \\
& x_1 \geqslant 0, \quad x_2 \geqslant 0,
\end{aligned}
$$

对此, 除 x_3 明确可以作为一个基变量外, 我们难于确定其他两个基变量. 这还是一个十分简单的问题, 对于复杂的线性规划问题确定初始基本可行解就更难了. 对这类难于确定初始基本可行解的线性规划问题通常的做法是引入所谓的人工变量形成明确具有初始基本可行解的线性规划, 再用两阶段方法或大 M 方法求解.

以上述问题为例, 对第一和第三个约束引入人工变量, 记为 a_1 和 a_2, 则有

$$
\begin{aligned}
\min \quad & -x_1 \\
\text{s.t.} \quad & 2x_2 + 3x_2 + a_1 = 7, \\
& 2x_1 - 3x_2 + x_3 = 6, \\
& 4x_1 + x_2 - x_4 + a_2 = 4, \\
& x_1 \geqslant 0, \quad x_2 \geqslant 0, \ x_3 \geqslant 0, \ x_4 \geqslant 0, \ a_1 \geqslant 0, \ a_2 \geqslant 0,
\end{aligned}
$$

这时 $a_1 = 7, \ x_3 = 6, \ a_2 = 4$, 其他变量取零即构成问题的一个基本可行解, 取其为初始基本可行解即可开始单纯形迭代.

所谓两阶段方法就是以上面得到的基本可行解作为初始基本可行解, 用单纯形法先解下述人工的辅助线性规划问题

$$\begin{aligned}
\min \quad & a_1 + a_2 \\
\text{s.t.} \quad & 2x_2 + 3x_2 + a_1 = 7, \\
& 2x_1 - 3x_2 \ + x_3 = 6, \\
& 4x_1 + x_2 - x_4 + a_2 = 4, \\
& x_1 \geqslant 0, \ \ x_2 \geqslant 0, \ x_3 \geqslant 0, \ x_4 \geqslant 0, \ a_1 \geqslant 0, \ a_2 \geqslant 0,
\end{aligned}$$

这个问题的目标函数不是原问题的目标函数, 而是两个人工变量的和. 如果原问题有可行解, 则上述人工问题的最优目标函数值为零; 如果人工问题的最优目标函数值大于零, 则原问题无可行解. 显然, 在迭代开始时, 所有的人工变量都包括在初始基本可行解中, 在迭代进行过程中, 人工变量逐步成为出基变量, 而原问题的变量中有一些逐步选为入基变量成为基变量. 对于一个人工变量, 一旦它被选为出基变量成为非基变量 (取零值), 就可以将其从上述辅助问题中删除. 只要原问题有可行解, 所有的人工变量都将逐步被删除, 最后得到的基本可行解就可以用作求原问题最优解的初始基本可行解, 继续对原问题进行单纯形迭代以确定原线性规划问题或者无有界的最优解, 或者得到一个最优解. 把上述求含有人工变量辅助问题以确定初始基本可行解的过程作为第一阶段, 而把由所确定的初始基本可行解开始求原问题解的过程作为第二阶段.

所谓大 M 方法实质上是通过对人工变量施加惩罚, 把两阶段方法的两个阶段合并成一个阶段的方法. 还是以上面的例子为例, 大 M 方法以 $a_1(=7)$, $x_3(=6)$, $a_2(=4)$ 为基变量, 其他变量为非基变量作为初始基本可行解, 用单纯形法求下述线性规划问题的最优解

$$\begin{aligned}
\min \quad & -x_1 + M(a_1 + a_2) \\
\text{s.t.} \quad & 2x_2 + 3x_2 + a_1 = 7, \\
& 2x_1 - 3x_2 \ + x_3 = 6, \\
& 4x_1 + x_2 - x_4 + a_2 = 4, \\
& x_1 \geqslant 0, \ \ x_2 \geqslant 0, \ x_3 \geqslant 0, \ x_4 \geqslant 0, \ a_1 \geqslant 0, \ a_2 \geqslant 0,
\end{aligned}$$

其中人工变量的和同 M 相乘后作为惩罚项被加在目标函数上, M 称为惩罚因子, 取充分大的一个正值. 如果原问题有可行解, 由于 M 的取值很大, 只要有人工变量留在基变量中, 相应的目标函数值就会大大地大于目标函数在任何可行点的目标函数值, 因此单纯形迭代会逐步把人工变量逼出基变量而成为非基变量. 同样地, 一旦一个人工变量成为出基变量, 就可以从问题中删除. 当所有的人工变量被删除后所得到的基本可行解即为原问题的一个基本可行解, 同时惩罚项也被从目标函数中移走. 继续进行迭代以确定问题的最优解或判定其无有界的最优解. 如果直至迭代终止时基变量中还有人工变量则表明原问题无可行解.

唯一性和有限终止性

在这一节的最后我们再讲两个理论问题: 最优解的唯一性与迭代的有限终止性. 设 x^* 是一个线性规划问题的最优解, 其中基变量为 $x_B^* \geqslant 0$, 非基变量为 $x_N^* = 0$, 相应的基矩阵与非基矩阵为 B 与 N, 目标函数的价值向量为 c_B 和 c_N, 则所有可行解可表示为

$$x = \begin{pmatrix} B^{-1}b \\ 0 \end{pmatrix} + \begin{pmatrix} -B^{-1}N \\ I \end{pmatrix} x_N,$$

目标函数可表示为

$$f(x) = c^{\mathrm{T}}x = c_B^{\mathrm{T}}B^{-1}b + (c_N^{\mathrm{T}} - c_B^{\mathrm{T}}B^{-1}N)x_N = f(x^*) + x_N^{\mathrm{T}}\hat{c}_N^*.$$

其中 $\hat{c}_N^* = c_N - N^{\mathrm{T}}B^{-\mathrm{T}}c_B$. 根据可行性有 $x_N \geqslant 0$. 根据最优性有向量 $\hat{c}_N^*$ 的所有分量均非负.

如果 $\hat{c}_N^*$ 的所有分量均为正, 则 x_N 的任何分量由零向正值的微小变化都会使目标函数值增大, $f(x) > f(x^*)$, 因而 x^* 是问题的一个唯一局部最优解. 又因为线性规划是凸规划, 其局部最优解也就是它的全局最优解.

如果向量 $\hat{c}_N^*$ 有零分量, 则 x^* 不再是唯一的最优解. 事实上, 我们设 $\hat{c}_j^* = 0, j \in \mathcal{N}$, 则增大相应的非基变量 x_j 并保持其他的非基变量取零值直至产生另一个基本可行解 (可行域的另一顶点), 而相应的函数值为 $f(x) = f(x^*) + x_j\hat{c}_j^* = f(x^*)$ 也是最优的. 因而最优解不唯一.

不难证明如果一个线性规划有多于一个的最优顶点, 则所有这些顶点的任何凸组合也是其最优解. 事实上, 如果 $x, \bar{x}$ 都是最优顶点, 即有 $f(x) = f(\bar{x}) = f(x^*)$, 则对于任何 $\lambda \in [0, 1]$,

$$\begin{aligned} f(\lambda x + (1-\lambda)\bar{x}) &= c^{\mathrm{T}}(\lambda x + (1-\lambda)\bar{x}) \\ &= \lambda c^{\mathrm{T}}x + (1-\lambda)c^{\mathrm{T}}\bar{x} \\ &= \lambda f(x^*) + (1-\lambda)f(x^*) \\ &= f(x^*), \end{aligned}$$

即最优顶点的凸组合也是最优顶点. 从这里我们也可以看出如果线性规划问题的最优解不唯一, 则有无穷多个最优解.

对于非退化的线性规划问题, 单纯形法可以确保经有限次迭代终止于问题的一个最优解. 所谓非退化的线性规划是指问题的每个基本可行解都是非退化的, 也就是每个基本可行解没有取零值的基变量. 事实上只要迭代过程中的所有顶点都是非退化的就可以得出有限终止的结论.

定理 2.2.3 设单纯形法迭代过程中的每一个迭代点 (基本可行解) 都是非退化的, 则方法必定经有限次迭代或者确定问题的一个最优解, 或者判定问题无有界的最优解.

证明 对于一个迭代点 (基本可行解), 设为 $x^{(k)}$, 如有 $\hat{c}_N^{(k)} \geqslant 0$, 则 $x^{(k)}$ 即为最优解. 否则有 $\hat{c}_p^{(k)} < 0$, 并选 x_p 为入基变量. 如果 $\hat{a}_p^{(k)}$ 的所有分量非正, 则可以断定问题无有界的最优解; 否则可确定变量 x_p 的取值为

$$x_p = \alpha_k = \min\left\{ \frac{b_j^{(k)}}{\hat{a}_{jp}^{(k)}} \;\middle|\; \hat{a}_{jp}^{(k)} > 0,\ j \in \mathcal{B}_k \right\}.$$

由于点 $x^{(k)}$ 是非退化的, 因而对所有 $j \in \mathcal{B}_k$ 有 $b_j^{(k)} > 0$. 由此得 $\alpha_k > 0$ 而相应的新点处的目标函数值为

$$f_{k+1} = f_k + \alpha_k \hat{c}_p^{(k)}.$$

由于 $\hat{c}_p^{(k)} < 0$, $\alpha_k > 0$, 我们得到

$$f_{k+1} < f_k,$$

也就是目标函数值严格单调下降, 这保证了迭代过程中的基矩阵不可能出现循环. 又由于线性规划只有有限个基本可行解, 不可能无限迭代下去, 故只要迭代过程中每一个迭代点都是非退化的, 单纯形迭代必定在有限次迭代后终止. □

对非退化的线性规划问题, 单纯形法确保每次迭代都能使目标函数值下降. 但是对于退化的线性规划问题, 在退化点就未必能使函数值下降, 从而导致迭代不能有限终止. 下面的例子可以说明这一点.

$$\begin{aligned}
\min \quad & -5x_1 - 3x_2 \\
\text{s.t.} \quad & x_1 + 2x_2 \leqslant 3, \\
& 2x_1 + x_2 \leqslant 3, \\
& x_1 \leqslant 1.5, \\
& x_1 \geqslant 0, \quad x_2 \geqslant 0.
\end{aligned}$$

对这样一个问题, 我们引入三个松弛变量 $x_3 \geqslant 0$, $x_4 \geqslant 0$, $x_5 \geqslant 0$ 后可得初始单纯形表.

基变量	x_1	x_2	x_3	x_4	x_5	右端项
$-f$	-5	-3	0	0	0	0
x_3	1	2	1	0	0	3
x_4	2	1	0	1	0	3
x_5	$\underline{1}$	0	0	0	1	1.5

选 x_1 为入基变量, x_5 为出基变量, 得第二个单纯形表

基变量	x_1	x_2	x_3	x_4	x_5	右端项
$-f$	0	-3	0	0	5	7.5
x_3	0	2	1	0	-1	1.5
x_4	0	$\underline{1}$	0	1	-2	0
x_1	1	0	0	0	1	1.5

从这个表我们看到基变量 x_4 取零, 因而是一个退化的基本可行解. 选 x_2 为入基变量, x_4 为出基变量, 继续迭代得第三个单纯形表

基变量	x_1	x_2	x_3	x_4	x_5	右端项
$-f$	0	0	0	3	-1	7.5
x_3	0	0	1	-2	3	1.5
x_2	0	1	0	1	-2	0
x_1	1	0	0	0	1	1.5

经过一次迭代, 尽管 x_2 由非基变量成了基变量, 但其取值仍为零, 相应的目标函数值并没有任何下降. 在这样一种情况下, 我们不能从理论上保证单纯形方法必经有限次迭代取得最优解或确定其无有界解. 由于函数值不下降而保持不变, 有可能出现迭代在几个退化的基本可行解之间循环重复, 从而导致迭代不能终止 (见习题 8).

已经有不少技术用于确保单纯形法对退化线性规划问题的终止性, 其中常用的有扰动方法和布兰德 (Bland) 方法. 在 Bland 方法中, 要求根据变量的自然顺序, 而不是数值的大小来确定入基变量和出基变量. 具体来说, 设问题中变量的自然顺序为 $x_1, x_2, x_3, \cdots, x_n$, 在单纯形法的每一次迭代中, 如果 $\hat{c}_N^{(k)}$ 有不止一个负分量, 应把负的简约价值系数中指标最小的变量选为入基变量, 而不是把相应于最负分量的变量选为入基变量; 在确定出基变量时, 如果有多于一个指标使 $\dfrac{b_j^{(k)}}{\hat{a}_{jp}^{(k)}}$ 取得最小值, 也取其中最先出现的变量作为出基变量. Bland (1977) 已经证明采用上述措施确定入基和出基变量的单纯形方法具有有限终止性.

调用 MATLAB 和 Python 中单纯形法的软件

本节最后, 我们给出调用 MATLAB 和 Python 中单纯形法的软件求解线性规划问题的例子.

例 2.2.4 调用 MATLAB 和 Python 中单纯形法的软件求解

$$\begin{aligned} \min \quad & -x_1 \\ \text{s.t.} \quad & 2x_1 + 3x_2 = 7, \\ & 2x_1 - 3x_2 \leqslant 6, \\ & 4x_1 + x_2 \geqslant 4, \\ & x_1 \geqslant 0,\ x_2 \geqslant 0. \end{aligned}$$

解 (1) 调用 MATLAB 函数 linprog 来求解. linprog 是用于求解线性规划

$$\begin{aligned} \min \quad & c^{\mathrm{T}} x \\ \text{s.t.} \quad & Ax \leqslant b, \\ & Aeqx = beq, \\ & lb \leqslant x \leqslant ub \end{aligned}$$

的函数, 其调用格式如下:

$$[x, fval] = \text{linprog}(c, A, b, Aeq, Beq, lb, ub, x0)$$

其中 x 是最优解, $fval$ 是最优值, $x0$ 是给定的初始点. 如果参数没有, 可以设其为空即 [ ].

对于例 2.2.4, 其中 $c = \begin{pmatrix} -1 \\ 0 \end{pmatrix}$, $A = \begin{pmatrix} 2 & -3 \\ -4 & -1 \end{pmatrix}$, $b = \begin{pmatrix} 6 \\ -4 \end{pmatrix}$, $Aeq = (2, 3)$, $beq = 7$, $lb = \begin{pmatrix} 0 \\ 0 \end{pmatrix}$, ub 为空, $x0$ 不需设置也设为空. 把参数输入, 我们可以得到:

Optimization terminated.

$x=$

3.2500

0.1667

$fval =$

$-3.2500.$

即最优点为 $\begin{pmatrix} 3.2500 \\ 0.1667 \end{pmatrix}$, 最优值为 -3.25.

(2) 使用 Python 中 scipy 库的 linprog 函数来求解. 首先, 需要使用如下语句安装 scipy 库:

```
pip install scipy
```

scipy 库包含了多个子模块, 每个子模块提供了特定领域的功能. 其中 scipy.optimize 提供了优化算法工具, 用于求解最优化问题. 使用 scipy.optimize 里的 linprog 函数来求解线性规划问题, 导入 scipy 语句如下:

```
import scipy
```

linprog 的调用格式如下:

$$\text{scipy.optimize.linprog}(c, A\_ub, b\_ub, A\_eq, b\_eq, bounds, x0)$$

其中 $x0$ 是给定的初始点，c, A_ub, b_ub, A_eq 和 b_eq 与 MATLAB 中函数 linprog 的 c, A, b, Aeq, beq 一致, $bounds$ 是一个包含每个变量取值范围的元组.

在例 2.2.4 中, c, A_ub, b_ub, A_eq 和 b_eq 与 (1) 中 c, A, b, Aeq, beq 一致, $bounds$ = [(0, None), (0, None)], $x0$ 不需要, 设置为空. 然后调用 linprog 函数:

$$\text{result} = \text{scipy.optimize.linprog}(c, A\_ub, b\_ub, A\_eq, b\_eq, bounds)$$

最后输入:

print(“最优解:”, [round(x, 4) for x in result.x])

print(“最优值:”, round(result.fun, 4))

得到结果:

最优解: [3.25, 0.1667],

最优值: -3.25. □

2.3 线性规划的对偶与对偶单纯形法

对偶理论是最优化中很重要的理论. 对每一个线性规划问题, 可以构造另一个与之相应且密切相关的线性规划问题, 如果前者称为原始问题, 后者就称为对偶问题. 线性规划的原始问题和对偶问题无论从数学的角度还是从经济学的角度都有着十分密切的关系. 线性规划的对偶在求解算法的设计中也起着重要作用, 例如, 近年来得到广泛关注和应用的内点算法就同时利用了线性规划的原始和对偶信息. 对于某些线性规划问题, 求解其对偶问题可能是更方便的.

2.3.1 确定线性规划的对偶问题

我们先给出凸最优化问题的 Lagrange (拉格朗日) 对偶. 考虑凸最优化问题

$$\begin{aligned} \min \quad & f(x) \\ \text{s.t.} \quad & c_i(x) \geqslant 0,\ i=1,2,\cdots,m, \end{aligned} \tag{2.3.1}$$

其 Lagrange 函数为

$$L(x,\lambda)=f(x)-\sum_{i=1}^{m}\lambda_i c_i(x), \tag{2.3.2}$$

其中, λ_i $(i=1,2,\cdots,m)$ 称为 Lagrange 乘子,

$$\nabla_x L(x,\lambda)=\nabla f(x)-\sum_{i=1}^{m}\lambda_i \nabla c_i(x). \tag{2.3.3}$$

问题 (2.3.1) 的 Lagrange 对偶问题是

$$\begin{aligned} \max \quad & L(x,\lambda) \\ \text{s.t.} \quad & \nabla_x L(x,\lambda)=0, \\ & \lambda \geqslant 0. \end{aligned} \tag{2.3.4}$$

现在, 我们从下述经典形式的线性规划问题开始, 利用上面的 Lagrange 对偶引入经典线性规划的对偶问题, 再得出其他形式线性规划问题的对偶问题.

考虑经典的线性规划问题

$$\begin{aligned} \min \quad & f(x)=c^{\mathrm{T}}x \\ \text{s.t.} \quad & Ax \geqslant b, \\ & x \geqslant 0. \end{aligned} \tag{2.3.5}$$

经典线性规划问题不同于标准形线性规划问题, 这里的约束都是 $\geqslant$ 型的不等式约束, 对变量同样有非负的限制. 我们可以把两个不等式约束写成一个不等式约束, 得到

$$\min \quad f(x)=c^{\mathrm{T}}x \tag{2.3.6}$$

$$\text{s.t.} \quad \bar{A}x \geqslant \bar{b}, \tag{2.3.7}$$

这里,

$$\bar{A}=\begin{pmatrix} A \\ I \end{pmatrix} \in \mathbf{R}^{(m+n)\times n},\quad \bar{b}=\begin{pmatrix} b \\ 0 \end{pmatrix} \in \mathbf{R}^{m+n},$$

并设 $m+n$ 维向量 $\bar{\lambda}=\begin{pmatrix} \lambda \\ \mu \end{pmatrix}$, 则 Lagrange 函数为

$$L(x,\bar{\lambda})=c^{\mathrm{T}}x-\bar{\lambda}^{\mathrm{T}}(\bar{A}x-\bar{b})$$

$$=(c-\bar{A}^{\mathrm{T}}\bar{\lambda})^{\mathrm{T}}x+\bar{b}^{\mathrm{T}}\bar{\lambda},$$

其梯度为

$$\nabla_x L(x,\bar{\lambda})=c-\bar{A}^{\mathrm{T}}\bar{\lambda}.$$

这样, 对偶问题为

$$\begin{aligned}\max\quad & (c-\bar{A}^{\mathrm{T}}\bar{\lambda})^{\mathrm{T}}x+\bar{b}^{\mathrm{T}}\bar{\lambda}\\ \text{s.t.}\quad & c-\bar{A}^{\mathrm{T}}\bar{\lambda}=0,\\ & \bar{\lambda}\geqslant 0,\end{aligned}$$

即

$$\begin{aligned}\max\quad & \bar{b}^{\mathrm{T}}\bar{\lambda}\\ \text{s.t.}\quad & \bar{A}^{\mathrm{T}}\bar{\lambda}=c,\\ & \bar{\lambda}\geqslant 0.\end{aligned}\tag{2.3.8}$$

注意到

$$\bar{b}^{\mathrm{T}}\bar{\lambda}=(b^{\mathrm{T}}\quad 0^{\mathrm{T}})\begin{pmatrix}\lambda\\ \mu\end{pmatrix}=b^{\mathrm{T}}\lambda,$$

$$\bar{A}^{\mathrm{T}}\bar{\lambda}=(A^{\mathrm{T}}\quad I)\begin{pmatrix}\lambda\\ \mu\end{pmatrix}=A^{\mathrm{T}}\lambda+\mu,$$

并把 $\bar{\lambda}\geqslant 0$ 写成 $(\lambda,\mu)\geqslant 0$, 所以 (2.3.8) 可写成

$$\begin{aligned}\max\quad & b^{\mathrm{T}}\lambda\\ \text{s.t.}\quad & A^{\mathrm{T}}\lambda+\mu=c,\\ & (\lambda,\mu)\geqslant 0.\end{aligned}\tag{2.3.9}$$

因为 $\mu\geqslant 0$, 所以上式还可写成

$$\begin{aligned}\max\quad & b^{\mathrm{T}}\lambda\\ \text{s.t.}\quad & A^{\mathrm{T}}\lambda\leqslant c,\\ & \lambda\geqslant 0.\end{aligned}\tag{2.3.10}$$

通常, 用 y 代替 λ, 得 (2.3.5) 的对偶问题为

$$\begin{aligned}\max\quad & b^{\mathrm{T}}y\\ \text{s.t.}\quad & A^{\mathrm{T}}y\leqslant c,\\ & y\geqslant 0.\end{aligned}\tag{2.3.11}$$

我们观察一下原始问题 (2.3.5) 和对偶问题 (2.3.11) 的关系. 首先, 原始问题是对目标函数求极小, 对偶问题是对目标函数求极大; 其次, 对偶问题中变量 $y \in \mathbf{R}^m$, 其分量的个数等于原始问题的约束个数; 对偶问题的目标函数 $b^{\mathrm{T}}y$, 其价值系数向量 b 刚好是原始问题约束的右端项; 对偶问题的约束 $A^{\mathrm{T}}y \leqslant c$, 其系数矩阵是原约束系数矩阵的转置, 右端项是原始问题目标函数的价值系数向量 c; 对于对偶问题中的变量 y 同样有非负的限制. 可以看出经典线性规划问题同它的对偶问题之间有所谓的对称关系, 这体现在

$$\min \Longleftrightarrow \max, \quad Ax \geqslant b \Longleftrightarrow A^{\mathrm{T}}y \leqslant c, \quad c \Longleftrightarrow b. \tag{2.3.12}$$

从最优化问题的最优性条件我们知道, 如果上述经典线性规划问题有最优解, 则在最优解 x^* 处, 存在最优的拉格朗日乘子向量 $y^* \in \mathbf{R}^m$ 和 $\mu^* \in \mathbf{R}^n$ 满足

$$c = A^{\mathrm{T}}y^* + \mu^*,\ y^* \geqslant 0,\ \mu^* \geqslant 0. \tag{2.3.13}$$

考虑到 $\mu^* \geqslant 0$, 上式又可以写成

$$A^{\mathrm{T}}y^* \leqslant c,\ y^* \geqslant 0, \tag{2.3.14}$$

即在原始问题最优解处相应于约束 $Ax \geqslant b$ 的最优拉格朗日乘子 y^* 是对偶问题的一个可行解.

如同其他形式的线性规划问题可以转换成标准形式一样, 我们同样可以把其他形式的线性规划问题转换成经典形式后再得出其对偶问题 (当然, 也可以直接从 Lagrange 对偶形式 (2.3.4) 得到). 例如对于 $\leqslant$ 的约束, 通过两边乘 -1 转换成 $\geqslant$ 的约束; 对于等式约束, 可转换成两个不等式约束; 例如, 约束 $2x_1 + 3x_2 = 6$ 可转换成

$$2x_1 + 3x_2 \geqslant 6, \quad -2x_1 - 3x_2 \geqslant -6$$

两个约束. 至于对变量 x 非负限制的转换, 我们已在前面作过介绍, 这里不再重复.

下面给出确定一般线性规划问题的对偶问题的基本规则. 首先考虑不同类型约束的情况. 考虑如下的线性规划问题

$$\begin{aligned} \min \quad & f(x) = c^{\mathrm{T}}x \\ \text{s.t.} \quad & A_1x \geqslant b_1, \\ & A_2x \leqslant b_2, \\ & A_3x = b_3, \\ & x \geqslant 0, \end{aligned} \tag{2.3.15}$$

首先将其转换成经典形式

$$\begin{aligned} \min \quad & f(x) = c^{\mathrm{T}}x \\ \text{s.t.} \quad & Ax \geqslant b, \\ & x \geqslant 0, \end{aligned} \tag{2.3.16}$$

其中

$$A = \begin{pmatrix} A_1 \\ -A_2 \\ A_3 \\ -A_3 \end{pmatrix}, \quad b = \begin{pmatrix} b_1 \\ -b_2 \\ b_3 \\ -b_3 \end{pmatrix}.$$

则其对偶问题为

$$\begin{aligned} \max\quad & z(\bar{y}) = b_1^{\mathrm{T}}\bar{y}_1 - b_2^{\mathrm{T}}\bar{y}_2 + b_3^{\mathrm{T}}\bar{y}_3 - b_3^{\mathrm{T}}\bar{y}_4 \\ \text{s.t.}\quad & A^{\mathrm{T}}\bar{y} = A_1^{\mathrm{T}}\bar{y}_1 - A_2^{\mathrm{T}}\bar{y}_2 + A_3^{\mathrm{T}}\bar{y}_3 - A_3^{\mathrm{T}}\bar{y}_4 \leqslant c, \\ & \bar{y} \geqslant 0, \end{aligned}$$

其中 $\bar{y}^{\mathrm{T}} = (\bar{y}_1^{\mathrm{T}}, \bar{y}_2^{\mathrm{T}}, \bar{y}_3^{\mathrm{T}}, \bar{y}_4^{\mathrm{T}})$. 令 $y_1 = \bar{y}_1$, $y_2 = -\bar{y}_2$, $y_3 = \bar{y}_3 - \bar{y}_4$, 得对偶问题为

$$\begin{aligned} \max\quad & z(y) = b_1^{\mathrm{T}}y_1 + b_2^{\mathrm{T}}y_2 + b_3^{\mathrm{T}}y_3 \\ \text{s.t.}\quad & A_1^{\mathrm{T}}y_1 + A_2^{\mathrm{T}}y_2 + A_3^{\mathrm{T}}y_3 \leqslant c, \\ & y_1 \geqslant 0, \quad y_2 \leqslant 0. \end{aligned} \tag{2.3.17}$$

注意, 相应于原始问题 $\geqslant$ 型的约束, 在对偶问题中的相应变量 y_1 有非负 ($\geqslant$) 的限制; 对原始问题 $\leqslant$ 型约束, 对偶问题中的相应变量 y_2 有同样方向的限制 $\leqslant$; 而对应于原始问题的等式 ($=$) 约束, 对偶问题中的变量则无限制. 由此我们就原始线性规划问题中的约束与其对偶问题的变量之间的对偶关系得到下面的表:

原始问题约束	对偶问题变量
$\geqslant$	$\geqslant$
$\leqslant$	$\leqslant$
$=$	无限制

再考虑原始线性规划问题中变量的不同情况. 考虑

$$\begin{aligned} \min\quad & f(x) = c^{\mathrm{T}}x \\ \text{s.t.}\quad & Ax \geqslant b, \\ & x_1 \geqslant 0,\ x_2 \leqslant 0, \end{aligned} \tag{2.3.18}$$

这里 $A = (A_1\ A_2\ A_3)$, $c^{\mathrm{T}} = (c_1^{\mathrm{T}}, c_2^{\mathrm{T}}, c_3^{\mathrm{T}})$, $x^{\mathrm{T}} = (x_1^{\mathrm{T}}, x_2^{\mathrm{T}}, x_3^{\mathrm{T}})$, 对变量 x_3 无限制. 为了将上述问题转换成经典形式, 我们令

$$\bar{x}_1 = x_1,\ \bar{x}_2 = -x_2,\ x_3 = \bar{x}_3 - \bar{x}_4.$$

于是得到

$$\begin{aligned} \min\quad & c_1^{\mathrm{T}}\bar{x}_1 - c_2^{\mathrm{T}}\bar{x}_2 + c_3^{\mathrm{T}}\bar{x}_3 - c_3^{\mathrm{T}}\bar{x}_4 \\ \text{s.t.}\quad & A_1\bar{x}_1 - A_2\bar{x}_2 + A_3\bar{x}_3 - A_3\bar{x}_4 \geqslant b, \\ & \bar{x}_1 \geqslant 0,\ \bar{x}_2 \geqslant 0,\ \bar{x}_3 \geqslant 0,\ \bar{x}_4 \geqslant 0. \end{aligned} \tag{2.3.19}$$

上式可以写成

$$\begin{aligned} \min\quad & f(x)=\bar{c}^{\mathrm{T}}\bar{x} \\ \text{s.t.}\quad & \bar{A}\bar{x}\geqslant b, \\ & \bar{x}\geqslant 0, \end{aligned} \tag{2.3.20}$$

这里

$$\bar{A}=(A_1\ \ -A_2\ \ A_3\ \ -A_3),\ \ \bar{c}^{\mathrm{T}}=(c_1^{\mathrm{T}},-c_2^{\mathrm{T}},c_3^{\mathrm{T}},-c_3^{\mathrm{T}}),\ \ \bar{x}^{\mathrm{T}}=(\bar{x}_1^{\mathrm{T}},\bar{x}_2^{\mathrm{T}},\bar{x}_3^{\mathrm{T}},\bar{x}_4^{\mathrm{T}}).$$

于是, 相应的对偶问题为

$$\begin{aligned} \max\quad & z(y)=b^{\mathrm{T}}y \\ \text{s.t.}\quad & \bar{A}^{\mathrm{T}}y\leqslant \bar{c}, \\ & y\geqslant 0, \end{aligned} \tag{2.3.21}$$

即

$$\begin{aligned} \max\quad & z(y)=b^{\mathrm{T}}y \\ \text{s.t.}\quad & A_1^{\mathrm{T}}y\leqslant c_1, \\ & -A_2^{\mathrm{T}}y\leqslant -c_2, \\ & A_3^{\mathrm{T}}y\leqslant c_3, \\ & -A_3^{\mathrm{T}}y\leqslant -c_3, \\ & y\geqslant 0, \end{aligned}$$

整理一下, 得到 (2.3.18) 的对偶问题为

$$\begin{aligned} \max\quad & z(y)=b^{\mathrm{T}}y \\ \text{s.t.}\quad & A_1^{\mathrm{T}}y\leqslant c_1, \\ & A_2^{\mathrm{T}}y\geqslant c_2, \\ & A_3^{\mathrm{T}}y= c_3, \\ & y\geqslant 0. \end{aligned} \tag{2.3.22}$$

比较 (2.3.18) 和 (2.3.22), 可得原始线性规划问题的变量与其对偶问题的约束之间的对偶关系如下表:

原始问题变量	对偶问题约束
$\geqslant$	$\leqslant$
$\leqslant$	$\geqslant$
无限制	$=$

利用上述规则就可以很容易地得到任何形式线性规划问题的对偶问题. 例如考虑线性规划问题

$$\begin{aligned} \min\quad & f(x)=x_1+2x_2+3x_3 \\ \text{s.t.}\quad & 3x_1-2x_2+x_3=6, \\ & 4x_1-2x_2+3x_3\geqslant 5, \\ & x_1+3x_2+5x_3\leqslant 9, \\ & x_1\geqslant 0,\ x_2\leqslant 0,\ x_3\ \text{无限制}. \end{aligned}$$

根据上述规则, 这一问题的对偶为

$$
\begin{aligned}
\max \quad & z(y) = 6y_1 + 5y_2 + 9y_3 \\
\text{s.t.} \quad & 3y_1 + 4y_2 + y_3 \leqslant 1, \\
& -2y_1 - 2y_2 + 3y_3 \geqslant 2, \\
& y_1 + 3y_2 + 5y_3 = 3, \\
& y_1 \ \text{无限制},\ y_2 \geqslant 0,\ y_3 \leqslant 0.
\end{aligned}
$$

还需要指出的一点是, 对任何线性规划问题, 其对偶的对偶还是原始问题. 为简单起见, 只考虑经典的线性规划问题, 已知其对偶形式 (2.3.11), 将其转换成经典形式得

$$
\begin{aligned}
\min \quad & z(y) = -b^{\mathrm{T}}y \\
\text{s.t.} \quad & -A^{\mathrm{T}}y \geqslant -c, \\
& y \geqslant 0,
\end{aligned}
$$

它的对偶是

$$
\begin{aligned}
\max \quad & f(x) = -c^{\mathrm{T}}x \\
\text{s.t.} \quad & -Ax \leqslant -b, \\
& x \geqslant 0,
\end{aligned}
$$

整理一下即得原始线性规划问题 (2.3.5). 据此, 在线性规划的原始和对偶两个问题之间, 不必过于强调哪一个是原始问题, 哪一个是对偶问题, 其中的任意一个都可以看作是原始问题, 而另一个就是它的对偶问题.

例 2.3.1 求标准形线性规划问题

$$
\begin{aligned}
\min \quad & f(x) = c^{\mathrm{T}}x \\
\text{s.t.} \quad & Ax = b, \\
& x \geqslant 0
\end{aligned}
$$

的对偶.

解 [法一] 按照上述规则立即得到

$$
\begin{aligned}
\max \quad & z(y) = b^{\mathrm{T}}y \\
\text{s.t.} \quad & A^{\mathrm{T}}y \leqslant c, \\
& y \ \text{无限制}.
\end{aligned}
\tag{2.3.23}
$$

□

[法二] 先化成经典问题, 再求对偶. 标准形问题可写成

$$
\begin{aligned}
\min \quad & f(x) = c^{\mathrm{T}}x \\
\text{s.t.} \quad & Ax \geqslant b,
\end{aligned}
$$

$$\begin{aligned} -Ax &\geqslant -b, \\ x &\geqslant 0. \end{aligned}$$

令 $\bar{A} = \begin{pmatrix} A \\ -A \end{pmatrix}$, $\bar{b} = \begin{pmatrix} b \\ -b \end{pmatrix}$, 得经典问题

$$\begin{aligned} \min \quad & f(x) = c^{\mathrm{T}} x \\ \text{s.t.} \quad & \bar{A}x \geqslant \bar{b}, \\ & x \geqslant 0. \end{aligned}$$

写出其对偶形式

$$\begin{aligned} \max \quad & \bar{b}^{\mathrm{T}} y \\ \text{s.t.} \quad & \bar{A}^{\mathrm{T}} y \leqslant c, \\ & y \geqslant 0. \end{aligned}$$

即

$$\begin{aligned} \max \quad & \bar{b}^{\mathrm{T}} y_1 - \bar{b}^{\mathrm{T}} y_2 \\ \text{s.t.} \quad & A^{\mathrm{T}} y_1 - A^{\mathrm{T}} y_2 \leqslant c, \\ & y_1 \geqslant 0,\ y_2 \geqslant 0. \end{aligned}$$

令 $\bar{y} = y_1 - y_2$, 得

$$\begin{aligned} \max \quad & \bar{b}^{\mathrm{T}} \bar{y} \\ \text{s.t.} \quad & A^{\mathrm{T}} \bar{y} \leqslant c, \\ & \bar{y}\ \text{无限制}. \end{aligned}$$

这就是 (2.3.23). □

2.3.2 对偶定理

线性规划的弱对偶定理和强对偶定理描述了线性规划的原始问题的最优值和对偶问题的最优值之间的关系. 由于任何形式的线性规划问题都可以转换成标准形式, 下面我们就标准形线性规划问题分析这两个定理, 有关的结论适用于其他形式的线性规划.

考虑标准形的线性规划问题

$$\begin{aligned} \min \quad & f(x) = c^{\mathrm{T}} x \\ \text{s.t.} \quad & Ax = b, \\ & x \geqslant 0 \end{aligned} \tag{2.3.24}$$

和其对偶问题

$$\max \quad z(y) = b^{\mathrm{T}} y$$

$$\begin{aligned} \text{s.t.} \quad & A^{\mathrm{T}}y \leqslant c, \\ & y \text{ 无限制}. \end{aligned} \tag{2.3.25}$$

我们在定理 2.3.2 中给出弱对偶定理, 在定理 2.3.5 中给出强对偶定理.

定理 2.3.2 (弱对偶定理) *设 x 和 y 分别是原始问题和对偶问题的可行解, 则*

$$f(x) = c^{\mathrm{T}}x \geqslant b^{\mathrm{T}}y = z(y). \tag{2.3.26}$$

证明 由对偶可行性, 有 $A^{\mathrm{T}}y \leqslant c$. 再由原始可行性, 有 $Ax = b$, $x \geqslant 0$. 于是得到

$$f(x) = c^{\mathrm{T}}x \geqslant y^{\mathrm{T}}Ax = y^{\mathrm{T}}b = z(y).$$ □

弱对偶定理表明, 一个极小化线性规划问题在其某一可行点处的目标函数值给出了另一个作为其对偶的极大化线性规划问题的目标函数值的一个上界; 或者说, 一个极大化线性规划问题在其某个可行点处的目标函数值给出了另一个作为其对偶的极小化线性规划问题的最优目标函数值的下界. 两个可行解的函数值之间的差 $c^{\mathrm{T}}x - b^{\mathrm{T}}y$ 称为对偶间隙.

从这一定理, 我们还可以得出下面两个有用的结论:

推论 2.3.3 *两个互为对偶的线性规划问题中如果一个无有界的最优解, 则另一个问题必不可行.*

证明 反证法. 假定原始问题无界, 如果对偶问题可行, 则由定理 2.3.2, 对偶问题的目标函数提供了原始问题的最优目标函数值的一个下界. 这与原始问题的无界性假设矛盾. 另一种情况类似可证. □

推论 2.3.4 *设 x^* 和 y^* 分别是原始问题和对偶问题的可行解, 且 $c^{\mathrm{T}}x^* = b^{\mathrm{T}}y^*$, 则 x^* 和 y^* 分别是原始问题和对偶问题的最优解.*

证明 由弱对偶定理 2.3.2, 对原始问题的任意可行解 x, 都有

$$c^{\mathrm{T}}x \geqslant b^{\mathrm{T}}y^* = c^{\mathrm{T}}x^*,$$

因而 x^* 是原始问题的最优解. 同样地, 对对偶问题的任意可行解 y, 都有

$$b^{\mathrm{T}}y \leqslant c^{\mathrm{T}}x^* = b^{\mathrm{T}}y^*,$$

因而 y^* 是对偶问题的最优解. □

弱对偶定理还表明, 我们可以不通过求解过程来确定一个可行点是不是最优的.

定理 2.3.5 (强对偶定理) *如果互为对偶的两个线性规划问题中一个有最优解, 则另一个也有最优解, 并且两者的最优目标函数值相等.*

证明 考虑标准形线性规划问题, 并设 x^* 是一个最优解, 则有

$$x^* = \begin{pmatrix} x_B^* \\ x_N^* \end{pmatrix} = \begin{pmatrix} x_B^* \\ 0 \end{pmatrix}, \quad A = (B \quad N), \quad c = \begin{pmatrix} c_B \\ c_N \end{pmatrix},$$

则 $x_B^* = B^{-1}b$. 由于 x^* 是最优解, 则由节 2.2 的讨论有

$$\hat{c}_N^{\mathrm{T}} = c_N^{\mathrm{T}} - c_B^{\mathrm{T}} B^{-1} N \geqslant 0.$$

由此得 $c_N \geqslant N^{\mathrm{T}} B^{-\mathrm{T}} c_B$. 令 $y^* = B^{-\mathrm{T}} c_B$, 则有

$$A^{\mathrm{T}} y^* = \begin{pmatrix} B^{\mathrm{T}} \\ N^{\mathrm{T}} \end{pmatrix} B^{-\mathrm{T}} c_B = \begin{pmatrix} c_B \\ N^{\mathrm{T}} B^{-\mathrm{T}} c_B \end{pmatrix} \leqslant \begin{pmatrix} c_B \\ c_N \end{pmatrix} = c. \tag{2.3.27}$$

这表明 y^* 是对偶可行的. 又由于

$$b^{\mathrm{T}} y^* = b^{\mathrm{T}} B^{-\mathrm{T}} c_B = c_B^{\mathrm{T}} B^{-1} b = c_B^{\mathrm{T}} x_B^* = c^{\mathrm{T}} x^*,$$

根据弱对偶定理的推论 2.3.4 可知, y^* 是对偶问题的最优解. 这就完成了定理的证明. □

强对偶定理表明:

(1) 如果一个线性规划问题有最优解, 则在其最优解处, 对偶间隙为零, 即 $c^{\mathrm{T}} x^* - b^{\mathrm{T}} y^* = 0$.

(2) 从定理证明的过程可以看到, 如果 x^* 是原始问题的最优解, 则通过令 $y^* = B^{-\mathrm{T}} c_B$, 即得对偶问题的最优解.

(3) 在单纯形迭代的每一步都要计算单纯形乘子向量 $y = B^{-\mathrm{T}} c_B$. 由于在非最优解处, $\hat{c}_N = c_N - N^{\mathrm{T}} B^{-\mathrm{T}} c_B \geqslant 0$ 不成立, 因而

$$A^{\mathrm{T}} y = \begin{pmatrix} B^{\mathrm{T}} \\ N^{\mathrm{T}} \end{pmatrix} B^{-\mathrm{T}} c_B = \begin{pmatrix} c_B \\ N^{\mathrm{T}} B^{-\mathrm{T}} c_B \end{pmatrix} \leqslant \begin{pmatrix} c_B \\ c_N \end{pmatrix} = c \tag{2.3.28}$$

不成立, 从而 $y = B^{-\mathrm{T}} c_B$ 不是对偶可行的. 我们称这样的基本可行解为对偶不可行的基本可行解. 而对于最优解, 它不但是基本可行解, 而且也是对偶可行的. 因此对单纯形法可以作这样的解释:

单纯形法的每次迭代产生一个基本可行解, 它是对偶不可行的, 逐步减少其对偶不可行性, 一旦得到的基本可行解是对偶可行的, 即已得到最优解, 迭代终止.

在本节下面要介绍的对偶单纯形法则刚好相反, 每次迭代产生一个对偶可行的基本解 (对原始问题不可行), 逐步增加其对原始问题的可行性, 一旦在某步迭代得到一个对偶可行的基本可行解, 即是最优解, 迭代终止.

2.3.3 对偶单纯形法

在正式介绍对偶单纯形法之前, 我们先通过一个简单的例子说明对偶问题的经济学意义. 设某个企业用同样的三种原料生产两种产品, 已知销售一个单位的第 i 种产品可获利 c_i, 生产一个单位的第 i 种产品所用三种原料的量分别为 a_{ji}, $i = 1, 2$, $j = 1, 2, 3$, 企业可提供的三种原料的总量分别是 b_j, $j = 1, 2, 3$, 则使企业获利最大的生产计划安排

须由下述线性规划确定

$$
\begin{aligned}
\max \quad & c_1x_1+c_2x_2 \\
\text{s.t.} \quad & a_{11}x_1+a_{12}x_2 \leqslant b_1, \\
& a_{21}x_1+a_{22}x_2 \leqslant b_2, \\
& a_{31}x_1+a_{32}x_2 \leqslant b_3, \\
& x_1 \geqslant 0,\ x_2 \geqslant 0,
\end{aligned}
\tag{2.3.29}
$$

这里 x_1 和 x_2 分别表示两种产品的计划生产量, $c_1x_1+c_2x_2$ 是企业从销售所生产的产品获取的利润, 应取极大. 显然, 如果企业增加原料的供应, 就可增加产品的生产 (假定有足够的生产能力) 从而增加赢利. 但是, 不适当的增加也会导致可能的损失, 因而有一个如何合理增加不同原料的问题. 上述线性规划只提供了在各种原料给定的情况下如何组织生产的信息, 并没有提供如何增加不同原料供应的任何信息. 为此, 我们考察这一问题 (2.3.29) 的对偶问题

$$
\begin{aligned}
\min \quad & b_1y_1+b_2y_2+b_3y_3 \\
\text{s.t.} \quad & a_{11}y_1+a_{21}y_2+a_{31}y_3 \geqslant c_1, \\
& a_{12}y_1+a_{22}y_2+a_{32}y_3 \geqslant c_2, \\
& y_1 \geqslant 0,\ y_2 \geqslant 0.
\end{aligned}
\tag{2.3.30}
$$

如果把 $y_i\ (i=1,2,3)$ 看作三种原料的投料比例, 则对偶问题可理解为确定最优的投料比例使损失最小, 而相应于原始问题最优解的对偶变量 y 的取值确定了最优生产计划下的不同原料的投料比例, 从而也相应地确定了如何合理地增加原料供应. 因此通常把对偶问题中的变量 y 称为影子价格 (shadow price).

对偶单纯形法的思想是: 对偶单纯形法通过产生一个保持对偶可行性, 并使原始可行性得到逐步改善的基本解序列, 以最终得到一个最优的基本可行解. 根据这个思想, 对偶单纯形法的做法是: 从一个对偶可行的基本解开始,

1. 先检验其最优性;

2. 如果不是最优的, 则从取负值的基变量中确定一个出基变量, 以增加新迭代点的原始可行性;

3. 选好出基变量后, 根据新迭代点应确保对偶可行的原则确定一个入基变量;

4. 选好出基和入基变量后, 进行主元消去法修正基矩阵, 得到新的对偶可行的基本解.

重复上述过程, 直至得到一个最优解, 或者确定 (该对偶) 问题无可行解 (注意, 这与单纯形法是不同的, 单纯形法最后或者得到问题的最优解, 或者确定问题无有界最优解.).

设 $x^{(k)}$ 是标准形线性规划问题的一个对偶可行的基本解, 相应的基矩阵和非基矩阵分别为 B_k 和 N_k, 则

$$
x^{(k)}=\begin{pmatrix} x_B^{(k)} \\ x_N^{(k)} \end{pmatrix}=\begin{pmatrix} B_k^{-1}b \\ 0 \end{pmatrix} \triangleq \begin{pmatrix} b^{(k)} \\ 0 \end{pmatrix},\quad c^{(k)}=\begin{pmatrix} c_B^{(k)} \\ c_N^{(k)} \end{pmatrix}.
$$

由对偶可行性 (2.3.28) 有

$$
\hat{c}_N^{(k)}=c_N^{(k)}-N_k^{\mathrm{T}}B_k^{-\mathrm{T}}c_B^{(k)} \geqslant 0. \tag{2.3.31}
$$

对这样的解 $x^{(k)}$, 如果有

$$b^{(k)} \geqslant 0 \quad (\text{即 } x_B^{(k)} \geqslant 0), \tag{2.3.32}$$

则原始可行性满足, 从而 $x^{(k)}$ 即为所求的一个最优基本可行解.

如果 $b^{(k)}$ 有负的分量, 则 $x^{(k)}$ 原始不可行, 取其中的一个负分量 $x_q^{(k)} = b_q^{(k)} < 0$ 作为出基变量, 将其值从负增加至零而成为非基变量.

为确定入基变量, 考察在点 $x^{(k)}$ 的约束方程 $A_k x^{(k)} = b$, 即有

$$x_B^{(k)} + B_k^{-1} N_k x_N^{(k)} = B_k^{-1} b = b^{(k)}.$$

考虑相应的第 q 行, 则相应于基变量 $x_q^{(k)}$ 的方程为

$$x_q^{(k)} + \sum_{j \in \mathcal{N}_k} \hat{a}_{qj}^{(k)} x_j = b_q^{(k)}, \tag{2.3.33}$$

其中 $\hat{a}_{qj}^{(k)}$ 为矩阵 $B_k^{-1} N_k$ 中相应于基变量 $x_q^{(k)}$ 所在行的元素. 今考虑选择入基变量, 设为 $x_p^{(k)}$, 使其取正值得 $x_p^{(k)} > 0$, $x_p^{(k)}$ 成为基变量, 并令 $x_q^{(k)} = 0$ (成为非基变量). 由于 $b_q^{(k)} = x_q^{(k)} < 0$, 如果有某一元素 $\hat{a}_{qp}^{(k)} < 0$ $(p \in \mathcal{N}_k)$, 并保持其他非基变量取零值, 则令

$$x_p^{(k)} = \frac{b_q^{(k)}}{\hat{a}_{qp}^{(k)}} > 0, \tag{2.3.34}$$

这样就有

$$\begin{aligned} x_q^{(k)} &= b_q^{(k)} - \sum_{j \in \mathcal{N}_k} \hat{a}_{qj}^{(k)} x_j \\ &= b_q^{(k)} - \hat{a}_{qp}^{(k)} x_p^{(k)} \\ &= 0 \end{aligned}$$

使得 $x_q^{(k)}$ 取零值而成为非基变量, 且方程 $A_k x^{(k)} = b$ 成立.

如果有不止一个元素 $\hat{a}_{qj}^{(k)} < 0$ $(j \in \mathcal{N}_k)$, 则从确保对偶可行性出发, 选取 $x_p^{(k)}$. 设 $x_p^{(k)}$ 为入基变量, 则元素 $\hat{a}_{qp}^{(k)}$ 就成为对新的基矩阵进行高斯消去法的主元, 对价值系数 $\hat{c}_j^{(k)}$ 进行同单纯形法一样的主元高斯消去运算后得

$$\hat{c}_j^{(k+1)} = \hat{c}_j^{(k)} - \frac{\hat{a}_{qj}^{(k)}}{\hat{a}_{qp}^{(k)}} \hat{c}_p^{(k)}, \quad j \in \mathcal{N}_{k+1}. \tag{2.3.35}$$

为保持对偶可行性, 要求

$$\hat{c}_j^{(k+1)} \geqslant 0, \quad j \in \mathcal{N}_{k+1},$$

这就要求

$$\hat{c}_j^{(k)} \geqslant \frac{\hat{a}_{qj}^{(k)}}{\hat{a}_{qp}^{(k)}} \hat{c}_p^{(k)}.$$

取绝对值, 并且两边同除以 $|\hat{a}_{qj}^{(k)}|$, 得到对所有 $\hat{a}_{qj}^{(k)} < 0\ (j \in \mathcal{N}_k)$, 要求

$$\left|\frac{\hat{c}_j^{(k)}}{\hat{a}_{qj}^{(k)}}\right| \geqslant \left|\frac{\hat{c}_p^{(k)}}{\hat{a}_{qp}^{(k)}}\right|.$$

因此, 入基变量 $x_p^{(k)}$ 应满足

$$\left|\frac{\hat{c}_p^{(k)}}{\hat{a}_{qp}^{(k)}}\right| = \min\left\{\left|\frac{\hat{c}_j^{(k)}}{\hat{a}_{qj}^{(k)}}\right| \,\middle|\, \hat{a}_{qj}^{(k)} < 0,\quad j \in \mathcal{N}_k\right\}. \tag{2.3.36}$$

从而确定了入基变量的指标 p. 出基变量和入基变量一经选定, 以元素 $\hat{a}_{qp}^{(k)}$ 为主元进行高斯消去法, 并对价值系数向量进行修正即得新的对偶可行的基本解 $x^{(k+1)}$.

下面, 我们用例子来说明对偶单纯形法, 然后再给出对偶单纯形法的迭代步骤. 考虑线性规划问题

$$\begin{aligned}
\min\quad & 6.8x_1 + 3x_2\\
\text{s.t.}\quad & 2.6x_1 + x_2 \geqslant 800,\\
& 3.8x_1 + 3x_2 \geqslant 1\,000,\\
& 1.6x_1 + x_2 \geqslant 100,\\
& 6x_1 + 10x_2 \geqslant 6\,000,\\
& x_1 \geqslant 0,\ x_2 \geqslant 0.
\end{aligned}$$

对这样一个问题引入剩余变量 $x_i \geqslant 0,\ i = 3, 4, 5, 6$, 将其转化成标准形

$$\begin{aligned}
\min\quad & 6.8x_1 + 3x_2\\
\text{s.t.}\quad & 2.6x_1 + x_2 - x_3 = 800,\\
& 3.8x_1 + 3x_2 - x_4 = 1\,000,\\
& 1.6x_1 + x_2 - x_5 = 100,\\
& 6x_1 + 10x_2 - x_6 = 6\,000,\\
& x_i \geqslant 0,\ i = 1, 2, 3, 4, 5, 6.
\end{aligned}$$

对此, 显然难于确定问题的一个初始基本可行解. 如用单纯形法求解则需在引入人工变量后用两阶段方法或大 M 方法进行求解. 由于在问题的目标函数中所有的价值系数分量都非负, 可以想象如果引入松弛变量 $x_i \geqslant 0\ (i = 3, 4, 5, 6)$, 将其转换成标准形后, 取松弛变量为初始的基变量, 虽然原始可行性不能得到满足, 但对偶可行性却得到满足, 因而可以用对偶单纯形法求解.

为此, 先把原问题的约束转换成 $\leqslant$ 型, 再引入松弛变量后得

$$\begin{aligned}
\min\quad & 6.8x_1 + 3x_2\\
\text{s.t.}\quad & -2.6x_1 - x_2 + x_3 = -800,\\
& -3.8x_1 - 3x_2 + x_4 = -1\,000,\\
& -1.6x_1 - x_2 + x_5 = -100,\\
& -6x_1 - 10x_2 + x_6 = -6\,000,\\
& x_i \geqslant 0,\ i = 1, 2, 3, 4, 5, 6.
\end{aligned}$$

取 x_3, x_4, x_5, x_6 为初始基变量即得初始对偶可行的基本解, 相应的单纯形表如下:

$k=1$:

基变量	x_1	x_2	x_3	x_4	x_5	x_6	右端项
$-f$	6.8	3	0	0	0	0	0
x_3	−2.6	−1	1	0	0	0	−800
x_4	−3.8	−3	0	1	0	0	−1 000
x_5	−1.6	−1	0	0	1	0	−100
x_6	−6	$\underline{-10}$	0	0	0	1	−6 000

(1) 右端项全负, 不是最优解.

(2) 取最负的分量即 x_6 为出基变量.

(3) 比较单纯形表中 $-f$ 所在行相应于非基变量的分量 (6.8 和 3) 和 x_6 所在行中相应的负元素的比值, 有 $\left|\frac{6.8}{-6}\right|>\left|\frac{3}{-10}\right|$, 根据 (2.3.36), 取小的, 因此取 x_2 为入基变量.

(4) 出基变量 x_6 和入基变量 x_2 确定以后, 以 $\hat{a}_{62}=-10$ 为主元进行高斯消去法, 再根据 (2.3.31) 把 $-f$ 所在行的各元素减去向量 $(0,0,0,3)^{\mathrm{T}}$ 与该元素下矩阵所在列向量的内积得新的对偶单纯形表. 所进行的初等运算是 $r_4/(-10)$; 然后依次是

$$r_3+r_4;\ r_2+3r_4;\ r_1+r_4;\ r_0-3r_4,$$

其中, r_i 表示第 i 行, r_0 表示 $-f$ 所在行.

基变量	x_1	x_2	x_3	x_4	x_5	x_6	右端项
$-f$	5	0	0	0	0	0.3	−1 800
x_3	$\underline{-2}$	0	1	0	0	−0.1	−200
x_4	−2	0	0	1	0	−0.3	800
x_5	−1	0	0	0	1	−0.1	500
x_2	0.6	1	0	0	0	−0.1	600

$k=2$:

(1) 右端项有一个负分量, 相应的基本解不可行, 因而不是最优解.

(2) 取最负的分量即 x_3 为出基变量.

(3) 比较单纯形表中 $-f$ 所在行相应于非基变量的分量 (5 和 0.3) 和 x_3 所在行中相应的负元素的比值, 有 $\left|\frac{5}{-2}\right|<\left|\frac{0.3}{-0.1}\right|$, 因此取 x_1 为入基变量.

(4) 出基变量 x_3 和入基变量 x_1 确定以后, 以 $\hat{a}_{31}=-2$ 为主元进行高斯消去法, 再把 $-f$ 所在行的各元素减去向量 $(5,0,0,0)^{\mathrm{T}}$ 与该元素下向量的内积得下述单纯形表. 所进行的初等运算是 $\frac{r_1}{-2}$; 然后依次是

$$r_2+2r_1,\ r_3+r_1,\ r_4-0.6r_1,\ r_0-5r_1.$$

所得到的单纯形表为 (见下页)

至此, 右端项的所有分量都已非负, 当前的迭代点已是一个对偶可行的基本可行解, 因而也是最优解, 即最优解为 $x^*=(100,540)^{\mathrm{T}}$, 相应的最优目标函数值为 $f^*=2\,300$.

基变量	x_1	x_2	x_3	x_4	x_5	x_6	右端项
$-f$	0	0	2.5	0	0	0.05	−2 300
x_1	1	0	−0.5	0	0	0.05	100
x_4	0	0	−1	1	0	−0.02	1 000
x_5	0	0	−0.5	0	1	−0.05	600
x_2	0	1	0.3	0	0	−0.13	540

在进一步理解了对偶单纯形法以及它的迭代过程后, 我们再给出对偶单纯形法可在计算机上实现的迭代步骤. 如同采用单纯形表的过程一样, 在用对偶单纯形表求解时, 要计算整个矩阵 $B_k^{-1}N_k$, 这是没有必要的, 我们只需要计算矩阵 $B_k^{-1}N_k$ 的相应于出基变量所在行的元素 $\hat{a}_{qj}^{(k)}$, $j \in \mathcal{N}_k$ 即可. 这可以通过先计算矩阵 B_k 的逆 B_k^{-1}, 记 B_k^{-1} 的相应于出基变量所在的行为 $\hat{B}_q^{(k)}$, 矩阵 N_k 中的列向量为 a_j, $j \in \mathcal{N}_k$, 则有

$$\hat{a}_{qj}^{(k)} = (\hat{B}_q^{(k)})^{\mathrm{T}} a_j, \ j \in \mathcal{N}_k.$$

另一方面, 如果对所有 $j \in \mathcal{N}_k$ 有 $\hat{a}_{qj}^{(k)} \geqslant 0$, 则由

$$x_q^{(k)} + \sum_{j \in \mathcal{N}_k} \hat{a}_{qj}^{(k)} x_j = b_q^{(k)} < 0,$$

可以看出不可能存在任何 $x_j > 0$ 使 $\sum\limits_{j \in \mathcal{N}_k} \hat{a}_{qj}^{(k)} x_j = b_q^{(k)}$ 成立, 从而使 $x_q^{(k)} = 0$, 这样, 原始问题不存在可行解, 由弱对偶定理知对偶问题无有界的最优解. 据此, 我们可得对偶单纯形法的迭代步骤如下:

算法 2.3.6 (对偶单纯形法)

步 1. 给定一个初始对偶可行的基本解, 记迭代次数 $k = 1$.

步 2. 最优性检验: 计算 $b_q^{(k)} = \min\{b_i^{(k)}, \ i \in \mathcal{B}_k\}$.

如果 $b_q^{(k)} \geqslant 0$, 则 $x^{(k)}$ 为最优解, 停止迭代;

否则, 取相应的变量 $x_q^{(k)}$ 为出基变量.

步 3. 取 $\hat{B}_q^{(k)}$ 为 B_k^{-1} 相应于出基变量所在的行, 计算 $\hat{a}_{qj}^{(k)} = (\hat{B}_q^{(k)})^{\mathrm{T}} a_j$, $j \in \mathcal{N}_k$.

如果 $\hat{a}_{qj}^{(k)} \geqslant 0$ 对所有 $j \in \mathcal{N}_k$ 成立, 则原始问题无可行解, 停止迭代;

否则计算

$$\left|\frac{\hat{c}_p^{(k)}}{\hat{a}_{qp}^{(k)}}\right| = \min\left\{\left|\frac{\hat{c}_j^{(k)}}{\hat{a}_{qj}^{(k)}}\right| \ \middle| \ \hat{a}_{qj}^{(k)} < 0, \ j \in \mathcal{N}_k\right\},$$

取 $x_p^{(k)}$ 为入基变量.

步 4. 以 $\hat{a}_{qp}^{(k)}$ 为主元, 作主元高斯消去法:

计算 $B_{k+1}^{-1} = P_k B_k^{-1}$, $x_B^{(k+1)} = B_{k+1}^{-1} b = P_k b^{(k)}$ 以及 $\hat{c}_j^{(k+1)} = \hat{c}_j^{(k)} - \dfrac{\hat{c}_p^{(k)}}{\hat{a}_{qp}^{(k)}} \hat{a}_{qj}^{(k)}$, $j \in \mathcal{N}_{k+1}$ (参见 (2.2.16)—(2.2.17)).

置 $k \triangleq k+1$ 后转步 2. □

在上述算法中我们同样取相应于右端项最负分量的变量为出基变量. 逆矩阵 $B_{k+1}^{-1} = P_k B_k^{-1}$ 的计算来自上一节, 其中矩阵

$$P_k = \begin{bmatrix} 1 & & & \xi_1^{(k)} & & \\ & 1 & & \xi_2^{(k)} & & \\ & & \ddots & \vdots & & \\ & & & \xi_q^{(k)} & & \\ & & & \vdots & \ddots & \\ & & & \xi_m^{(k)} & & 1 \end{bmatrix},$$

$$\xi_j^{(k)} = -\frac{\hat{a}_{jp}^{(k)}}{\hat{a}_{qp}^{(k)}}, \quad j \neq q, \quad \xi_q^{(k)} = \frac{1}{\hat{a}_{qp}^{(k)}}.$$

在这一节的最后我们简单提一下有关线性规划的灵敏度分析. 所谓灵敏度分析是指在一个线性规划问题的有关数据, 如价值系数向量 c, 或约束的右端向量 b, 或约束系数矩阵 A 的某些元素发生变化或存在某种程度的误差时, 分析最优解 x^* 所受的影响, 并如何从原有的最优解确定变化后的最优解. 由实际问题提炼而成的线性规划问题, 由于环境、条件、时间以及具体要求等各种可能因素的变化, 导致相关数据的变化; 其次, 这些实际数据大部分是通过观测, 测量和统计出来的, 出现误差是常有的、难免的. 因此利用灵敏度分析确定数据有误差或数据发生变化后线性规划问题的最优解是十分必要的, 也是线性规划学习与研究的重要内容, 限于篇幅和时间我们不在这里作详细介绍.

*2.4 线性规划的内点算法

单纯形法自其产生之日起, 因为其能有效地求解各类线性规划问题而得到越来越广泛的应用. 随着线性规划问题的规模越来越大, 对单纯形法性能的了解变得十分必要. 大量的统计分析和理论研究表明用单纯形法求解线性规划问题的平均迭代次数是问题约束个数 m 的一个不大的倍数. 我们知道, 每次单纯形迭代需要计算 $\hat{c}_j^{(k)}$ $(j \in \mathcal{N}_k)$ 以检验最优性, 其计算需要 $O(mn)$ 次算术运算; 如果不是最优解则需要计算比值 $\dfrac{b_j^{(k)}}{\hat{a}_{jp}^{(k)}}$ (其中 $\hat{a}_{jp}^{(k)} > 0,\ j \in \mathcal{B}_k$), 以确定出基变量, 这同样需要 $O(mn)$ 次算术运算; 由矩阵 B_k 的逆 B_k^{-1} 计算矩阵 B_{k+1} 的逆 B_{k+1}^{-1} 则需要 $O(m^3)$ 次算术运算; 而计算新的基本解 $b_{k+1} = B_{k+1}^{-1} b = P_k b_k$ 需要 $2m$ 次算术运算. 因此, 每次单纯形迭代需要 $O(m^3 + mn)$ 阶的运算工作量, 因而算法的平均运算工作量为 $O(m^4 + m^2 n)$ 阶. 这一数字是 m 和 n 的一个多项式. 一个算法如果其求得问题的解所用的运算工作量是问题的参数 m 和 n 的多项式, 则称这一算法的复杂性为多项式时间算法; 如果所需的运算工作量的阶数是以 m 或 n 为幂的指数 2^m 或 2^n, 则称复杂性是指数时间的算法. 下面的表比较了 m 不同时 m^4 和 2^m 的值.

m	m^4	2^m
5	625	32
10	1×10^4	1 024
50	6.25×10^6	1.13×10^{15}
100	1×10^8	1.26×10^{30}
1 000	1×10^{12}	1×10^{301}

从这个表可以看出, 随着 m 的不断增大, 指数 2^m 的增长是十分惊人的. 我们以 $m=100$ 为例, 假设有一个计算机每秒可完成 $m^4=100^4=1\times10^8$ 阶的运算, 则完成 $2^{100}=1.26\times10^{30}$ 运算需要 4×10^{14} 年, 也就是说多项式时间算法一至两秒可完成的问题, 用指数时间算法可能需要 4×10^{14} 年. 由此可见, 指数时间算法不是可取的算法.

既然, 单纯形算法的平均运算工作量是多项式时间的, 那么对于一个具体的问题其算法的复杂性是否也是多项式的呢? 对此问题的回答是否定的. Klee 和 Minty 在 1972 年给出了下面这样一个例子:

$$
\begin{aligned}
\max\quad & f(x)=\sum_{i=1}^{m}10^{m-i}x_i\\
\text{s.t.}\quad & 2\sum_{i=1}^{j-1}10^{j-i}x_i+x_j\leqslant 100^{j-1},\ j=1,2,\cdots,m,\\
& x_i\geqslant 0,\ i=1,2,\cdots,m.
\end{aligned}
$$

这样一个线性规划问题的可行域有 2^m 个顶点, 当引入 m 个松弛变量使其化成标准形后用单纯形法求解, 方法从初始顶点 $x=0$ 开始, 如果每次迭代以取最负的价值系数的非基变量为入基变量, 则迭代将经过问题的每一个顶点 (或 2^m-1 次迭代) 后方达到最优顶点. 图 2.4.1 给出了问题在 $m=3$ 时的可行域, 以及单纯形迭代的迭代点的进展过程.

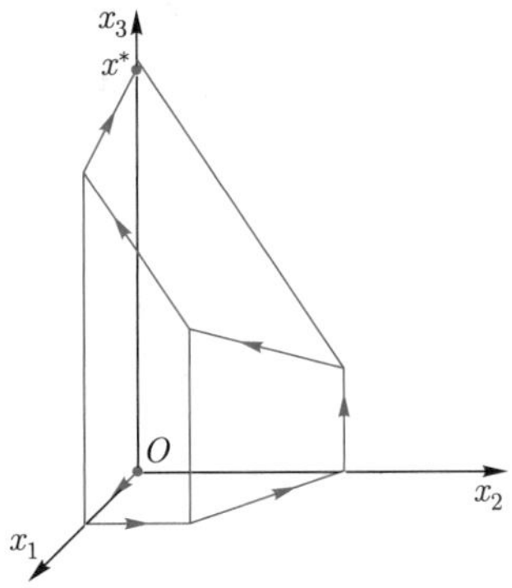

图 2.4.1 $n=3$ 时的 Klee-Minty 问题

尽管这一问题是人为设计的, 也是最坏的一种可能, 但它却表明, 单纯形法作为线性规划的一个求解算法, 其算法的复杂性是指数时间的. 这一结论并没有对单纯形法的应用带来任何负面影响, 方法一如既往地得到广泛的应用, 但对研究工作者却提出了两个问题: (1) 对线性规划问题是否存在时间复杂性是多项式的算法; (2) 如果存在多项式时间算法, 如何设计这样的算法.

对第一个问题, 苏联数学家 Khachiyan 在 1979 年作了正面回答. 他当时提出了一个椭球算法求不等式问题的解, 并证明了算法的时间复杂性是多项式的. 利用对偶理论, 线性规划问题可以转换成不等式问题, 这就明确回答了对线性规划存在多项时间算法. 但是计算的实际表明, 椭球算法的效果要比单纯形法差得多, 并不是一个有实际应用价值的算法.

对第二个问题的回答始于在美国贝尔 (Bell) 实验室工作的印度数学家 Karmarkar 在 1984 年的杰出工作. 他对线性规划的求解提出了一个具有多项式时间复杂性的内点算法. 算法的提出在当时的学术界引起了轰动, 并由此引发了对内点算法研究的热潮. 现今, 内点算法已经成为求解大规模线性规划问题的有效算法之一.

我们已经知道, 求线性规划问题解的单纯形法在问题的基本可行解中确定最优解, 在几何上, 每次迭代它是沿着可行域的边界从一个顶点向另一个更好的顶点移动来实现的. 内点算法则完全不同, 它是从可行域的一个严格内点开始, 产生一个使目标函数值逐步改善的严格内点序列, 并最终收敛于问题的最优解 (见图 2.4.2). 经过近 20 年的研究与发展, 如今已有大量求解线性规划问题的内点算法, 它们可以分成三类: 路径跟踪算法, 仿射调比算法, 和原始对偶内点算法. 我们在这里只介绍已得到广泛应用, 又易于理解的原始对偶内点算法.

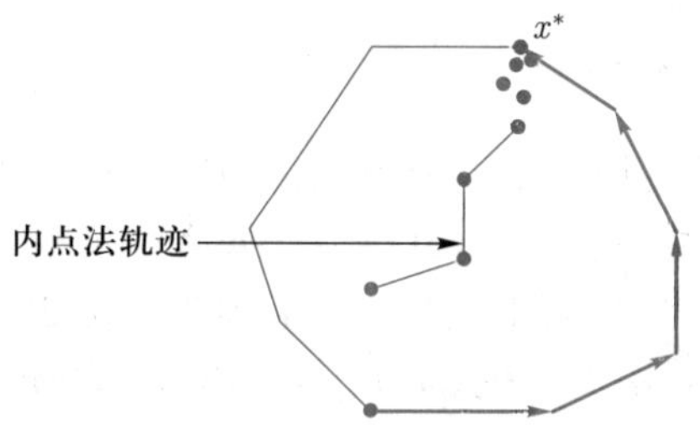

图 2.4.2 单纯形法与内点法轨迹

考虑标准形线性规划问题

$$\begin{aligned} \min \quad & c^{\mathrm{T}} x \\ \text{s.t.} \quad & Ax = b, \\ & x \geqslant 0, \end{aligned}$$

其相应的对偶问题可表示成

$$\begin{aligned} \max \quad & b^{\mathrm{T}} y \\ \text{s.t.} \quad & z = c - A^{\mathrm{T}} y, \\ & z \geqslant 0, \end{aligned}$$

其中 $z \geqslant 0$ 是引入的松弛变量. 在这里我们假定 A 行满秩; 原始问题和对偶问题可行域的内部 $\mathcal{F}_P = \{x \mid Ax = b,\ x > 0\}$, $\mathcal{F}_D = \{(y, z) \mid z = c - A^{\mathrm{T}} y,\ z > 0\}$ 都非空. 根据原始可行性与对偶可行性, 以及强对偶定理, 上述问题有最优解, 而且最优解 x^* 和 $(y^*,\ z^*)$

应满足下述方程组

$$\begin{cases} Ax = b, \\ z = c - A^{\mathrm{T}}y, \\ c^{\mathrm{T}}x = b^{\mathrm{T}}y, \\ x \geqslant 0,\ z \geqslant 0. \end{cases}$$

由于 $c^{\mathrm{T}}x - b^{\mathrm{T}}y = c^{\mathrm{T}}x - y^{\mathrm{T}}Ax = (c - A^{\mathrm{T}}y)^{\mathrm{T}}x = x^{\mathrm{T}}z$, 上述方程组可以重新写成

$$\begin{cases} Ax = b, \\ z = c - A^{\mathrm{T}}y, \\ x^{\mathrm{T}}z = 0, \\ x \geqslant 0,\ z \geqslant 0. \end{cases} \tag{2.4.1}$$

这是一个非线性方程组, 所谓原始对偶内点算法就是用大家熟知的牛顿 (Newton) 法求上述方程组的解, 并要求所有的迭代点满足 $x > 0,\ z > 0$, 称这样的点为内点. 如记

$$x_i z_i = \mu \quad (\mu > 0), \quad i = 1, 2, \cdots, n,$$

则 x_i 和 z_i 两者都为正, 且在 $\mu \to 0$ 时, 有 $x_i z_i \to 0,\ i = 1, 2, \cdots, n$, 即 $x^{\mathrm{T}}z \to 0$. 因此, 对逐步减小并收敛于零的正数序列 μ, 求方程组

$$\begin{cases} Ax = b, \\ z = c - A^{\mathrm{T}}y, \\ x_i z_i = \mu, \quad i = 1, 2, \cdots, n, \\ x \geqslant 0,\ z \geqslant 0 \end{cases} \tag{2.4.2}$$

的解, 就可保持解的严格可行性, 并在 $\mu \to 0$ 时最终确定原始问题的最优解 x^* 和相应的对偶问题的最优解 $(y^*,\ z^*)$.

在上述方程组中第一和第二个方程是线性的, 而第三个方程是非线性的, 因此需要用迭代法求解. 设 (x, y, z) 是方程组 (2.4.2) 解的一个近似, 迭代法要求确定修正量 $dx,\ dy,\ dz$ 以得到方程组 (2.4.2) 解的一个更好的近似

$$x^+ = x + dx, \quad y^+ = y + dy, \quad z^+ = z + dz.$$

要求新的近似 $x^+,\ y^+,\ z^+$ 满足

$$\begin{cases} A(x + dx) = b, \\ z + dz = c - A^{\mathrm{T}}(y + dy), \\ (x_i + dx_i)(z_i + dz_i) = \mu^+,\ i = 1, 2, \cdots, n, \\ x + dx \geqslant 0,\ z + dz \geqslant 0, \end{cases}$$

其中要求 $\mu^+ < \mu$. 考虑到 $(x,\ y,\ z)$ 的可行性, 展开第三个方程并略去关于 dx_i 和 dz_i 的

高次项可得上述关于 dx, dy 和 dz 的方程组的线性近似

$$\begin{cases} Adx = 0, \\ dz + A^{\mathrm{T}}dy = 0, \\ x_i dz_i + z_i dx_i = \mu^+ - x_i z_i, \\ x + dx \geqslant 0,\ z + dz \geqslant 0, \end{cases} \tag{2.4.3}$$

这就是确定修正量 dx, dy, dz 的线性方程组. 引入对角矩阵

$$X = \mathrm{diag}(x_1, x_2, \cdots, x_n), \quad Z = \mathrm{diag}(z_1, z_2, \cdots, z_n)$$

和向量 $e = (1, 1, \cdots, 1)^{\mathrm{T}}$, 上述方程组可表示成

$$\begin{pmatrix} Z & 0 & X \\ A & 0 & 0 \\ 0 & A^{\mathrm{T}} & I \end{pmatrix} \begin{pmatrix} dx \\ dy \\ dz \end{pmatrix} = \begin{pmatrix} (\mu^+ I - XZ)e \\ 0 \\ 0 \end{pmatrix}. \tag{2.4.4}$$

解上述方程组, 设所得解为 $(dx,\ dy,\ dz)$. 如果

$$\mu^+ = \beta\mu, \quad 0 < \beta < 1,$$

则对于接近 1 的 β 值, 如 $\beta = 1 - \theta/\sqrt{n}$, $0 < \theta < 1$, 可确保 $x + dx > 0$, $z + dz > 0$, 且由此迭代格式形成的算法的时间复杂性是多项式的. 但是这样确定 β 值使得 μ 的减少很慢, 导致迭代次数的增加, 方法收敛慢. 因此 β 的取值一般应能使 μ 较快下降收敛于零. 由 $x_i z_i = \mu$, $i = 1, 2, \cdots, n$, 有 $x^{\mathrm{T}}z = \sum\limits_{i=1}^{n} \mu = n\mu$. 随着迭代的进行, $x^{\mathrm{T}}z > 0$ 的值逐渐收敛于零, 因而 μ 的另一种取法为

$$\mu = \frac{x^{\mathrm{T}}z}{n}.$$

当 μ 的值以较快的速度下降时, $x + dx > 0$, $z + dz > 0$ 不再得到保证, 为确保迭代点的严格可行性, 取

$$x^+ = x + \alpha dx, \quad y^+ = y + \alpha dy, \quad z^+ = z + \alpha dz,$$

其中步长 α 的选取应在确保 $x^+ > 0$, $z^+ > 0$ 的前提下尽可能得大.

方程组 (2.4.4) 有 $2n + m$ 个方程, 含 $2n + m$ 个未知量, 为确定它的解, 由第三个方程得

$$dz = -A^{\mathrm{T}}dy,$$

将其代入第一个方程有

$$Zdx - XA^{\mathrm{T}}dy = (\mu^+ I - XZ)e,$$

用 AZ^{-1} 左乘这个方程的两边, 并利用第二个方程得

$$-AZ^{-1}XA^{\mathrm{T}}dy = AZ^{-1}(\mu^+ I - XZ)e.$$

记 $Z^{-1}X=W$, 由于 X 和 Z 是对角矩阵, 则 W 也是对角元素全为正的对角矩阵. 由于矩阵 A 行满秩, 矩阵 AWA^{T} 非奇异, 因而由上述方程解得

$$dy=-(AWA^{\mathrm{T}})^{-1}AZ^{-1}(\mu^{+}I-XZ)e,$$

据此得

$$\begin{aligned}dz&=A^{\mathrm{T}}dy=-A^{\mathrm{T}}(AWA^{\mathrm{T}})^{-1}AZ^{-1}(\mu^{+}I-XZ)e,\\dx&=Z^{-1}[(\mu^{+}I-XZ)e-Xdz].\end{aligned}$$

在 $dx,\ dy,\ dz$ 确定后, 步长 $\alpha>0$ 的选取由

$$\alpha=\gamma\alpha_{\max}$$

确定, 其中 $\alpha_{\max}$ 为使 $x+\alpha dx\geqslant 0,\ z+\alpha dz\geqslant 0$ 所容许的最大步长, 即

$$\alpha_{\max}=\min\{\alpha_P,\ \alpha_D\},$$

$$\alpha_P=\min\left\{-\frac{x_i}{dx_i}\ \middle|\ dx_i<0\right\},\qquad \alpha_D=\min\left\{-\frac{z_i}{dz_i}\ \middle|\ dz_i<0\right\}.$$

根据步长的选取应在确保 $x^{+}>0,\ z^{+}>0$ 的前提下尽可能大的原则, γ 值应小于 1, 并尽可能接近 1, 如 0.99, 或 0.999 乃至更接近 1.

至此, 我们可以给出求线性规划问题最优解的原始对偶内点算法的迭代步骤如下:

算法 2.4.1 (原始对偶内点算法)

步 1. 给定参数值 $\gamma,\varepsilon>0$, 初始严格可行内点 $x^{(1)}>0,\ y^{(1)},\ z^{(1)}>0$, 初始 $\mu_1>0$, 置 $k=1$.

步 2. 如果 $(x^{(k)})^{\mathrm{T}}z^{(k)}\leqslant\varepsilon$, 停止迭代, $(x^{(k)},y^{(k)},z^{(k)})$ 即为满足要求的近似最优解.

步 3. 解方程组 (2.4.4) 得解 $dx^{(k)},\ dy^{(k)},\ dz^{(k)}$.

步 4. 计算 $\alpha_P,\ \alpha_D$, 确定最大步长 $\alpha_{\max}$, 计算 $x^{(k+1)},\ y^{(k+1)},\ z^{(k+1)}$.

步 5. 确定 $\mu_{k+1}<\mu_k$, 置 $k\triangleq k+1$ 后转步 2. □

对步长的选取也可以采用原始问题和对偶问题不同的步长, 即有

$$x^{+}=x+\gamma\alpha_P dx,\quad y^{+}=y+\gamma\alpha_D dy,\quad z^{+}=z+\gamma\alpha_D dz,$$

其中 γ 和 $\alpha_P,\ \alpha_D$ 的意义同上面一样. 这样做有助于提高算法的有效性和效率, 这尤其适用于下面要介绍的不可行内点算法.

上述算法要求用户提供一个可行的初始内点 (x,y,z), 对大多数实际问题这是一个比较困难的问题. 对此, 我们在这里提供两种选择. 一种选择为通过引入人工变量, 形成具有明显严格初始可行内点的人工原始问题和人工对偶问题, 再用上述原始对偶内点算法来确定原来原始问题和对偶问题的最优解. 设 $x^{(0)}>0,\ y^{(0)},\ z^{(0)}>0$ 为任意内点, 通

常取 $x^{(0)}=z^{(0)}=e,\ y^{(0)}=0$, 其中 e 同前面一样是分量全为 1 的向量, 则对于满足下述两不等式

$$\xi>(b-Ax^{(0)})^{\mathrm{T}}y^{(0)},\quad \eta>(A^{\mathrm{T}}y^{(0)}+z^{(0)}-c)^{\mathrm{T}}x^{(0)}$$

的参数 ξ 和 η, 下述人工原始问题

$$\begin{array}{ll}\min & c^{\mathrm{T}}x+\xi x_{n+1}\\ \text{s.t.} & Ax+(b-Ax^{(0)})x_{n+1}=b,\\ & (A^{\mathrm{T}}y^{(0)}+z^{(0)}-c)^{\mathrm{T}}x+x_{n+2}=\eta,\\ & x\geqslant 0,\ x_{n+1}\geqslant 0,\ x_{n+2}\geqslant 0\end{array}$$

和人工对偶问题

$$\begin{array}{ll}\max & b^{\mathrm{T}}y+\eta y_{m+1}\\ \text{s.t.} & A^{\mathrm{T}}y+(A^{\mathrm{T}}y^{(0)}+z^{(0)}-c)y_{m+1}+z=c,\\ & (b-Ax^{(0)})^{\mathrm{T}}y+z_{n+1}=\xi,\\ & y_{m+1}+z_{n+2}=0,\\ & z\geqslant 0,\ z_{n+1}\geqslant 0,\ z_{n+2}\geqslant 0\end{array}$$

具有明显的严格可行内点, 其中 $x_{n+1},\ x_{n+2},\ y_{m+1},\ z_{n+1},\ z_{n+2}$ 为引入的人工变量. 这时可取 $(x^{(1)},x_{n+1}^{(1)},x_{n+2}^{(1)})$ 为人工原始问题的初始严格可行内点, 其中

$$x^{(1)}=x^{(0)},\ x_{n+1}^{(1)}=1,\ x_{n+2}^{(1)}=\eta-(A^{\mathrm{T}}y^{(0)}+z^{(0)}-c)^{\mathrm{T}}x^{(0)},$$

而取 $(y^{(1)},y_{m+1}^{(1)},z^{(1)},z_{n+1}^{(1)},z_{n+2}^{(1)})$ 为人工对偶问题的初始严格可行解, 其中

$$y^{(1)}=y^{(0)},\quad y_{m+1}^{(1)}=-1,$$

$$z^{(1)}=z^{(0)},\quad z_{n+1}^{(1)}=\xi-(b-Ax^{(0)})^{\mathrm{T}}y^{(0)},\quad z_{n+2}^{(1)}=1.$$

以 $(x^{(1)},x_{n+1}^{(1)},x_{n+2}^{(1)})$ 和 $(y^{(1)},y_{m+1}^{(1)},z^{(1)},z_{n+1}^{(1)},z_{n+2}^{(1)})$ 为初始点用原始对偶内点算法求解, 设所得最优解为 $(x^*,x_{n+1}^*,x_{n+2}^*)$ 和 $(y^*,y_{m+1}^*,z^*,z_{n+1}^*,z_{n+2}^*)$, 如果 $x_{n+1}^*=0,\ y_{m+1}^*=0$, 则 x^* 和 (y^*,z^*) 分别是原来原始问题和对偶问题的最优解.

最后简单提一下内点算法的计算复杂性问题. 自 1984 年 Karmarkar 的内点算法问世以来, 已经有大量的内点算法面世, 算法的计算复杂性大都是多项式时间的. 对于上述的原始对偶内点算法, 其运算工作量明显依赖于减小 μ 的具体方法和对 $dx,\ dy,\ dz$ 的计算方法. 初期的原始对偶内点方法一般需要 $O(nL)$ 阶的迭代次数, 每次迭代的算术运算为 $O(n^3)$ 阶, 因而其总的运算工作量是 $O(n^4L)$ 阶, 其中 L 表示所论问题的输入规模, 它同问题的维数 n, 约束的个数 m, 以及问题中每个数据所占用的字节数有关. 经过对方法的不断改进, 近期的算法运算工作量已降为 $O(n^3L)$ 阶 ($O(\sqrt{n}L)$ 阶的迭代次数, 每次 $O(n^{2.5})$ 阶的运算工作量.).

小结

本章介绍在科学、工程和管理中最常见也最有用的最优化技术和方法——线性规划. 全章共分四节, 节 2.1 讨论了线性规划的基本性质, 其余三节讨论目前广泛使用的求解线性规划的方法: 单纯形法、对偶单纯形法和内点算法.

节 2.1 给出了线性规划的标准形以及它同各种不同形式的线性规划问题之间的关系和相互转换, 并就一个简单的线性规划问题通过直观的几何解释来引入线性规划问题的基本特性: 线性规划如果有最优解, 则必可在其可行域的某个顶点上确定. 据此, 把线性规划基本性质的研究集中于可行域顶点性质和顶点代数表示的分析. 由此引入了线性规划的基本解和基本可行解的概念和它们的代数表示, 给出了基本可行解和可行域顶点的等价性, 从而把求最优的顶点转化为求最优的基本可行解, 最后从理论上证明了线性规划如果有最优解, 则必可在其可行域的某个顶点上确定这一基本性质.

节 2.2 介绍了线性规划最基本的也是使用最广泛的方法——单纯形法. 单纯形法根据线性规划如果有最优解, 则必可在其可行域的某个顶点上确定这一基本特性, 在线性规划的基本可行解中确定最优解. 方法从一个初始基本可行解开始, 每次迭代产生一个新的使目标函数值得到改进的基本可行解, 从而产生一个基本可行解的序列. 对每一个作为基本可行解的迭代点, 需要对其是否为一个最优解作出判定, 如为最优解, 则停止进一步的迭代; 否则确定另一更好的基本可行解. 只要问题有有界的最优解, 方法必可经有限次迭代终止于最优解. 我们介绍了同方法密切相关的基变量和非基变量的概念, 用于判别最优性的简约价值系数, 以及在确定新基本可行解时用到的入基变量和出基变量的概念和确定它们的方法, 给出了单纯形法的具体步骤以及求解过程中使用的表格形式, 并通过例子给出了用单纯形表求解的全过程. 本节最后介绍了确定初始基本可行解的两阶段方法和大 M 方法.

节 2.3 讨论了线性规划问题的对偶理论和对偶单纯形法, 给出了经典形线性规划问题的对偶问题的形式, 并由此给出了一般形式线性规划问题的对偶问题的形式, 分析讨论了由原始问题确定对偶问题的一般对偶关系和原则, 给出了描述原始问题和对偶问题的最优解之间关系的弱对偶定理和强对偶定理. 根据对偶理论, 线性规划问题可以用单纯形法求解, 也可以用对偶单纯形法求解. 如果说单纯形法是在基本可行解中寻找满足最优性条件 (简约价值系数非负) 的最优解, 那么对偶单纯形法则是在所有满足最优性条件 (简约价值系数非负) 的基本解中寻找满足可行的最优解. 对偶单纯形法从一个简约价值系数非负的基本解开始, 产生一个简约价值系数全为非负的基本解序列. 如果这样的一个基本解还是可行的, 那么它就是问题的最优解. 我们通过一个例子给出了对偶单纯形法的求解过程.

节 2.4 供教师和学生选读, 它介绍了 20 世纪 80 年代后期发展起来用于求解大规模线性规划问题的内点算法. 由于有大量的求解线性规划的内点算法存在, 我们在这一节只给出了应用比较广泛、效果相对好、又易于理解的原始对偶内点算法. 该算法通过用牛顿法求解由原始线性规划及其对偶规划所得到的原始对偶方程组, 在可行域的内部产生一个收敛于最优解的严格可行内点序列, 我们分析了迭代序列产生的基本原理和过程,给出了算法的步骤, 并介绍了确定初始可行内点的方法.

习 题

1. 用图解法确定下述线性规划问题的最优解.

(1)

$$\begin{aligned} \min \quad & 8x_1+5x_2 \\ \text{s.t.} \quad & -x_1+x_2\geqslant 0, \\ & 6x_1+11x_2\geqslant 66, \\ & 2x_1+x_2\geqslant 10, \\ & x_1\geqslant 0,\ \ x_2\geqslant 0. \end{aligned}$$

(2)

$$\begin{aligned} \max \quad & 2x_1+3x_2 \\ \text{s.t.} \quad & -x_1+2x_2\geqslant 12, \\ & -2x_1+x_2\geqslant 3, \\ & x_1\geqslant 0,\ \ x_2\geqslant 0. \end{aligned}$$

(3)

$$\begin{aligned} \min \quad & 4x_1-3x_2 \\ \text{s.t.} \quad & -11x_1+10x_2\leqslant 20, \\ & x_1\geqslant 0,\ \ 0\leqslant x_2\leqslant 6. \end{aligned}$$

2. 确定由下述约束条件所形成的可行域的所有顶点, 并计算函数 $f(x)$ 在这些顶点的函数值.

(1) $f(x)=3x_1+2x_2$,

$x_1+x_2\leqslant 3$,

$x_1-2x_2\leqslant 4$,

$0\leqslant x_1\leqslant 4$,

$0\leqslant x_2\leqslant 1$.

(2) $f(x)=-4x_1-3x_2$,

$2x_1+x_2\leqslant 10$,

$x_1+x_2\leqslant 10$,

$5x_1+3x_2\leqslant 20$,

$x_1\geqslant 0,\ x_2\geqslant 0$.

3. 将下列线性规划问题转化成标准形.

(1)

$$\begin{aligned} \max \quad & 2x_1-x_2-3x_3 \\ \text{s.t.} \quad & 2x_1-x_2+2x_3\leqslant 2, \\ & -x_1+2x_2-3x_3\leqslant -2, \\ & x_1\geqslant 0,\ x_2\geqslant 0,\ x_3\geqslant 0. \end{aligned}$$

(2)

$$\begin{aligned}\min\quad & 2x_1 - x_2 - 3x_3 - x_4\\ \text{s.t}\quad & x_1 + 3x_2 + 2x_3 + x_4 \leqslant 15,\\ & \qquad 2x_2 + x_3 + x_4 = 10,\\ & -x_1 + 5x_2 - 2x_3 + 2x_4 \geqslant 3,\\ & x_1 \geqslant 0,\ x_2 \geqslant 0,\ x_3 \geqslant 0,\ x_4 \geqslant 0.\end{aligned}$$

(3)

$$\begin{aligned}\max\quad & 3x_1 - 13x_2\\ \text{s.t.}\quad & 5x_1 + 3x_2 \leqslant 18,\\ & x_1 + 2x_2 \geqslant 9,\\ & 2x_1 + 5x_2 \geqslant 3,\\ & 2x_1 + x_2 \geqslant 2.5,\\ & x_1 \geqslant 0.\end{aligned}$$

4. 用单纯形表的方法求下列线性规划问题的最优解.

(1)

$$\begin{aligned}\max\quad & 5x_1 + 6x_2 + 4x_3\\ \text{s.t.}\quad & 2x_1 + 2x_2 \leqslant 5,\\ & 5x_1 + 3x_2 + 4x_3 \leqslant 15,\\ & x_1 + x_2 \leqslant 10,\\ & x_1 \geqslant 0,\ x_2 \geqslant 0,\ x_3 \geqslant 0.\end{aligned}$$

(2)

$$\begin{aligned}\min\quad & 3x_1 - 2x_2 + x_3\\ \text{s.t.}\quad & 2x_1 + 2x_2 - x_3 \leqslant 2,\\ & -3x_1 - x_2 + 2x_3 \leqslant -2,\\ & x_1 \geqslant 0,\ x_2 \geqslant 0,\ x_3 \geqslant 0.\end{aligned}$$

(3)

$$\begin{aligned}\max\quad & 4x_1 + 2x_2 + 10x_3 + x_4 + 2x_5\\ \text{s.t.}\quad & 5x_1 + 3x_2 + 2x_3 + x_4 - x_5 \leqslant 32,\\ & x_1 + 2x_2 + 3x_3 + 4x_4 + 4x_5 \leqslant 10,\\ & x_i \geqslant 0,\ i = 1,2,3,4,5.\end{aligned}$$

5. 叙述单纯形法的最优解形式和无界解形式.

6. 考察下述单纯形表

基变量	x_1	x_2	x_3	x_4	x_5	右端项
$-f$	0	b	e	0	0	-9
x_1	1	c	1	0	0	3
x_4	0	d	-1	1	0	2
x_5	0	-1	1	0	1	4

问: 参数 b, c, d, e 满足什么条件才能使得

(1) 单纯形表是最优解形式?

(2) 单纯形表是无界解形式?

7. 用修正单纯形法求下列问题的解.

(1)

$$\begin{aligned}\min\quad & -3x_1+2x_2-x_3-x_4\\ \text{s.t.}\quad & 2x_1+x_2+x_3+3x_4\leqslant 20,\\ & x_1+x_3+2x_4=10,\\ & -2x_1-x_2+2x_3+5x_4\geqslant 3,\\ & x_1\geqslant 0,\ x_2\geqslant 0,\ x_3\geqslant 0,\ x_4\geqslant 0.\end{aligned}$$

(2)

$$\begin{aligned}\max\quad & 2x_1-x_2-3x_3\\ \text{s.t.}\quad & 2x_1-x_2+2x_3\leqslant 2,\\ & -x_1+2x_2-3x_3\leqslant -2,\\ & x_1\geqslant 0,\ x_2\geqslant 0,\ x_3\geqslant 0.\end{aligned}$$

8. 考察下列线性规划问题

$$\begin{aligned}\min\quad & -\frac{3}{4}x_1+150x_2-\frac{1}{50}x_3+6x_4\\ \text{s.t.}\quad & \frac{1}{4}x_1-60x_2-\frac{1}{25}x_3=9x_4\leqslant 0,\\ & \frac{1}{2}x_1-90x_2-\frac{1}{50}x_3+3x_4\leqslant 0,\\ & x_3\leqslant 1,\\ & x_1\geqslant 0,\ x_2\geqslant 0,\ x_3\geqslant 0,\ x_4\geqslant 0.\end{aligned}$$

(1) 引入松弛变量将其化成标准形后用单纯形法进行迭代看是否出现循环的现象 (在确定出基变量时如有多于一个指标使 $b_j^{(k)}/\hat{a}_{jp}^{(k)}$ 取得最小值, 取其中最先出现的变量作为出基变量).

(2) 把 Bland 方法结合进单纯形法进行单纯形迭代看能否求得问题的最优解.

9. 给出下列线性规划问题的对偶.

(1)

$$\begin{aligned}\max\quad & x_1\\ \text{s.t.}\quad & -4x_1+3x_3\geqslant 0,\\ & 2x_2+5x_3\leqslant 0,\\ & 6x_1+7x_2=0,\\ & x_2\geqslant 0,\ x_3\geqslant 0.\end{aligned}$$

(2)

$$\begin{aligned}\min\quad & 2x_1-5x_2+3x_3-6x_4\\ \text{s.t.}\quad & -8x_1+7x_2+3x_3+4x_4=11,\\ & 7x_1+6x_2+2x_3+3x_4\geqslant 23,\\ & 3x_1+2x_2+4x_3+7x_4\leqslant 12,\\ & x_1\leqslant 0,\ x_3\geqslant 0,\ x_4\geqslant 0.\end{aligned}$$

(3)

$$\begin{aligned}\min\quad & c^{\mathrm{T}}x\\ \text{s.t.}\quad & Ax=b,\\ & \ell\leqslant x\leqslant u,\end{aligned}$$

其中 ℓ 和 u 分别是 x 的下界向量和上界向量.

(4)

$$\begin{aligned}\min\quad & c^{\mathrm{T}}x\\ \text{s.t.}\quad & b_1\leqslant Ax\leqslant b_2,\\ & x\geqslant 0,\end{aligned}$$

其中 b_1 和 b_2 分别是 $Ax\in\mathbf{R}^m$ 的下界向量和上界向量.

10. 求下列线性规划问题的对偶

$$\begin{aligned}\min\quad & c^{\mathrm{T}}x\\ \text{s.t.}\quad & Ax=b,\\ & Bx\leqslant a,\\ & x\geqslant 0.\end{aligned}$$

11. 用对偶单纯形法求下列线性规划问题的解.

(1)

$$\begin{aligned}\min\quad & 9x_1+5x_2+3x_3\\ \text{s.t.}\quad & 3x_1+2x_2-3x_3\geqslant 3,\\ & 2x_1+x_3\geqslant 5,\\ & x_1\geqslant 0,\ x_2\geqslant 0,\ x_3\geqslant 0.\end{aligned}$$

(2)

$$\begin{aligned}\min\quad & 3x_1+2x_2+4x_3\\ \text{s.t.}\quad & 2x_1-x_2\geqslant 5,\\ & 2x_2-x_3\geqslant 10,\\ & x_1\geqslant 0,\ x_2\geqslant 0,\ x_3\geqslant 0.\end{aligned}$$

(3)

$$\begin{aligned}\max\quad & -6x_1-5x_2-7x_3-2x_4\\ \text{s.t.}\quad & -3x_1-2x_2+5x_3+4x_4\geqslant 15,\\ & 6x_1-2x_2+2x_3+7x_4\leqslant 35,\\ & -5x_1-4x_2-3x_3+2x_4\geqslant 20,\\ & x_1\geqslant 0,\ x_2\geqslant 0,\ x_3\geqslant 0,\ x_4\geqslant 0.\end{aligned}$$

12. 将 Klee-Minty 问题转换成标准形, 并对 $m=3$ 的情况用单纯形法求解 (要求取最负的价值系数的变量为入基变量). 如果在第一次迭代中取第三个约束的松弛变量为入基变量, 即 x_3 为入基变量, 结果又如何?

13. (1) 设 $\mu_{k+1}=\left(1-\dfrac{\gamma}{\sqrt{n}}\right)\mu_k$, $0<\gamma<1$. 给定 $\mu_0>0$, $\varepsilon>0$ 确定使 $\mu_k\leqslant\varepsilon$ 成立所需要的迭代次数.

(2) 估计原始对偶内点算法的每次迭代的运算工作量.

14. 用原始对偶内点算法求下述线性规划问题的解.

$$
\begin{aligned}
\max\quad & x_1 + 3x_2 \\
\text{s.t.}\quad & x_1 + 4x_2 \leqslant 10, \\
& x_1 + 2x_2 \leqslant 1, \\
& x_1 \geqslant 0,\ x_2 \geqslant 0.
\end{aligned}
$$

第三章　线性搜索与信赖域方法

3.1 线性搜索

如前所述, 线性搜索是多变量函数最优化方法的基础. 在多变量函数最优化中, 迭代格式为

$$x_{k+1} = x_k + \alpha_k d_k, \tag{3.1.1}$$

其关键是构造搜索方向 d_k 和步长因子 α_k. 设

$$\varphi(\alpha) = f(x_k + \alpha d_k). \tag{3.1.2}$$

从 x_k 出发, 沿搜索方向 d_k, 确定步长因子 α_k, 使

$$\varphi(\alpha_k) < \varphi(0)$$

的问题就是关于 α 的线性搜索问题.

理想的方法是使目标函数沿方向 d_k 达到极小, 即使得

$$f(x_k + \alpha_k d_k) = \min_{\alpha>0} f(x_k + \alpha d_k), \tag{3.1.3}$$

或者选取 $\alpha_k > 0$ 使得

$$\alpha_k = \min\{\alpha > 0 \mid \nabla f(x_k + \alpha d_k)^{\mathrm{T}} d_k = 0\}. \tag{3.1.4}$$

这样的线性搜索称为精确线性搜索, 所得到的 α_k 叫做精确步长因子. 我们在节 3.2 和节 3.3 分别介绍利用直接搜索法和插值法求精确步长因子 α_k. 但是, 一般地, 精确线性搜索需要的计算量很大, 而且在实际上也不必要. 特别地, 对某些非光滑函数或导数表达式复杂的函数不能利用精确线性搜索. 此外, 在计算实践中人们也发现过分追求线性搜索的精度反而会降低整个方法的效率, 因此人们提出了既花费较少的计算量, 又能达到足够下降的不精确线性搜索方法. 这些方法将在节 3.5 介绍.

一般地, 线性搜索算法分成两个阶段. 第一阶段确定包含理想的步长因子 (或问题最优解) 的初始搜索区间 $[a,b]$, 第二阶段采用某种分割技术或插值方法缩小这个区间, 直到区间长度 $|b-a| < \varepsilon$.

确定初始搜索区间的一种简单方法叫做进退法, 其基本思想是从一点出发, 按一定步长, 试图确定出函数值呈现 "高 — 低 — 高" 的三点, 即 $\varphi(a) \geqslant \varphi(c) \leqslant \varphi(b)$, 这里 $a \leqslant c \leqslant b$. 具体地说, 就是给出初始点 $\alpha_0 > 0$, 初始步长 $h_0 > 0$, 若

$$\varphi(\alpha_0 + h_0) \leqslant \varphi(\alpha_0),$$

则下一步从新点 $\alpha_1=\alpha_0+h_0$ 出发, 加大步长, 再向前搜索, 直到目标函数上升为止. 若

$$\varphi(\alpha_0+h_0)>\varphi(\alpha_0),$$

则下一步仍以 α_0 为出发点, 沿反方向同样搜索, 直到目标函数上升就停止, 这样便得到一个搜索区间. 这种方法叫做进退法.

利用 $\varphi(\alpha)$ 的导数, 也可以类似地确定搜索区间. 我们知道, 在包含极小点 α^* 的区间 $[a,b]$ 的端点处, $\varphi'(a)\leqslant 0, \varphi'(b)\geqslant 0$. 给定步长 $h\geqslant 0$, 取初始点 $\alpha_0\geqslant 0$. 若 $\varphi'(\alpha_0)\leqslant 0$, 则取 $\alpha_1=\alpha_0+h$; 若 $\varphi'(\alpha_0)\geqslant 0$, 则取 $\alpha_1=\alpha_0-h$. 其余过程与上述方法类似.

算法 3.1.1 (进退法步骤)

步 1. 选取初始数据. $\alpha_0\in[0,\infty)$, $h_0>0$, 加倍系数 $t>1$ (一般取 $t=2$), 计算 $\varphi(\alpha_0)$, $k\triangleq 0$.

步 2. 比较目标函数值. 令 $\alpha_{k+1}=\alpha_k+h_k$, 计算 $\varphi_{k+1}=\varphi(\alpha_{k+1})$, 若 $\varphi_{k+1}<\varphi_k$, 转步 3, 否则转步 4.

步 3. 加大搜索步长. 令 $h_{k+1}\triangleq th_k$, $\alpha\triangleq\alpha_k$, $\alpha_k\triangleq\alpha_{k+1}$, $\varphi_k\triangleq\varphi_{k+1}$, $k\triangleq k+1$, 转步 2.

步 4. 反向搜索. 若 $k=0$, 转换搜索方向, 令 $h_k\triangleq -h_k$, $\alpha\triangleq\alpha_{k+1}$, 转步 2; 否则, 停止迭代, 令

$$a=\min\{\alpha,\alpha_{k+1}\},\ b=\max\{\alpha,\alpha_{k+1}\},$$

输出 $[a,b]$, 停止. □

线性搜索方法根据是否采用导数信息分为无导数方法和导数方法. 由于没有利用导数信息, 无导数方法一般没有导数方法有效. 下面我们首先介绍典型的无导数方法 0.618 法和 Fibonacci (斐波那契) 法, 然后介绍采用导数信息的插值方法, 最后讨论不精确线性搜索方法.

3.2 0.618 法和 Fibonacci 法

0.618 法和 Fibonacci 法都是分割方法. 其基本思想是通过取试探点和进行函数值的比较, 使包含极小点的搜索区间不断缩短, 当区间长度缩短到一定程度时, 区间上各点的函数值均接近极小值, 从而各点可以看作为极小点的近似. 这类方法仅需计算函数值, 不涉及导数, 又称直接法. 它们用途很广, 尤其适用于非光滑及导数表达式复杂或表达式写不出的种种情形. 注意, 这些方法要求所考虑区间上的目标函数是单峰函数①, 如果这个条件不满足, 我们可以把所考虑的区间分成若干个小区间, 在每个小区间上函数是单峰的. 这样, 我们在每个小区间上求极小点, 然后选取其中的最小点.

3.2.1 0.618 法

设包含极小点 α^* 的初始搜索区间为 $[a,b]$,

$$\varphi(\alpha)=f(x_k+\alpha d_k) \tag{3.2.1}$$

① 所谓单峰函数, 简单地说, 就是在这个区间上只有一个局部极小点的函数.

在 $[a,b]$ 上是凸函数. 0.618 法的基本思想是在搜索区间 $[a,b]$ 上选取两个对称点 λ, μ 且 $\lambda<\mu$, 通过比较这两点处的函数值 $\varphi(\lambda)$ 和 $\varphi(\mu)$ 的大小来决定删除左半区间 $[a,\lambda)$, 还是删除右半区间 $(\mu,b]$. 删除后的新区间长度是原区间长度的 0.618 倍. 新区间包含原区间中两个对称点中的一点, 这样, 我们只要再选一个对称点, 并利用这两个新对称点处的函数值继续比较. 重复这个过程, 最后确定出极小点 α^*.

记 $a_0=a, b_0=b$, 区间 $[a_0,b_0]$ 经 k 次缩短后变为 $[a_k,b_k]$. 我们在 $[a_k,b_k]$ 中选两个试探点 $\lambda_k,\mu_k\in[a_k,b_k]$.

情形 1. 若 $\varphi(\lambda_k)\leqslant\varphi(\mu_k)$, 则取 $a_{k+1}=a_k, b_{k+1}=\mu_k$, 从而新区间

$$[a_{k+1},b_{k+1}]=[a_k,\mu_k].$$

情形 2. 若 $\varphi(\lambda_k)>\varphi(\mu_k)$, 则取 $a_{k+1}=\lambda_k, b_{k+1}=b_k$, 从而新区间

$$[a_{k+1},b_{k+1}]=[\lambda_k,b_k].$$

如何选择 λ_k 和 μ_k? 我们要求两个试探点 λ_k 和 μ_k 满足下列条件:

$$b_k-\lambda_k=\mu_k-a_k. \tag{3.2.2}$$

$$b_{k+1}-a_{k+1}=\tau(b_k-a_k). \tag{3.2.3}$$

我们先考虑情形 1 (见图 3.2.1). 这时 (3.2.2) — (3.2.3) 成为

$$b_k-\lambda_k=\mu_k-a_k. \tag{3.2.4}$$

$$\mu_k-a_k=\tau(b_k-a_k). \tag{3.2.5}$$

这样就得到

$$\lambda_k=a_k+(1-\tau)(b_k-a_k), \tag{3.2.6}$$

$$\mu_k=a_k+\tau(b_k-a_k). \tag{3.2.7}$$

注意, 现在得到的区间是

$$[a_{k+1},b_{k+1}]=[a_k,\mu_k]. \tag{3.2.8}$$

为了进一步缩小区间, 我们需要在 $[a_{k+1},b_{k+1}]$ 中选两个试探点 λ_{k+1} 和 μ_{k+1}. 现在区间 $[a_{k+1},b_{k+1}]$ 中已经有一个旧的试探点 λ_k, 能不能利用这个旧的试探点作为新的试探点, 使得我们在每次迭代中只需再选一个试探点就能达到缩小区间的目的? 答案是肯定的.

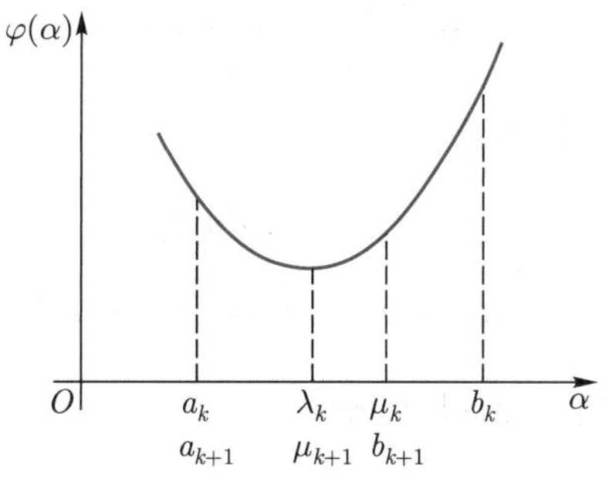

图 3.2.1 0.618 法: 情形 1

由 (3.2.8) 和 (3.2.7), 有

$$\begin{aligned}\mu_{k+1} &= a_{k+1} + \tau(b_{k+1} - a_{k+1}) \\ &= a_k + \tau(\mu_k - a_k) \\ &= a_k + \tau(a_k + \tau(b_k - a_k) - a_k) \\ &= a_k + \tau^2(b_k - a_k).\end{aligned} \tag{3.2.9}$$

注意到以前的试探点 λ_k 的表达式 (3.2.6), 若令

$$\tau^2 = 1 - \tau, \tag{3.2.10}$$

则

$$\mu_{k+1} = a_k + (1-\tau)(b_k - a_k) = \lambda_k. \tag{3.2.11}$$

这样, 新的试探点 μ_{k+1} 就不需要计算了, 只要取 λ_k 就行了. 从而在每次迭代中 (第一次迭代除外) 只需计算一个试探点即可, 即只要计算

$$\lambda_{k+1} = a_{k+1} + (1-\tau)(b_{k+1} - a_{k+1}).$$

类似地, 在情形 2: $\varphi(\lambda_k) > \varphi(\mu_k)$ 的情形, 我们取新的试探点 $\lambda_{k+1} = \mu_k$. 在这种情形下, 我们删去左半区间 $[a_k, \lambda_k)$, 保留 $[\lambda_k, b_k]$, 从而在新的搜索区间

$$[a_{k+1}, b_{k+1}] = [\lambda_k, b_k]$$

中, 令

$$\begin{aligned}\lambda_{k+1} &= \mu_k, \\ \mu_{k+1} &= a_{k+1} + \tau(b_{k+1} - a_{k+1}).\end{aligned}$$

然后再比较 $\varphi(\lambda_{k+1})$ 和 $\varphi(\mu_{k+1})$. 重复上述过程, 直到 $b_{k+1} - a_{k+1} \leqslant \varepsilon$.

搜索区间长度缩短率 τ 究竟是多少呢? 解方程 (3.2.10) 立得

$$\tau = \frac{-1 \pm \sqrt{5}}{2}.$$

由于 $\tau > 0$, 故取

$$\tau = \frac{\sqrt{5} - 1}{2} \approx 0.618.$$

这样 (3.2.6) 和 (3.2.7) 可分别写成

$$\lambda_k = a_k + 0.382(b_k - a_k), \tag{3.2.12}$$

$$\mu_k = a_k + 0.618(b_k - a_k). \tag{3.2.13}$$

如果要求最后的区间长度不超过 δ, 即

$$b_n - a_n \leqslant \delta,$$

由于

$$\frac{b_n - a_n}{b_0 - a_0} = 0.618^n,$$

则可知迭代次数 n 应该是满足

$$\frac{\delta}{b_0 - a_0} \geqslant 0.618^n$$

的最小正整数.

算法 3.2.1 (0.618 法计算步骤)

步 1. 选取初始数据. 确定初始搜索区间 $[a_0, b_0]$ 和精度要求 $\delta > 0$. 计算最初两个试探点 λ_1, μ_1,

$$\lambda_0 = a_0 + 0.382(b_0 - a_0),$$
$$\mu_0 = a_0 + 0.618(b_0 - a_0).$$

计算 $\varphi(\lambda_0)$ 和 $\varphi(\mu_0)$, 令 $k = 0$.

步 2. 比较目标函数值. 若 $\varphi(\lambda_k) > \varphi(\mu_k)$, 转步 3; 否则转步 4.

步 3. 若 $b_k - \lambda_k \leqslant \delta$, 则停止计算, 输出 μ_k; 否则, 令

$$a_{k+1} \triangleq \lambda_k,\ b_{k+1} \triangleq b_k,\ \lambda_{k+1} \triangleq \mu_k,$$

$$\varphi(\lambda_{k+1}) \triangleq \varphi(\mu_k),\ \mu_{k+1} \triangleq a_{k+1} + 0.618(b_{k+1} - a_{k+1}).$$

计算 $\varphi(\mu_{k+1})$, 转步 5.

步 4. 若 $\mu_k - a_k \leqslant \delta$, 则停止计算, 输出 λ_k; 否则, 令

$$a_{k+1} \triangleq a_k,\ b_{k+1} \triangleq \mu_k,\ \mu_{k+1} \triangleq \lambda_k,$$

$$\varphi(\mu_{k+1}) \triangleq \varphi(\lambda_k),\ \lambda_{k+1} \triangleq a_{k+1} + 0.382(b_{k+1} - a_{k+1}).$$

计算 $\varphi(\lambda_{k+1})$, 转步 5.

步 5. $k \triangleq k + 1$, 转步 2. □

3.2.2 Fibonacci 法

另一种与 0.618 法相类似的分割方法叫做 Fibonacci 法. 它与 0.618 法的主要区别之一在于: 搜索区间长度的缩短率不是采用黄金分割数, 而是采用 Fibonacci 数. Fibonacci 数列满足

$$F_0 = F_1 = 1,$$
$$F_{k+1} = F_k + F_{k-1}, k = 1, 2, \cdots. \tag{3.2.14}$$

Fibonacci 法中的计算公式为

$$\lambda_k = a_k + \left(1 - \frac{F_{n-k}}{F_{n-k+1}}\right)(b_k - a_k)$$

$$=a_k+\frac{F_{n-k-1}}{F_{n-k+1}}(b_k-a_k),\ k=1,2,\cdots,n-1. \tag{3.2.15}$$

$$\mu_k=a_k+\frac{F_{n-k}}{F_{n-k+1}}(b_k-a_k),\ k=1,2,\cdots,n-1. \tag{3.2.16}$$

显然, 这里 $\frac{F_{n-k}}{F_{n-k+1}}$ 相当于黄金分割法 (3.2.6)—(3.2.7) 中的 τ, 每次缩短率满足

$$b_{k+1}-a_{k+1}=\frac{F_{n-k}}{F_{n-k+1}}(b_k-a_k). \tag{3.2.17}$$

这里 n 是计算函数值的次数, 即要求经过 n 次计算函数值后, 最后区间的长度不超过 δ, 即

$$b_n-a_n\leqslant\delta.$$

由于

$$\begin{aligned}b_n-a_n&=\frac{F_1}{F_2}(b_{n-1}-a_{n-1})\\&=\frac{F_1}{F_2}\cdot\frac{F_2}{F_3}\cdot\cdots\cdot\frac{F_{n-1}}{F_n}(b_1-a_1)\\&=\frac{1}{F_n}(b_1-a_1),\end{aligned} \tag{3.2.18}$$

故有

$$\frac{1}{F_n}(b_1-a_1)\leqslant\delta,$$

从而

$$F_n\geqslant\frac{b_1-a_1}{\delta}. \tag{3.2.19}$$

给出最终区间长度的上界 δ, 由 (3.2.19) 求出 Fibonacci 数 F_n, 再根据 F_n 确定出 n, 从而搜索一直进行到第 n 个搜索点为止.

Fibonacci 算法与 0.618 法几乎完全相同, 请读者自己写出算法和程序. 可以证明

$$\lim_{k\to\infty}\frac{F_{k-1}}{F_k}=\frac{\sqrt{5}-1}{2}=\tau. \tag{3.2.20}$$

这表明, 当 $n\to\infty$ 时, Fibonacci 法与 0.618 法的区间缩短率相同, 因而 Fibonacci 法也以收敛比 τ 线性收敛. Fibonacci 法是分割方法求一维极小化问题的最优策略, 而 0.618 法是近似最优的, 但由于 0.618 法简单易行, 因而得到广泛应用.

3.2.3 二分法

本节最后, 我们介绍一种最简单的分割方法——二分法, 其基本思想是通过计算函数导数值来缩短搜索区间. 设初始区间为 $[a_1,b_1]$, 第 k 步时的搜索区间为 $[a_k,b_k]$, 满足

$$\varphi'(a_k)\leqslant 0,\ \varphi'(b_k)\geqslant 0.$$

取中点 $c_k = \frac{1}{2}(a_k + b_k)$, 若 $\varphi'(c_k) \geqslant 0$, 则令 $a_{k+1} = a_k$, $b_{k+1} = c_k$; 若 $\varphi'(c_k) \leqslant 0$, 则令 $a_{k+1} = c_k$, $b_{k+1} = b_k$, 从而得到新的搜索区间 $[a_{k+1}, b_{k+1}]$. 依此进行, 直到搜索区间的长度小于预定的容限为止. 二分法每次迭代都将区间缩短一半, 故二分法的收敛速度也是线性的, 收敛比为 $\frac{1}{2}$. 若要求最后区间长度至多为 δ, 则要求迭代次数 n 满足

$$\left(\frac{1}{2}\right)^n \leqslant \frac{\delta}{b_1 - a_1}.$$

算法 3.2.2 (二分法计算步骤)

步 0. 给出初始区间 $[a_1, b_1]$, 最后区间长度 δ, 令 $k = 1$.

步 1. 取 $c_k = \frac{1}{2}(a_k + b_k)$, 计算 $\varphi'(c_k)$.
如果 $\varphi'(c_k) = 0$, 停止, c_k 是最优解.
否则, 如果 $\varphi'(c_k) > 0$, 转步 2;
如果 $\varphi'(c_k) < 0$, 转步 3.

步 2. 令 $a_{k+1} = a_k$, $b_{k+1} = c_k$, 转步 4.

步 3. 令 $a_{k+1} = c_k$, $b_{k+1} = b_k$, 转步 4.

步 4. 如果 $b_{k+1} - a_{k+1} \leqslant \delta$, 停止;
否则, $k \triangleq k + 1$, 转步 1. □

例 3.2.3 用二分法求解

$$\begin{aligned} \min \quad & x^2 + 2x \\ \text{s.t.} \quad & -3 \leqslant x \leqslant 6. \end{aligned}$$

解 取最后区间长度 $\delta = 0.2$. 依题意, $a_1 = -3, b_1 = 6$. 由

$$\left(\frac{1}{2}\right)^n \leqslant \frac{\delta}{b_1 - a_1} = \frac{0.2}{9} \approx 0.022\,2,$$

得到 $n = 6$. 经计算, 最后区间为 $[-1.031\,3, -0.890\,7]$, $c = -0.961$. 所以, 所得到的解为 -0.961. □

3.3 逐次插值逼近法

插值法是一类重要的线性搜索方法, 其基本思想是在搜索区间中不断用低次 (通常不超过三次) 插值多项式来近似目标函数, 并逐步用插值多项式的极小点来逼近 $\varphi(\alpha)$ 的极小点. 当函数具有比较好的解析性质时, 插值方法比直接方法 (如 0.618 法或 Fibonacci 法) 效果更好. 在本节中, 我们首先介绍三点二次插值法, 然后介绍两种两点二次插值法.

三点二次插值法

现在我们先介绍采用三点二次插值的线性搜索方法.

考虑二次多项式

$$q(\alpha) = a\alpha^2 + b\alpha + c,$$

则

$$q'(\alpha) = 2a\alpha + b.$$

令 $q'(\alpha) = 0$, 得 $\alpha = -\dfrac{b}{2a}$. 这意味着我们要求 a, b.

今考虑在包含 $\varphi(\alpha)$ 的极小点 α^* 的搜索区间 $[a_0, b_0]$ 中, 给定三点 α_1, α_2, α_3, 满足

$$\alpha_1 < \alpha_2 < \alpha_3, \tag{3.3.1}$$

$$\varphi(\alpha_1) > \varphi(\alpha_2) < \varphi(\alpha_3). \tag{3.3.2}$$

利用三点处的函数值 $\varphi(\alpha_1)$, $\varphi(\alpha_2)$, $\varphi(\alpha_3)$ 构造二次函数, 并要求插值条件满足

$$\begin{aligned} q(\alpha_1) &= a\alpha_1^2 + b\alpha_1 + c = \varphi(\alpha_1), \\ q(\alpha_2) &= a\alpha_2^2 + b\alpha_2 + c = \varphi(\alpha_2), \\ q(\alpha_3) &= a\alpha_3^2 + b\alpha_3 + c = \varphi(\alpha_3). \end{aligned} \tag{3.3.3}$$

令 $\varphi_i = \varphi(\alpha_i)$, $i = 1, 2, 3$. 解上述方程组得

$$a = -\frac{(\alpha_2 - \alpha_3)\varphi_1 + (\alpha_3 - \alpha_1)\varphi_2 + (\alpha_1 - \alpha_2)\varphi_3}{(\alpha_1 - \alpha_2)(\alpha_2 - \alpha_3)(\alpha_3 - \alpha_1)},$$

$$b = \frac{(\alpha_2^2 - \alpha_3^2)\varphi_1 + (\alpha_3^2 - \alpha_1^2)\varphi_2 + (\alpha_1^2 - \alpha_2^2)\varphi_3}{(\alpha_1 - \alpha_2)(\alpha_2 - \alpha_3)(\alpha_3 - \alpha_1)}.$$

于是, 二次函数 $q(\alpha)$ 的极小点为

$$\bar{\alpha} = -\frac{b}{2a} = \frac{1}{2}\frac{(\alpha_2^2 - \alpha_3^2)\varphi_1 + (\alpha_3^2 - \alpha_1^2)\varphi_2 + (\alpha_1^2 - \alpha_2^2)\varphi_3}{(\alpha_2 - \alpha_3)\varphi_1 + (\alpha_3 - \alpha_1)\varphi_2 + (\alpha_1 - \alpha_2)\varphi_3}. \tag{3.3.4}$$

上式称为三点二次插值公式. 这个公式也可以直接利用二次拉格朗日插值公式

$$L(\alpha) = \frac{(\alpha - \alpha_2)(\alpha - \alpha_3)}{(\alpha_1 - \alpha_2)(\alpha_1 - \alpha_3)}\varphi_1 + \frac{(\alpha - \alpha_1)(\alpha - \alpha_3)}{(\alpha_2 - \alpha_1)(\alpha_2 - \alpha_3)}\varphi_2 + \frac{(\alpha - \alpha_1)(\alpha - \alpha_2)}{(\alpha_3 - \alpha_1)(\alpha_3 - \alpha_2)}\varphi_3, \tag{3.3.5}$$

并令 $L'(\alpha) = 0$ 得到.

设 $\bar{\varphi} \triangleq \varphi(\bar{\alpha})$. 求得 $\bar{\alpha}$ 和 $\bar{\varphi}$ 以后, 如果

$$|\varphi_2 - \bar{\varphi}| \leqslant \varepsilon_1 |\varphi_2|, \ \text{当}\ |\varphi_2| > \varepsilon_2\ \text{时}, \tag{3.3.6}$$

或者如果

$$|\varphi_2 - \overline{\varphi}| \leqslant \varepsilon_1, \quad \text{当}\ |\varphi_2| < \varepsilon_2\ \text{时}, \tag{3.3.7}$$

则我们认为收敛准则满足. 如果 $\bar{\varphi} < \varphi_2$, 则极小点估计为 $\bar{\alpha}$, 否则为 α_2. 这里通常取 $\varepsilon_1 = 10^{-3}$, $\varepsilon_2 = 10^{-5}$.

若终止准则不满足, 则利用 $\bar{\alpha}$ 提供的信息, 从 α_1, α_2, α_3 和 $\bar{\alpha}$ 中选出相邻的三个点, 将原来的搜索区间例如 $[\alpha_1, \alpha_3]$ 缩小, 然后重复上述过程, 直到终止准则满足为止. 下面我们给出选取新的三点的方法.

算法 3.3.1

步 0. 给出 $\alpha_1, \alpha_2, \alpha_3$, 满足 (3.3.1)—(3.3.2).

步 1. 由 (3.3.4) 计算 $\bar{\alpha}$.

步 2. 比较 $\bar{\alpha}$ 和 α_2 的大小, 如果 $\bar{\alpha} > \alpha_2$, 则转步 3; 否则转步 4.

步 3. 如果 $\bar{\varphi} \leqslant \varphi_2$, 则

$$\alpha_1 \Leftarrow \alpha_2,\ \alpha_2 \Leftarrow \bar{\alpha},\ \varphi_1 \Leftarrow \varphi_2,\ \varphi_2 \Leftarrow \bar{\varphi},$$

转步 5; 否则, $\alpha_3 \Leftarrow \bar{\alpha}$, $\varphi_3 \Leftarrow \bar{\varphi}$, 转步 5.

步 4. 若 $\bar{\varphi} \leqslant \varphi_2$, 则

$$\alpha_3 \Leftarrow \alpha_2,\ \alpha_2 \Leftarrow \bar{\alpha},\ \varphi_3 \Leftarrow \varphi_2,\ \varphi_2 \Leftarrow \bar{\varphi},$$

转步 5; 否则, $\alpha_1 \Leftarrow \bar{\alpha}$, $\varphi_1 \Leftarrow \bar{\varphi}$, 转步 5.

步 5. 如果收敛准则满足, 停止迭代; 否则转步 1, 在新的搜索区间 $[\alpha_1, \alpha_3]$ 上按公式 (3.3.4) 计算二次插值函数的极小点 $\bar{\alpha}$. □

可以证明: 如果 $\varphi(\alpha)$ 四阶连续可微, α^* 满足 $\varphi'(\alpha^*) = 0$, $\varphi''(\alpha^*) \neq 0$, 则三点二次插值法 (3.3.4) 产生的序列 $\{\alpha_k\}$ 的收敛阶约为 1.32.

例 3.3.2 用二次插值法求

$$\min_{t \geqslant 0} \varphi(t) = t^3 - 3t + 2$$

的近似最优解 (精确极小点为 $t^* = 1$). 设已确定其初始搜索区间为 $[0, 3]$, 取初始插值点 $t_0 = 2$, 终止误差 $\varepsilon = 0.05$.

解 $a_0 = a = 0,\ t_0 = 2,\ b_0 = b = 3.$

第一次迭代:

$$\varphi(a_0) = 2,\ \varphi(t_0) = 4,\ \varphi(b_0) = 20,$$

代入公式 (3.3.4) 求得

$$\bar{t} = 0.9.$$

由于 $\bar{t} = 0.9 \leqslant t_0 = 2$ 和

$$\varphi(\bar{t}) = 0.029 \leqslant \varphi(t_0) = 4,$$

并且 $|\bar{t} - t_0| = 1.1 > \varepsilon$, 故要继续迭代. 按算法步 4(1), 令

$$a_1 \triangleq a_0 = 0,\ t_1 \triangleq \bar{t} = 0.9,\ b_1 \triangleq t_0 = 2.$$

第二次迭代:

$$\varphi(a_1) = 2,\ \varphi(t_1) = 0.029,\ \varphi(b_1) = 4.$$

代入公式 (3.3.4) 求得

$$\bar{t} = 0.827\,59.$$

由于 $\bar{t} < t_1$ 和

$$\varphi(\bar{t}) = 0.084\,05 \geqslant \varphi(t_1) = 0.029,$$

并且 $|\bar{t} - t_1| = 0.072\,41 > \varepsilon$, 故要继续迭代. 按算法步 4(2), 令

$$a_2 \triangleq \bar{t} = 0.827\,59,\ t_2 \triangleq t_1 = 0.9,\ b_2 \triangleq b_1 = 2.$$

第三次迭代:

$$\varphi(a_2) = 0.084\,05,\ \varphi(t_2) = 0.029,\ \varphi(b_2) = 4.$$

代入公式 (3.3.4) 求得

$$\bar{t} = 0.965\,77.$$

由于 $\bar{t} = 0.965\,77 \geqslant t_2 = 0.9$ 和

$$\varphi(\bar{t}) = 0.003\,47 \leqslant \varphi(t_2) = 0.029,$$

并且 $|\bar{t} - t_2| = 0.065\,77 > \varepsilon$, 故要继续迭代. 按算法步 3(1), 令

$$a_3 \triangleq t_2 = 0.9,\ t_3 \triangleq \bar{t} = 0.965\,57,\ b_3 \triangleq b_2 = 2.$$

第四次迭代:

$$\varphi(a_3) = 0.029,\ \varphi(t_3) = 0.003\,47,\ \varphi(b_3) = 4.$$

代入公式 (3.3.4) 求得

$$\bar{t} = 0.983\,08.$$

由于 $\bar{t} = 0.983\,08 \geqslant t_3 = 0.965\,57$ 和

$$\varphi(\bar{t}) = 0.000\,854 \leqslant \varphi(t_3) = 0.003\,47,$$

并且 $|\bar{t} - t_3| = 0.017\,31 < \varepsilon$, 故停止迭代, 输出近似最优解 $\bar{t} = 0.983\,08$. □

类似地, 我们可以讨论逐次两点二次插值法.

两点二次插值法 (I)

继续考虑一维函数的优化问题

$$\min_{\alpha} \ \varphi(\alpha).$$

给出不同的两点 α_1, α_2, 函数值 $\varphi(\alpha_1), \varphi(\alpha_2)$, 及导数值 $\varphi'(\alpha_1)$ 或 $(\varphi'(\alpha_2))$, 构造二次插值多项式

$$q(\alpha) = a\alpha^2 + b\alpha + c, \tag{3.3.8}$$

取 $q(\alpha)$ 的极小点为 $\varphi(\alpha)$ 的极小点的近似值. 显然, 令

$$q'(\alpha) = 2a\alpha + b = 0,$$

得 $q(\alpha)$ 的极小点为

$$\bar{\alpha} = -\frac{b}{2a}. \tag{3.3.9}$$

考虑插值条件

$$\begin{aligned} q(\alpha_1) &= a\alpha_1^2 + b\alpha_1 + c = \varphi(\alpha_1), \\ q(\alpha_2) &= a\alpha_2^2 + b\alpha_2 + c = \varphi(\alpha_2), \\ q'(\alpha_1) &= 2a\alpha_1 + b = \varphi'(\alpha_1). \end{aligned} \tag{3.3.10}$$

记 $\varphi_i = \varphi(\alpha_i)$, $\varphi_i' = \varphi'(\alpha_i)$, $i = 1, 2$. 解方程组 (3.3.10), 得

$$a = \frac{\varphi_1 - \varphi_2 - \varphi_1'(\alpha_1 - \alpha_2)}{-(\alpha_1 - \alpha_2)^2}, \tag{3.3.11}$$

$$b = \varphi_1' + 2\alpha_1 \frac{\varphi_1 - \varphi_2 - \varphi_1'(\alpha_1 - \alpha_2)}{(\alpha_1 - \alpha_2)^2}. \tag{3.3.12}$$

从而,

$$\begin{aligned} \bar{\alpha} &= -\frac{b}{2a} = \alpha_1 + \frac{1}{2} \frac{\varphi_1'(\alpha_1 - \alpha_2)^2}{\varphi_1 - \varphi_2 - \varphi_1'(\alpha_1 - \alpha_2)} \\ &= \alpha_1 + \frac{1}{2} \frac{\alpha_1 - \alpha_2}{\dfrac{\varphi_1 - \varphi_2}{\varphi_1'(\alpha_1 - \alpha_2)} - 1} \\ &= \alpha_1 - \frac{1}{2} \frac{(\alpha_1 - \alpha_2)\varphi_1'}{\varphi_1' - \dfrac{\varphi_1 - \varphi_2}{\alpha_1 - \alpha_2}}. \end{aligned} \tag{3.3.13}$$

于是, 我们得到如下迭代格式

$$\alpha_{k+1} = \alpha_k - \frac{1}{2} \frac{(\alpha_k - \alpha_{k-1})\varphi_k'}{\varphi_k' - \dfrac{\varphi_k - \varphi_{k-1}}{\alpha_k - \alpha_{k-1}}}. \tag{3.3.14}$$

特别地, 如果 $\alpha_1 = 0, \alpha_2 = \alpha_0$, 则 (3.3.13) 给出

$$\overline{\alpha} = -\frac{1}{2} \frac{\varphi'(0)\alpha_0^2}{\varphi(\alpha_0) - \varphi(0) - \varphi'(0)\alpha_0}. \tag{3.3.15}$$

公式 (3.3.14) 和 (3.3.15) 常常与不精确线性搜索结合起来使用 (见节 3.5)

两点二次插值法 (II)

给出不同的两点 α_1, α_2, 函数值 $\varphi(\alpha_1)$, 及导数值 $\varphi'(\alpha_1)$, $\varphi'(\alpha_2)$, 构造二次插值多项式. 要求插值多项式满足插值条件

$$\begin{aligned} q(\alpha_1) &= a\alpha_1^2 + b\alpha_1 + c = \varphi(\alpha_1), \\ q'(\alpha_1) &= 2a\alpha_1 + b = \varphi'(\alpha_1), \\ q'(\alpha_2) &= 2a\alpha_2 + b = \varphi'(\alpha_2). \end{aligned} \tag{3.3.16}$$

令 $\varphi_i = \varphi(\alpha_i)$, $\varphi'_i = \varphi'(\alpha_i)$, $i = 1, 2$. 类似于前面的讨论可以得到

$$\bar{\alpha} = -\frac{b}{2a} = \alpha_1 - \frac{\alpha_1 - \alpha_2}{\varphi'_1 - \varphi'_2}\varphi'_1. \tag{3.3.17}$$

上式可写成迭代格式

$$\alpha_{k+1} = \alpha_k - \frac{\alpha_k - \alpha_{k-1}}{\varphi'_k - \varphi'_{k-1}}\varphi'_k. \tag{3.3.18}$$

上式也称为割线公式.

下面的定理表明: 两点二次插值法 (3.3.18) 的收敛阶约为 1.618, 即这个方法具有超线性收敛速度.

定理 3.3.3 设 $\varphi(\alpha)$ 存在连续三阶导数, α^* 满足 $\varphi'(\alpha^*) = 0$, $\varphi''(\alpha^*) \neq 0$, 则两点二次插值公式 (3.3.18) 产生的序列 $\{\alpha_k\}$ 收敛到 α^*, 其收敛速度约为 1.618.

类似地, 两点二次插值法 (3.3.14) 产生的序列的收敛速度也是 1.618.

三次插值法

类似上面的讨论, 考虑利用 α_{k-1}, α_k 及 $\varphi(\alpha_{k-1})$, $\varphi'(\alpha_{k-1})$, $\varphi(\alpha_k)$, $\varphi'(\alpha_k)$ 构造三次多项式, 并求这个三次多项式的局部极小点可得

$$\alpha_{k+1} = \alpha_k - (\alpha_k - \alpha_{k-1})\left[\frac{\varphi'(\alpha_k) + u_2 - u_1}{\varphi'(\alpha_k) - \varphi'(\alpha_{k-1}) + 2u_2}\right],$$

其中

$$u_1 = \varphi'(\alpha_{k-1}) + \varphi'(\alpha_k) - 3\frac{\varphi(\alpha_{k-1}) - \varphi(\alpha_k)}{\alpha_{k-1} - \alpha_k},$$

$$u_2 = [u_1^2 - \varphi'(\alpha_{k-1})\varphi'(\alpha_k)]^{\frac{1}{2}}.$$

可以证明, 两点三次插值法的收敛速度是 2 阶.

3.4 精确线性搜索方法的收敛性

通常, 采用精确线性搜索的无约束最优化算法的一般形式如下:

算法 3.4.1

步 1. 给出 $x_0 \in \mathbf{R}^n$, $0 \leqslant \varepsilon \ll 1$, $k \triangleq 0$.

步 2. 计算 $\nabla f(x_k)$. 如果 $\|\nabla f(x_k)\| \leqslant \varepsilon$, 停止迭代.

步 3. 计算下降方向 d_k.

步 4. 计算步长因子 α_k, 使得

$$f(x_k + \alpha_k d_k) = \min_{\alpha \geqslant 0} f(x_k + \alpha d_k). \tag{3.4.1}$$

步 5. 令 $x_{k+1} = x_k + \alpha_k d_k$, 转步 2. □

令

$$\varphi(\alpha) = f(x_k + \alpha d_k), \tag{3.4.2}$$

则显然有

$$\varphi(0) = f(x_k),\ \varphi(\alpha) \leqslant \varphi(0).$$

如前所述, 在精确线性搜索中, 我们往往选取 $\varphi(\alpha)$ 的一个平稳点, 即选取 α_k 使得

$$\alpha_k = \min\{\alpha \mid \nabla f(x_k + \alpha d_k)^{\mathrm{T}} d_k = 0,\ \alpha > 0\}. \tag{3.4.3}$$

前面几节介绍的直接法 (0.618 法和 Fibonacci 法) 和逐次插值逼近法都是精确线性搜索方法.

现在, 我们讨论精确线性搜索的性质以及采用精确线性搜索的极小化算法的收敛性.

设 $\theta_k = < d_k, -g_k >$ 表示向量 d_k 与 $-g_k$ 之间的夹角, 即

$$\cos\theta_k = -\frac{d_k^{\mathrm{T}} g_k}{\|d_k\|\|g_k\|}. \tag{3.4.4}$$

定理 3.4.2 设 d_k 是下降方向, α_k 是精确线性搜索的步长因子. 若存在常数 $M > 0$, 使得对所有 $\alpha > 0$,

$$\|\nabla^2 f(x_k + \alpha d_k)\| \leqslant M, \quad \forall k, \tag{3.4.5}$$

则

$$f(x_k) - f(x_k + \alpha_k d_k) \geqslant \frac{1}{2M}\|g_k\|^2 \cos^2\theta_k. \tag{3.4.6}$$

证明 由假设可知对任意 $\alpha > 0$ 有

$$\begin{aligned} f(x_k + \alpha d_k) &= f(x_k) + \alpha g_k^{\mathrm{T}} d_k + \frac{1}{2}\alpha^2 d_k^{\mathrm{T}} \nabla^2 f(x_k + \theta\alpha d_k) d_k\ (0 < \theta < 1) \\ &\leqslant f(x_k) + \alpha g_k^{\mathrm{T}} d_k + \frac{1}{2}\alpha^2 M\|d_k\|^2. \end{aligned} \tag{3.4.7}$$

令

$$\bar{\alpha} = -\frac{g_k^{\mathrm{T}} d_k}{M\|d_k\|^2},$$

由于 α_k 是精确线性搜索步长因子, 故有

$$\begin{aligned} f(x_k) - f(x_k + \alpha_k d_k) &\geqslant f(x_k) - f(x_k + \bar{\alpha} d_k) \\ &\geqslant -\bar{\alpha} g_k^{\mathrm{T}} d_k - \frac{1}{2}\bar{\alpha}^2 M\|d_k\|^2 \\ &= \frac{1}{2}\frac{(g_k^{\mathrm{T}} d_k)^2}{M\|d_k\|^2} \\ &= \frac{1}{2M}\|g_k\|^2 \frac{(g_k^{\mathrm{T}} d_k)^2}{\|g_k\|^2\|d_k\|^2} \\ &= \frac{1}{2M}\|g_k\|^2 \cos^2\theta_k. \end{aligned}$$

□

定理 3.4.3 设梯度 $g(x)$ 在水平集 $L=\{x\in\mathbf{R}^n \mid f(x)\leqslant f(x_0)\}$ 上存在且一致连续, 采用精确线性搜索的极小化算法 3.4.1 产生的方向 d_k 与 $-g_k$ 的夹角 θ_k 满足

$$\theta_k\leqslant\frac{\pi}{2}-\mu,\ \text{对某个}\ \mu>0, \tag{3.4.8}$$

则或者对某个有限的 k 有 $g_k=0$, 或者 $f(x_k)\to-\infty$, 或者 $g_k\to 0$.

证明 假定对所有 k, $g_k\neq 0$, $f(x_k)$ 下有界, 我们只要证明 $g_k\to 0$. 由于 $\{f(x_k)\}$ 单调下降, 故极限存在, 因而

$$f(x_k)-f(x_{k+1})\to 0. \tag{3.4.9}$$

现在用反证法证明结论. 假定 $g_k\to 0$ 不成立, 则存在常数 $\varepsilon>0$ 和一个子序列使得 $\|g_k\|\geqslant\varepsilon$. 从而

$$-\frac{g_k^{\mathrm{T}}d_k}{\|d_k\|}=\|g_k\|\cos\theta_k\geqslant\varepsilon\sin\mu\triangleq\varepsilon_1. \tag{3.4.10}$$

利用 Cauchy 不等式, 有

$$\begin{aligned}f(x_k+\alpha d_k)&=f(x_k)+\alpha g(\xi_k)^{\mathrm{T}}d_k\\&=f(x_k)+\alpha g_k^{\mathrm{T}}d_k+\alpha[g(\xi_k)-g_k]^{\mathrm{T}}d_k\\&\leqslant f(x_k)+\alpha\|d_k\|\left(\frac{g_k^{\mathrm{T}}d_k}{\|d_k\|}+\|g(\xi_k)-g_k\|\right),\end{aligned} \tag{3.4.11}$$

其中 ξ_k 在 x_k 与 $x_k+\alpha d_k$ 之间. 由于 $g(x)$ 在水平集 L 上一致连续, 故存在 $\bar{\alpha}$, 使得当 $0\leqslant\alpha\|d_k\|\leqslant\bar{\alpha}$ 时,

$$\|g(\xi_k)-g_k\|\leqslant\frac{1}{2}\varepsilon_1. \tag{3.4.12}$$

依次利用 (3.4.11), (3.4.12) 和 (3.4.10) 得

$$\begin{aligned}f\left(x_k+\bar{\alpha}\frac{d_k}{\|d_k\|}\right)&\leqslant f(x_k)+\bar{\alpha}\left(\frac{g_k^{\mathrm{T}}d_k}{\|d_k\|}+\frac{1}{2}\varepsilon_1\right)\\&\leqslant f(x_k)-\frac{1}{2}\bar{\alpha}\varepsilon_1.\end{aligned}$$

从而由精确线性搜索可得

$$f(x_{k+1})\leqslant f\left(x_k+\bar{\alpha}\frac{d_k}{\|d_k\|}\right)\leqslant f(x_k)-\frac{1}{2}\bar{\alpha}\varepsilon_1.$$

这与 (3.4.9) 矛盾. 从而有 $g_k\to 0$. □

3.5 不精确线性搜索方法

前面介绍的几种线性搜索方法求 $\varphi(\alpha)=f(x_k+\alpha d_k)$ 的精确极小点, 花费的计算量较大. 一般地, 在迭代过程中, 没有必要把线性搜索搞得十分精确. 特别是当迭代点离目

标函数的最优解尚远时，过分追求线性搜索的精度反而会降低整个算法的效率. 另外，一些最优化方法，例如牛顿法和拟牛顿法，其收敛速度并不依赖于精确的一维搜索过程. 因此，我们可以放松对 α_k 的精确度要求，只要求目标函数在迭代的每一步都有充分的下降即可，这样可以大大节省工作量.

3.5.1　Goldstein 准则

Goldstein 准则为

$$f(x_k+\alpha_k d_k)\leqslant f(x_k)+\rho\alpha_k g_k^{\mathrm{T}}d_k, \tag{3.5.1}$$

$$f(x_k+\alpha_k d_k)\geqslant f(x_k)+(1-\rho)\alpha_k g_k^{\mathrm{T}}d_k, \tag{3.5.2}$$

其中 $0<\rho<\dfrac{1}{2}$. 上式中第一个不等式是充分下降条件，第二个不等式保证了 α_k 不会取得太小，因为当 α_k 取得太小时，算法前进很慢. 从图 3.5.1 可知，满足不等式 (3.5.1) 的 α_k 构成区间 $(0,c]$，满足不等式 (3.5.2) 的 α_k 构成区间 $[b,a]$. 所以满足上面 Goldstein 准则的 α_k 构成区间 $[b,c]$，它称为可接受区间.

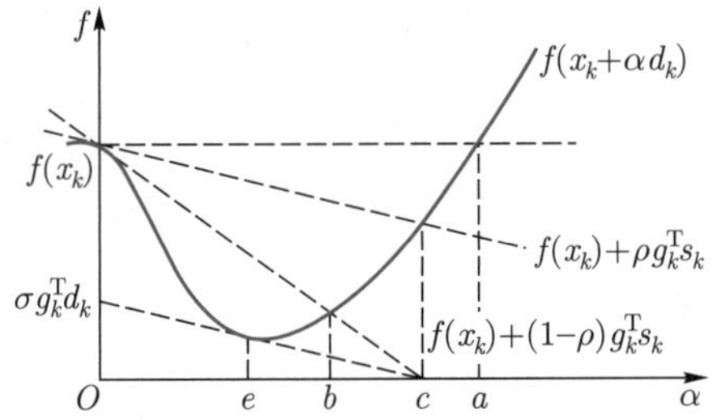

图 3.5.1　示意图

若设 $\varphi(\alpha)=f(x_k+\alpha d_k)$，则 (3.5.1) 和 (3.5.2) 可以分别写成

$$\varphi(\alpha_k)\leqslant\varphi(0)+\rho\alpha_k\varphi'(0), \tag{3.5.3}$$

$$\varphi(\alpha_k)\geqslant\varphi(0)+(1-\rho)\alpha_k\varphi'(0). \tag{3.5.4}$$

下面，我们给出 Goldstein 不精确线性搜索的步骤.

算法 3.5.1

步 1. 选取初始数据. 给出初始搜索区间 $[a_0,b_0]$ (如 $[0,+\infty)$ 或 $[0,\alpha_{\max}]$)，给出初始点 $\alpha_0\in[a_0,b_0]$. 计算 $\varphi(0)$, $\varphi'(0)$，给出 $\rho\in\left(0,\dfrac{1}{2}\right)$, $t>1$, $k\triangleq 0$.

步 2. 检验准则 (3.5.3). 计算 $\varphi(\alpha_k)$. 若

$$\varphi(\alpha_k)\leqslant\varphi(0)+\rho\alpha_k\varphi'(0),$$

转步 3；否则，令 $a_{k+1}\triangleq a_k$, $b_{k+1}\triangleq\alpha_k$，转步 4.

步 3. 检验准则 (3.5.4). 若

$$\varphi(\alpha_k) \geqslant \varphi(0) + (1-\rho)\alpha_k\varphi'(0),$$

停止迭代, 输出 α_k; 否则, 令 $a_{k+1} \triangleq \alpha_k$, $b_{k+1} \triangleq b_k$.

若 $b_{k+1} < +\infty$ (或 $\alpha_{\max}$), 转步 4; 否则, 令 $\alpha_{k+1} \triangleq t\alpha_k$, $k \triangleq k+1$, 转步 2.

步 4. $\alpha_{k+1} \triangleq \dfrac{a_{k+1}+b_{k+1}}{2}$, $k \triangleq k+1$, 转步 2. □

3.5.2 Wolfe 准则

在 Goldstein 准则中, (3.5.2) 的一个缺点是可能把 $\varphi(\alpha) = f(x_k + \alpha d_k)$ 的极小点排除在可接受区间之外. 为了克服这个缺点, 同时保证 α_k 不是太小, Wolfe 提出了下面的条件代替 (3.5.2):

$$g_{k+1}^{\mathrm{T}} d_k \geqslant \sigma g_k^{\mathrm{T}} d_k, \quad \sigma \in (\rho, 1), \tag{3.5.5}$$

即

$$\begin{aligned} \varphi'(\alpha_k) &= g(x_k + \alpha_k d_k)^{\mathrm{T}} d_k \geqslant \sigma g_k^{\mathrm{T}} d_k \\ &= \sigma\varphi'(0) > \varphi'(0), \end{aligned} \tag{3.5.6}$$

其几何解释是在可接受点处切线的斜率 $\varphi'(\alpha_k)$ 大于或等于初始斜率的 σ 倍. 这个条件也叫做曲率条件. 这样, 充分下降条件和曲率条件一起构成了 Wolfe 准则:

$$f(x_k + \alpha_k d_k) \leqslant f(x_k) + \rho\alpha_k g_k^{\mathrm{T}} d_k, \tag{3.5.7}$$

$$g(x_k + \alpha_k d_k)^{\mathrm{T}} d_k \geqslant \sigma g_k^{\mathrm{T}} d_k, \tag{3.5.8}$$

其中 $0 < \rho < \sigma < 1$. 在图 3.5.1 中, 满足 Wolfe 准则的 α_k 构成的区间为 $[e, c]$.

应该指出, 不等式 (3.5.5) 是精确线性搜索所满足的正交条件

$$g_{k+1}^{\mathrm{T}} d_k = 0$$

的近似. 但 (3.5.5) 的不足之处是即使在 $\sigma \to 0$ 时也不能导致精确线性搜索. 因此, 下面的强 Wolfe 准则便被提出来了:

$$f(x_k + \alpha_k d_k) \leqslant f(x_k) + \rho\alpha_k g_k^{\mathrm{T}} d_k, \tag{3.5.9}$$

$$|g(x_k + \alpha_k d_k)^{\mathrm{T}} d_k| \leqslant \sigma |g_k^{\mathrm{T}} d_k|, \tag{3.5.10}$$

其中 $0 < \rho < \sigma < 1$. 这样, 当 $\sigma \to 0$ 时, (3.5.10) 的极限便是精确线性搜索.

一般地, σ 愈小, 线性搜索愈精确. 不过, σ 愈小, 工作量愈大. 而不精确线性搜索不要求过小的 σ, 通常取 $\rho = 0.1$, $\sigma \in [0.6, 0.8]$.

下面给出 Wolfe 不精确线性搜索方法的计算步骤.

算法 3.5.2

步 1. 选取初始数据. 给定初始搜索区间 $[0,\alpha_{\max}]$, $\rho\in\left(0,\dfrac{1}{2}\right)$, $\sigma\in(\rho,1)$. 令 $\alpha_1=0$, $\alpha_2=\alpha_{\max}$, 计算 $\varphi_1=f(x_k)$, $\varphi_1'=g(x_k)^{\mathrm{T}}d_k$, 取 $\alpha\in(0,\alpha_2)$.

步 2. 计算 $\varphi=\varphi(\alpha)=f(x_k+\alpha d_k)$. 若 $\varphi(\alpha)-\varphi_1\leqslant\rho\alpha\varphi_1'$, 转步 3; 否则, 由二次插值公式 (3.3.14) 计算 $\bar{\alpha}$:

$$\bar{\alpha}=\alpha_1+\frac{\alpha-\alpha_1}{2\left(1+\dfrac{\varphi_1-\varphi}{(\alpha-\alpha_1)\varphi_1'}\right)}.$$

令 $\alpha_2\triangleq\alpha$, $\alpha\triangleq\bar{\alpha}$. 转步 2.

步 3. 计算 $\varphi'=\varphi'(\alpha)=g(x_k+\alpha d_k)^{\mathrm{T}}d_k$. 若 $\varphi'\geqslant\sigma\varphi_1'$, 则令 $\alpha_k=\alpha$, 输出 α_k, 停止; 否则, 由二次插值公式 (3.3.17) 计算 $\bar{\alpha}$:

$$\bar{\alpha}=\alpha+\frac{(\alpha-\alpha_1)\varphi'}{\varphi_1'-\varphi'}.$$

令 $\alpha_1\triangleq\alpha$, $\varphi_1\triangleq\varphi$, $\varphi_1'\triangleq\varphi'$, $\alpha\triangleq\bar{\alpha}$, 转步 2. □

3.5.3 Armijo 准则

设 d_k 是 $f(x)$ 在 x_k 处的下降方向, 给定 $\beta\in(0,1)$, $\rho\in\left(0,\dfrac{1}{2}\right)$, $\tau>0$. 设 m_k 是使得下述不等式

$$f(x_k+\beta^m\tau d_k)\leqslant f(x_k)+\rho\beta^m\tau g_k^{\mathrm{T}}d_k \tag{3.5.11}$$

成立的最小非负整数, 则令

$$\alpha_k=\beta^{m_k}\tau. \tag{3.5.12}$$

由于 d_k 是下降方向, 当 m 充分大时, 不等式 (3.5.11) 总是成立的, 因此上述 m_k 总是存在的. 此即为 Armijo 准则. 由于 m_k 是使得不等式 (3.5.11) 成立的最小非负整数, 因而 α_k 不会太小, 从而保证了目标函数 $f(x)$ 的充分下降. 实际上, (3.5.11) 就是充分下降条件

$$\varphi(\alpha_k)\leqslant\varphi(0)+\rho\alpha_k\varphi'(0). \tag{3.5.13}$$

如果上式满足, 则终止搜索; 否则, 我们可以缩小 α_k, 或者在区间 $[0,\alpha_k]$ 上用二次插值公式 (3.3.15) 求近似极小点 $\bar{\alpha}$

$$\bar{\alpha}=-\frac{\varphi'(0)\alpha_k^2}{2(\varphi(\alpha_k)-\varphi(0)-\varphi'(0)\alpha_k)}. \tag{3.5.14}$$

将其作为新的 α_k, 这是一个插值法与充分下降条件组合起来的线性搜索方法.

这个方法开始时, 令 $\alpha = 1$, 如果 $x_k + \alpha d_k$ 不可接受, 则减少 α (即后退), 一直到 $x_k + \alpha d_k$ 可接受为止. 该方法也叫后退方法 (backward).

算法 3.5.3

步 0. 给出 $\rho \in \left(0, \frac{1}{2}\right), 0 < l < u < 1$.

步 1. 取 $\alpha = 1$.

步 2. 检验

$$f(x_k + \alpha d_k) \leqslant f(x_k) + \rho \alpha g_k^{\mathrm{T}} d_k \tag{3.5.15}$$

是否满足.

步 3. 如果 (3.5.15) 不满足, 取 $\alpha \triangleq \omega\alpha$, 其中 $\omega \in [l, u]$, 转步 2.
否则, 取 $\alpha_k = \alpha, x_{k+1} \triangleq x_k + \alpha_k d_k$. □

*3.6 不精确线性搜索方法的收敛性

本节作为选修内容, 讨论不精确线性搜索方法的收敛性定理. 为了保证方法的下降性, 我们要求避免搜索方向 $s_k = \alpha_k d_k$ 和负梯度方向 $-g_k$ 几乎直交的情形, 即要求 s_k 偏离 $-g_k$ 的正交方向远一点. 否则, $s_k^{\mathrm{T}} g_k$ 接近于零, s_k 几乎不是下降方向. 为此, 我们假定 s_k 和 $-g_k$ 的夹角 θ_k 满足

$$\theta_k \leqslant \frac{\pi}{2} - \mu, \qquad \forall k, \tag{3.6.1}$$

其中, $\mu > 0$, $\theta_k \in \left[0, \frac{\pi}{2}\right]$ 定义为

$$\cos\theta_k = \frac{-g_k^{\mathrm{T}} s_k}{\|g_k\| \|s_k\|}. \tag{3.6.2}$$

采用不精确线性搜索准则的一般下降算法的形式如下:

算法 3.6.1

步 1. 给出 $x_0 \in \mathbf{R}^n$, $0 \leqslant \varepsilon < 1$, $k \triangleq 0$.

步 2. 如果 $\|g_k\| \leqslant \varepsilon$, 则停止; 否则, 求出下降方向 d_k, 使其满足 $d_k^{\mathrm{T}} g_k < 0$.

步 3. 利用 Goldstein 准则 (3.5.1)—(3.5.2) 或 Wolfe 准则 (3.5.7)—(3.5.8) 求出步长因子 α_k.

步 4. 令 $x_{k+1} = x_k + \alpha_k d_k$; $k \triangleq k + 1$, 转步 2. □

类似于定理 3.4.2, 我们下面以 Wolfe 搜索为例, 给出不精确线性搜索在单步中至少下降的界.

引理 3.6.2 设函数 $f(x)$ 连续可微, 梯度 $g(x)$ 满足 Lipschitz 连续条件

$$\|g(y) - g(z)\| \leqslant M\|y - z\|, \tag{3.6.3}$$

如果 $f(x_k+\alpha d_k)$ 下有界, $\alpha>0$, 则对满足 Wolfe 准则 (3.5.7)—(3.5.8) 的任何 $\alpha_k>0$ 均有

$$f(x_k)-f(x_k+\alpha_k d_k)\geqslant \frac{\rho(1-\sigma)}{M}\|g_k\|^2\cos^2\langle d_k,-g_k\rangle. \tag{3.6.4}$$

证明 由 Lipschitz 条件和 (3.5.8) 得

$$\alpha_k M\|d_k\|^2\geqslant d_k^{\mathrm{T}}[g(x_k+\alpha_k d_k)-g_k]\geqslant -(1-\sigma)d_k^{\mathrm{T}}g_k,$$

即

$$\begin{aligned}\alpha_k\|d_k\|&\geqslant\frac{1-\sigma}{M\|d_k\|}\|d_k\|\|g_k\|\cos\langle d_k,-g_k\rangle\\&=\frac{1-\sigma}{M}\|g_k\|\cos\langle d_k,-g_k\rangle.\end{aligned} \tag{3.6.5}$$

利用 (3.5.7) 和 (3.6.5), 有

$$\begin{aligned}f(x_k)-f(x_k+\alpha_k d_k)&\geqslant-\alpha_k\rho d_k^{\mathrm{T}}g_k\\&=\alpha_k\rho\|d_k\|\|g_k\|\cos\langle d_k,-g_k\rangle\\&\geqslant\rho\|g_k\|\cos\langle d_k,-g_k\rangle\frac{1-\sigma}{M}\|g_k\|\cos\langle d_k,-g_k\rangle\\&=\frac{\rho(1-\sigma)}{M}\|g_k\|^2\cos^2\langle d_k,-g_k\rangle.\end{aligned}$$

□

下面两个定理分别讨论采用不精确线性搜索 Goldstein 准则和 Wolfe 准则的一般下降算法的总体收敛性.

定理 3.6.3 设在算法 3.6.1 中采用 Goldstein 准则 (3.5.1)—(3.5.2) 求步长因子 α_k, 并设夹角条件 (3.6.1) 满足. 如果 $g(x)$ 存在, 且在水平集 $\{x|\ f(x)\leqslant f(x_0)\}$ 上一致连续, 那么, 或者对某个 k, 有 $g_k=0$, 或者 $f(x_k)\to-\infty$, 或者 $g_k\to 0$.

证明 假定 $f(x_k)$ 下有界, 同时对所有的 k, $g_k=\nabla f(x_k)\neq 0$. 由此得到 $s_k\neq 0$ 和 $f(x_k)-f(x_{k+1})\to 0$. 因此, 由 (3.5.1) 得到 $-g_k^{\mathrm{T}}s_k\to 0$.

今假定 $g_k\to 0$ 不成立, 则存在 $\varepsilon>0$ 和一个子列使得 $\|g_k\|\geqslant\varepsilon$ 和 $\|s_k\|\to 0$. 由于 $\theta_k\leqslant\frac{\pi}{2}-\mu$, 故

$$\cos\theta_k\geqslant\cos\left(\frac{\pi}{2}-\mu\right)=\sin\mu,$$

因而

$$-g_k^{\mathrm{T}}s_k\geqslant\sin\mu\|g_k\|\|s_k\|\geqslant\varepsilon\sin\mu\|s_k\|.$$

但 Taylor 公式给出

$$f(x_{k+1})=f(x_k)+g(\xi_k)^{\mathrm{T}}s_k,$$

其中 ξ_k 位于线段 (x_k, x_{k+1}) 上. 由 $g(x)$ 的一致连续性, 当 $s_k \to 0$ 时, $g(\xi_k) \to g_k$. 这样,

$$f(x_{k+1}) = f(x_k) + g_k^{\mathrm{T}} s_k + o(\|s_k\|).$$

由此有

$$\frac{f(x_k) - f(x_{k+1})}{-g_k^{\mathrm{T}} s_k} \to 1,$$

这与 (3.5.2) 矛盾. 因此 $g_k \to 0$. □

定理 3.6.4 设 $f: \mathbf{R}^n \to \mathbf{R}$ 在 $\mathbf{R}^n$ 上连续可微和下有界. $g(x)$ 在水平集 $\Omega = \{x \mid f(x) \leqslant f(x_0)\}$ 上一致连续. 设不精确线性搜索方法采用 Wolfe 准则 (3.5.7)—(3.5.8), 则

$$\lim_{k\to\infty} \|g_k\| \cos\theta_k = 0. \tag{3.6.6}$$

如果夹角条件 (3.6.1) 满足, 则

$$\lim_{k\to\infty} g_k = 0. \tag{3.6.7}$$

证明 由于 $g_k^{\mathrm{T}} s_k < 0$, f 下有界, 因此序列 $\{x_k\}$ 是有定义的, 且在水平集 Ω 中.

现在用反证法证明 (3.6.6). 假定 (3.6.6) 不成立, 则存在 $\varepsilon > 0$ 和子序列, 其指标集为 K, 使得

$$-\frac{g_k^{\mathrm{T}} s_k}{\|s_k\|} \geqslant \varepsilon, \ \forall k \in K.$$

于是, 由 (3.5.7),

$$f(x_k) - f(x_{k+1}) \geqslant \rho\|s_k\| \left(-\frac{g_k^{\mathrm{T}} s_k}{\|s_k\|}\right) \geqslant \rho\|s_k\|\varepsilon.$$

又由于 $\{f(x_k)\}$ 单调下降, 因而是收敛的, 故 $\{s_k \mid k \in K\}$ 收敛到零.

又由 (3.5.8),

$$(1-\sigma)(-g_k^{\mathrm{T}} s_k) \leqslant (g(x_k + s_k) - g_k)^{\mathrm{T}} s_k, \ k \geqslant 0.$$

因此,

$$\varepsilon \leqslant -\frac{g_k^{\mathrm{T}} s_k}{\|s_k\|} \leqslant \frac{1}{1-\sigma}\|g(x_k + s_k) - g_k\|, \ k \in K.$$

由于 $\{s_k \mid k \in K\}$ 收敛到零, 故由 $g(x)$ 在水平集上一致连续知上式右边趋于零, 从而产生矛盾. 这样, (3.6.6) 得证.

进一步, 若夹角条件 (3.6.1) 满足, 则存在一个正数 δ 使得

$$\cos\theta_k \geqslant \delta > 0, \quad \forall k. \tag{3.6.8}$$

(3.6.6) 和 (3.6.8) 立即给出 (3.6.7). □

3.7 信赖域方法的思想和算法框架

本章前面几节, 我们介绍了保证最优化方法总体收敛的线性搜索方法. 现在, 我们讨论另一种总体收敛策略——信赖域方法.

我们已经知道, 线性搜索方法先确定一个搜索方向 d_k, 然后沿着这个搜索方向 d_k 选择适当的步长因子 α_k, 使目标函数值充分下降. 新的迭代点定义为 $x_{k+1}=x_k+\alpha_k d_k \triangleq x_k+s_k$. 而信赖域方法是定义当前点的邻域 Ω_k,

$$\Omega_k=\{x\in\mathbf{R}^n \mid \|x-x_k\|\leqslant\Delta_k\}, \tag{3.7.1}$$

这里 Δ_k 称为信赖域半径. 假定在这个邻域中, 二次模型是目标函数 $f(x)$ 的一个合适的近似, 则在这个邻域 (称为信赖域) 中极小化二次模型, 得到近似极小点 s_k, 并取 $x_{k+1}=x_k+s_k$, 其中 $\|s_k\|\leqslant\Delta_k$. 这种方法不仅具有总体收敛性, 而且不要求目标函数的 Hesse 矩阵 (或其近似) 是正定的. 此外, 信赖域方法利用了二次模型求方向步 s_k, 使得目标函数的下降比线性搜索方法更有效.

信赖域方法的模型子问题是

$$\begin{aligned}\min \quad & q^{(k)}(s)=f(x_k)+g_k^{\mathrm{T}}s+\frac{1}{2}s^{\mathrm{T}}B_k s\\ \text{s.t.} \quad & \|s\|\leqslant\Delta_k,\end{aligned} \tag{3.7.2}$$

其中 $s=x-x_k$, $g_k=\nabla f(x_k)$, B_k 是一个对称矩阵, 它是 Hesse 矩阵 $\nabla^2 f(x_k)$ 或其近似, $\Delta_k>0$ 为信赖域半径, $\|\cdot\|$ 为某一范数, 通常我们采用 l^2 范数.

如何选择 Δ_k? 我们根据模型函数 $q^{(k)}(s)$ 对目标函数 $f(x)$ 的拟合程度来调整信赖域半径 Δ_k. 对于问题 (3.7.2) 的解 s_k, 设目标函数的下降量

$$Ared_k=f(x_k)-f(x_k+s_k) \tag{3.7.3}$$

为实际下降量, 模型函数的下降量

$$Pred_k=q^{(k)}(0)-q^{(k)}(s_k) \tag{3.7.4}$$

为预测下降量. 定义比值

$$r_k=\frac{Ared_k}{Pred_k}=\frac{f(x_k)-f(x_k+s_k)}{q^{(k)}(0)-q^{(k)}(s_k)}, \tag{3.7.5}$$

它衡量模型函数 $q^{(k)}$ 与目标函数 f 的一致性程度. r_k 越接近 1, 表明模型函数 $q^{(k)}$ 与目标函数 f 的一致性程度越好. 这时可以增大 Δ_k 以扩大信赖域. 如果 $r_k>0$ 但不接近 1, 我们保持信赖域半径 Δ_k 不变. 如果 r_k 接近零或取负值, 表明 $q^{(k)}$ 与 f 之间的一致性程度不理想, 我们就减小 Δ_k, 缩小信赖域. 下面的基本算法描述了这个过程.

算法 3.7.1 (信赖域算法)

步 1. 给出初始点 x_0, 信赖域半径的上界 $\bar{\Delta}$, $\Delta_0\in(0,\bar{\Delta})$, $\varepsilon\geqslant 0$, $0<\eta_1\leqslant\eta_2<1$, $0<\gamma_1<1<\gamma_2$, $k\triangleq 0$.

步 2. 如果 $\|g_k\| \leqslant \varepsilon$, 则停止.

步 3. (近似地) 求解子问题 (3.7.2) 得到 s_k.

步 4. 计算 $f(x_k+s_k)$ 和 r_k. 令

$$x_{k+1} = \begin{cases} x_k + s_k, & r_k \geqslant \eta_1, \\ x_k, & \text{其他}. \end{cases}$$

步 5. 校正信赖域半径. 令

$$\Delta_{k+1} \in \begin{cases} (0, \gamma_1 \Delta_k], & r_k < \eta_1, \\ [\gamma_1 \Delta_k, \Delta_k], & r_k \in [\eta_1, \eta_2), \\ [\Delta_k, \min\{\gamma_2 \Delta_k, \bar{\Delta}\}], & r_k \geqslant \eta_2 \text{ 且 } \|s_k\| = \Delta_k. \end{cases}$$

步 6. 产生 B_{k+1}, 校正 $q^{(k)}$, 令 $k \triangleq k+1$, 转步 2. □

在上面的算法中, 如果 $r_k \geqslant \eta_2$, 因而 $\Delta_{k+1} \geqslant \Delta_k$, 这种情形称为很成功迭代; 类似地, $r_k \in [\eta_1, \eta_2)$ 的情形称为成功迭代; $r_k < \eta_1$ 的情形称为不成功迭代. 有时我们也把很成功迭代和成功迭代称为成功迭代. 上面算法中的一些参数选择可以建议如下: $\eta_1 = 0.01$, $\eta_2 = 0.75$, $\gamma_1 = 0.5$, $\gamma_2 = 2$, $\Delta_0 = 1$ 或 $\Delta_0 = \frac{1}{10}\|g_0\|$.

*3.8 信赖域方法的收敛性

我们首先给出如下假定:

假设 3.8.1 (假设条件 A_0)

(1) Hesse 近似 B_k 按范数一致有界, 即 $\|B_k\| \leqslant M$, M 是某个正常数;

(2) 水平集 $L(x) = \{x \mid f(x) \leqslant f(x_0)\}$ 有界;

(3) 函数 $f: \mathbf{R}^n \to \mathbf{R}$ 在水平集 $L(x)$ 上连续可微且下有界;

(4) 对某个正的常数 $\tilde{\eta}$, $\|s_k\| \leqslant \tilde{\eta}\Delta_k$.

一般地, 在信赖域方法的收敛性讨论中, 我们总假设子问题 (3.7.2) 的 (近似) 解 s_k 满足

$$q^{(k)}(0) - q^{(k)}(s_k) \geqslant \beta_1 \|g_k\| \min\left\{\Delta_k, \frac{\|g_k\|}{\|B_k\|}\right\}, \tag{3.8.1}$$

其中 $\beta_1 \in (0,1]$.

下面, 我们指出模型子问题的 Cauchy 点 s_k^c 的精确解和近似解均满足 (3.8.1).

对于模型子问题 (3.7.2), 其 Cauchy 点可以表示为

$$s_k^c = -\tau_k \frac{\Delta_k}{\|g_k\|} g_k, \tag{3.8.2}$$

其中

$$\tau_k = \begin{cases} 1, & g_k^{\mathrm{T}} B_k g_k \leqslant 0, \\ \min\left\{\dfrac{\|g_k\|^3}{\Delta_k g_k^{\mathrm{T}} B_k g_k}, 1\right\}, & \text{其他}. \end{cases} \tag{3.8.3}$$

引理 3.8.2 Cauchy 点满足

$$q^{(k)}(0) - q^{(k)}(s_k^c) \geqslant \frac{1}{2}\|g_k\| \min\left\{\Delta_k, \frac{\|g_k\|}{\|B_k\|}\right\}. \tag{3.8.4}$$

证明 在 Cauchy 点的表达式 (3.8.2)—(3.8.3) 中, τ_k 有三种可能性. 下面, 我们分三种情形来讨论.

先考虑 $g_k^{\mathrm{T}} B_k g_k \leqslant 0$ 的情形. 这时, 由 (3.8.3) 可知 $\tau_k = 1$, 于是我们有

$$\begin{aligned} q^{(k)}(0) - q^{(k)}(s_k^c) &= q^{(k)}(0) - q^{(k)}\left(-\frac{\Delta_k}{\|g_k\|} g_k\right) \\ &= \Delta_k \|g_k\| - \frac{1}{2}\Delta_k^2 \frac{g_k^{\mathrm{T}} B_k g_k}{\|g_k\|^2} \\ &\geqslant \Delta_k \|g_k\| \\ &\geqslant \|g_k\| \min\left\{\Delta_k, \frac{\|g_k\|}{\|B_k\|}\right\}. \end{aligned} \tag{3.8.5}$$

在这种情形下, (3.8.4) 成立.

再考虑 $g_k^{\mathrm{T}} B_k g_k > 0$ 且

$$\frac{\|g_k\|^3}{\Delta_k g_k^{\mathrm{T}} B_k g_k} \leqslant 1 \tag{3.8.6}$$

的情形. 这时, 由 (3.8.3) 知 $\tau_k = \dfrac{\|g_k\|^3}{\Delta_k g_k^{\mathrm{T}} B_k g_k}$, 于是我们有

$$\begin{aligned} q^{(k)}(0) - q^{(k)}(s_k^c) &= \frac{\|g_k\|^4}{g_k^{\mathrm{T}} B_k g_k} - \frac{1}{2} g_k^{\mathrm{T}} B_k g_k \frac{\|g_k\|^4}{(g_k^{\mathrm{T}} B_k g_k)^2} \\ &= \frac{\|g_k\|^4}{2 g_k^{\mathrm{T}} B_k g_k} \\ &\geqslant \frac{\|g_k\|^2}{2\|B_k\|} \\ &\geqslant \frac{1}{2}\|g_k\| \min\left\{\Delta_k, \frac{\|g_k\|}{\|B_k\|}\right\}. \end{aligned} \tag{3.8.7}$$

在这种情形下, (3.8.4) 也成立.

最后, 考虑 $g_k^{\mathrm{T}} B_k g_k > 0$ 且

$$\frac{\|g_k\|^3}{\Delta_k g_k^{\mathrm{T}} B_k g_k} > 1 \tag{3.8.8}$$

的情形. 这时, 由 (3.8.3) 可知 $\tau = 1$. 利用 (3.8.8) 可得

$$\begin{aligned} q^{(k)}(0)-q^{(k)}(s_k^c) &= \frac{\Delta_k}{\|g_k\|}\|g_k\|^2-\frac{1}{2}\frac{\Delta_k^2}{\|g_k\|^2}g_k^{\mathrm{T}}B_kg_k \\ &\geqslant \Delta_k\|g_k\|-\frac{1}{2}\frac{\Delta_k^2}{\|g_k\|^2}\frac{\|g_k\|^3}{\Delta_k} \\ &= \frac{1}{2}\Delta_k\|g_k\| \\ &\geqslant \frac{1}{2}\|g_k\|\min\left\{\Delta_k,\frac{\|g_k\|}{\|B_k\|}\right\}. \end{aligned} \tag{3.8.9}$$

在这种情形下, (3.8.4) 也成立.

综合上面三种情形的讨论, (3.8.4) 成立. □

如果 s_k^e 是子问题 (3.7.2) 的精确解, 则显然有

$$q^{(k)}(s_k^e)\leqslant q^{(k)}(s_k^c), \tag{3.8.10}$$

从而, 我们立即得到

$$\begin{aligned} q^{(k)}(0)-q^{(k)}(s_k^e) &\geqslant q^{(k)}(0)-q^{(k)}(s_k^c) \\ &\geqslant \frac{1}{2}\|g_k\|\min\left\{\Delta_k,\frac{\|g_k\|}{\|B_k\|}\right\}. \end{aligned} \tag{3.8.11}$$

如果 s_k 是子问题 (3.7.2) 的近似解, 满足

$$q^{(k)}(0)-q^{(k)}(s_k)\geqslant \beta_2(q^{(k)}(0)-q^{(k)}(s_k^e)), \tag{3.8.12}$$

其中 s_k^e 表示子问题 (3.7.2) 的精确解, $\beta_2\in(0,1]$, 则我们也有

$$q^{(k)}(0)-q^{(k)}(s_k)\geqslant \beta_2(q^{(k)}(0)-q^{(k)}(s_k^c)). \tag{3.8.13}$$

从而, 我们立即得到: 近似解 s_k 满足

$$q^{(k)}(0)-q^{(k)}(s_k)\geqslant \frac{1}{2}\beta_2\|g_k\|\min\left\{\Delta_k,\frac{\|g_k\|}{\|B_k\|}\right\}. \tag{3.8.14}$$

它表明近似解也满足 (3.8.1), 其中 $\beta_1=\frac{1}{2}\beta_2$. 这也告诉我们, 近似解达到的下降仅需是 Cauchy 点达到的下降的一个部分, 则下降性条件 (3.8.1) 就满足. 下降性条件 (3.8.1) 对总体收敛性证明是十分重要的.

我们把上面的讨论写成如下引理.

引理 3.8.3 模型子问题 (3.7.2) 的 Cauchy 点、精确解和近似解均满足 (3.8.1).

下面, 我们证明信赖域方法的总体收敛性定理. 为此, 我们先给出两个引理.

引理 3.8.4 设假设条件 A_0 成立, 则

$$|f(x_k+s_k)-q^{(k)}(s_k)| \leqslant \frac{1}{2}M\|s_k\|^2 + C(\|s_k\|)\|s_k\|, \tag{3.8.15}$$

其中 $C(\|s_k\|)$ 随着 s_k 的减小而任意减小.

证明 由 Taylor 定理,

$$f(x_k+s_k) = f(x_k) + g_k^{\mathrm{T}} s_k + \int_0^1 [\nabla f(x_k+ts_k) - \nabla f(x_k)]^{\mathrm{T}} s_k \mathrm{d}t.$$

又

$$q^{(k)}(s_k) = f(x_k) + g_k^{\mathrm{T}} s_k + \frac{1}{2} s_k^{\mathrm{T}} B_k s_k.$$

于是,

$$\begin{aligned}|f(x_k+s_k)-q^{(k)}(s_k)| &= \left|\frac{1}{2}s_k^{\mathrm{T}} B_k s_k - \int_0^1 [\nabla f(x_k+ts_k) - \nabla f(x_k)]^{\mathrm{T}} s_k \mathrm{d}t\right| \\ &\leqslant \frac{1}{2}M\|s_k\|^2 + C(\|s_k\|)\|s_k\|.\end{aligned}$$

□

引理 3.8.5 设假设条件 A_0 成立, 假定 $g_k \neq 0$ 和 $\Delta_k \leqslant \tilde{\Delta}$, $\tilde{\Delta}$ 是某个小的容限, 则有 $\Delta_{k+1} \geqslant \Delta_k$.

证明 由假设条件和 (3.8.14), 并设 $\|g_k\| \geqslant \varepsilon > 0$, 有

$$\begin{aligned}Pred_k &= q^{(k)}(0) - q^{(k)}(s_k) \\ &\geqslant \frac{1}{2}\beta_2 \|g_k\| \min\left\{\Delta_k, \frac{\|g_k\|}{\|B_k\|}\right\} \\ &\geqslant \frac{1}{2}\beta_2 \varepsilon \min\left\{\Delta_k, \frac{\varepsilon}{M}\right\}.\end{aligned} \tag{3.8.16}$$

由算法 3.7.1, 并利用 (3.8.15), (3.8.16) 和假设 A_0 的 (4), 得

$$\begin{aligned}|r_k - 1| &= \left|\frac{(f(x_k)-f(x_k+s_k)) - (q^{(k)}(0) - q^{(k)}(s_k))}{q^{(k)}(0)-q^{(k)}(s_k)}\right| \\ &= \left|\frac{f(x_k+s_k) - q^{(k)}(s_k)}{q^{(k)}(0)-q^{(k)}(s_k)}\right| \\ &\leqslant \frac{\frac{1}{2}M\|s_k\|^2 + C(\|s_k\|)\|s_k\|}{\frac{1}{2}\beta_2\varepsilon\min\left\{\Delta_k, \frac{\varepsilon}{M}\right\}} \\ &\leqslant \frac{\tilde{\eta}\Delta_k(M\tilde{\eta}\Delta_k + 2C(\|s_k\|))}{\beta_2\varepsilon\min\left\{\Delta_k, \frac{\varepsilon}{M}\right\}}.\end{aligned} \tag{3.8.17}$$

由于 $\Delta_k \leqslant \tilde{\Delta}$, 我们可以选择 $\tilde{\Delta}$ 足够小, 使得

$$\Delta_k \leqslant \tilde{\Delta} \leqslant \frac{\varepsilon}{M}, \quad M\tilde{\eta}\Delta_k + 2C(\|s_k\|) \leqslant (1-\eta_2)\beta_2\frac{\varepsilon}{\tilde{\eta}}, \tag{3.8.18}$$

从而得到 $|r_k - 1| \leqslant 1 - \eta_2$, 这表明 $r_k > \eta_2$. 于是, 由算法 3.7.1 得到 $\Delta_{k+1} \geqslant \Delta_k$. □

定理 3.8.6 设假设条件 A_0 成立, 则由算法 3.7.1 产生的序列满足

$$\liminf_{k\to\infty} \|g_k\| = 0. \tag{3.8.19}$$

证明 用反证法. 假设定理不成立, 则存在 $\varepsilon > 0$ 和某个正的指标 K, 使得

$$\|g_k\| \geqslant \varepsilon, \quad \forall k \geqslant K. \tag{3.8.20}$$

先假定存在无限多个成功迭代, 则由算法 3.7.1 和 (3.8.14), 有

$$\begin{aligned} f(x_k) - f(x_{k+1}) &\geqslant \eta_1[q^{(k)}(0) - q^{(k)}(s_k)] \\ &\geqslant \frac{1}{2}\eta_1\beta_2\|g_k\| \min\left\{\Delta_k, \frac{\|g_k\|}{\|B_k\|}\right\} \\ &\geqslant \frac{1}{2}\eta_1\beta_2\varepsilon \min\left\{\Delta_k, \frac{\varepsilon}{\beta}\right\}, \end{aligned}$$

其中, $\beta = \max\{1 + \|B_k\|\}$. 由于 f 下有界, 上式意味着

$$\lim_{k\to\infty} \Delta_k = 0. \tag{3.8.21}$$

这与引理 3.8.5 的结果矛盾.

再假定只存在有限多个成功迭代, 即对于充分大的 k, 迭代都是不成功的, 信赖域收缩, 从而有 $\Delta_k \to 0$. 这也与引理 3.8.5 的结果矛盾. 这些矛盾证明了结果 (3.8.19). □

3.9 解信赖域子问题

在信赖域算法 3.7.1 中最关键的是第 3 步: 解信赖域子问题. 这里我们介绍解信赖域子问题的折线法 (dog-leg method), 它是由 Powell (1970) 提出来的.

为了近似地求解子问题 (3.7.2), 即求 $x_{k+1} = x_k + s_k$ 满足 $\|s_k\| \leqslant \Delta_k$, 折线法利用一条折线来近似 s. 其做法是连接 Cauchy 点 (即由最速下降法产生的极小点 C.P.) 和牛顿点 (即由牛顿法产生的极小点 x_{k+1}^N), 其连线与信赖域边界的交点取为 x_{k+1} (见图 3.9.1). 显然, $\|x_{k+1} - x_k\| = \Delta_k$. 当牛顿步 s_k^N 的长度 $\|s_k^N\| \leqslant \Delta_k$ 时, x_{k+1} 就取为牛顿点 x_{k+1}^N.

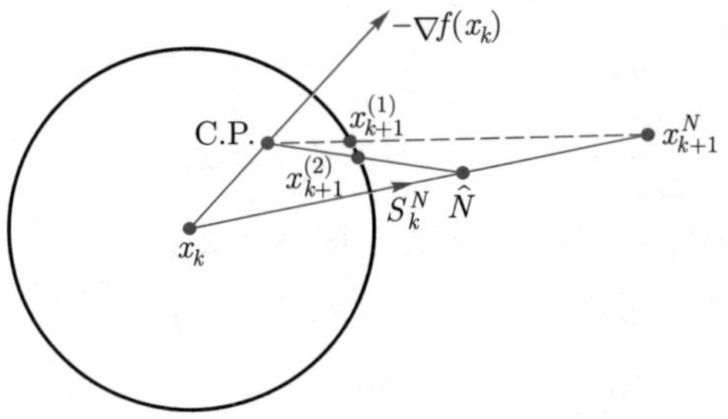

图 3.9.1 折线步方法和双折线步方法

对二次模型

$$q^{(k)}(x_k - \alpha g_k) = f(x_k) - \alpha\|g_k\|_2^2 + \frac{1}{2}\alpha^2 g_k^{\mathrm{T}} G_k g_k, \tag{3.9.1}$$

精确线性搜索因子 α_k 的表达式为

$$\alpha_k = \frac{\|g_k\|_2^2}{g_k^{\mathrm{T}} G_k g_k}, \tag{3.9.2}$$

Cauchy 步为

$$s_k^c = -\alpha_k g_k = -\frac{g_k^{\mathrm{T}} g_k}{g_k^{\mathrm{T}} G_k g_k} g_k. \tag{3.9.3}$$

如果 $\|s_k^c\|_2 = \|\alpha_k g_k\|_2 \geqslant \Delta_k$, 取

$$s_k = -\frac{\Delta_k}{\|g_k\|_2} g_k, \tag{3.9.4}$$

这时,

$$x_{k+1} = x_k - \frac{\Delta_k}{\|g_k\|_2} g_k. \tag{3.9.5}$$

如果 $\|s_k^c\|_2 = \|\alpha_k g_k\|_2 < \Delta_k$, 我们再计算牛顿步 s_k^N,

$$s_k^N = -G_k^{-1} g_k. \tag{3.9.6}$$

如果 $\|s_k^N\|_2 \leqslant \Delta_k$, 则取

$$s_k = s_k^N = -G_k^{-1} g_k, \tag{3.9.7}$$

否则, 取

$$s_k = s_k^c + \lambda(s_k^N - s_k^c), \tag{3.9.8}$$

其中 λ 的值由解方程

$$\|s_k^c + \lambda(s_k^N - s_k^c)\| = \Delta_k \tag{3.9.9}$$

得到.

综上所述, 我们得到

$$x_{k+1}=\begin{cases} x_k-\dfrac{\Delta_k}{\|g_k\|_2}g_k, & \|s_k^c\|\geqslant\Delta_k \\ x_k+s_k^c+\lambda(s_k^N-s_k^c), & \|s_k^c\|<\Delta_k \text{ 且 } \|s_k^N\|>\Delta_k \\ x_k-G_k^{-1}g_k, & \|s_k^c\|<\Delta_k \text{ 且 } \|s_k^N\|\leqslant\Delta_k \end{cases} \tag{3.9.10}$$

上述折线方法满足:

(1) 从点 x_k 到 Cauchy 点 C.P., 到牛顿点 x_{k+1}^N 的距离单调增加;

(2) 从 Cauchy 点 C.P. 到牛顿点 x_{k+1}^N, 模型函数值单调减少.

在 Powell 单折线方法的基础上, Dennis 和 Mei(1979) 提出了双折线法. 他们发现, 如果让信赖域迭代中产生的点偏向牛顿方向, 则算法的性态会得到进一步改善. 于是, 他们把 Cauchy 点和牛顿方向上的 $\hat{N}$ 点连接起来, 并将这条连线与信赖域边界的交点取为 x_{k+1}. 这就称为双折线. 在双折线情形, (3.9.10) 成为

$$x_{k+1}=\begin{cases} x_k-\dfrac{\Delta_k}{\|g_k\|_2}g_k, & \|s_k^c\|\geqslant\Delta_k \\ x_k+s_k^c+\lambda(s_k^{\hat{N}}-s_k^c), & \|s_k^c\|<\Delta_k \text{ 且 } \|s_k^{\hat{N}}\|>\Delta_k \\ x_k-\eta G_k^{-1}g_k, & \|s_k^c\|<\Delta_k \text{ 且 } \|s_k^{\hat{N}}\|\leqslant\Delta_k \end{cases} \tag{3.9.11}$$

其中

$$s_k^{\hat{N}}=\eta s_k^N,\ \eta\in[\gamma,1],\ \gamma=\frac{\|g_k\|_2^4}{(g_k^{\mathrm{T}}G_kg_k)(g_k^{\mathrm{T}}G_k^{-1}g_k)} \tag{3.9.12}$$

(参见 [8], p.164). 如果 $\eta=1$, (3.9.11) 就是 Powell 单折线法 (3.9.10). 一般地, 取 $\eta=0.8\gamma+0.2$. 上述双折线法也满足:

(1) 从点 x_k 到 Cauchy 点 C.P., 到 $\hat{N}$ 点的距离单调增加;

(2) 从 Cauchy 点 C.P. 到点 $\hat{N}$ 点, 模型函数值单调减少.

在产生 C.P. 点和 $\hat{N}$ 点后, 所求的新点 $x_{k+1}(\lambda)$ 由 (3.9.11) 产生, 选择 λ 使得

$$\|s_k^c+\lambda(\eta s_k^N-s_k^c)\|_2^2=\Delta_k^2. \tag{3.9.13}$$

如果所得到的 $x_{k+1}(\lambda)$ 满足下降性要求

$$f(x_{k+1}(\lambda))\leqslant f(x_k)+\rho g_k^{\mathrm{T}}(x_{k+1}(\lambda)-x_k),\ \ \rho\in\left(0,\frac{1}{2}\right), \tag{3.9.14}$$

则接受 $x_{k+1}(\lambda)$ 为新点 x_{k+1}, 并根据信赖域算法 3.7.1 步 5 校正信赖域半径; 如果 $x_{k+1}(\lambda)$ 不满足 (3.9.14), 则令 $x_{k+1}\triangleq x_k$, 并缩小信赖域半径.

在折线法中, 可以考虑将牛顿点改为拟牛顿点或不定情形改进的牛顿点, 从而可以得到折线法的若干其他变形 (例如, 见 [56]).

例 3.9.1 设 $f(x)=x_1^4+x_1^2+x_2^2$, 当前点 $x_k=(1,1)^{\mathrm{T}}, \Delta_k=\dfrac{1}{2}$, 试用双折线法求 x_{k+1}.

解

$$\nabla f(x)=\begin{pmatrix}4x_1^3+2x_1\\2x_2\end{pmatrix},\quad \nabla^2 f(x)=\begin{pmatrix}12x_1^2+2 & 0\\0 & 2\end{pmatrix}.$$

由于 $x_k=(1,1)^{\mathrm{T}}$, 由计算可得

$$g_k=(6,\ 2)^{\mathrm{T}},\quad G_k=\begin{pmatrix}14 & 0\\0 & 2\end{pmatrix},$$

$$s_k^N=-G_k^{-1}g_k=\left(-\frac{3}{7},-1\right)^{\mathrm{T}}.$$

$$s_k^c=-\frac{\|g_k\|_2^2}{g_k^{\mathrm{T}}G_kg_k}g_k=-\left(\frac{40}{512}\right)\begin{pmatrix}6\\2\end{pmatrix}\approx\begin{pmatrix}-0.469\\-0.156\end{pmatrix}.$$

由于 $\|s_k^c\|\approx 0.496<\varDelta_k$, 计算到 $\hat{N}$ 的步长 $s_k^{\hat{N}}$, 有

$$\gamma=\frac{\|g_k\|_2^4}{(g_k^{\mathrm{T}}G_kg_k)(g_k^{\mathrm{T}}G_k^{-1}g_k)}=\frac{(40)^2}{512\cdot\dfrac{32}{7}}\approx 0.684,$$

$$\eta=0.8\gamma+0.2\approx 0.747,\quad s_k^{\hat{N}}=\eta s_k^N\approx\begin{pmatrix}-0.320\\-0.747\end{pmatrix}.$$

由于 $\|s_k^{\hat{N}}\|_2\approx 0.813>\varDelta_k$, 故取双折线步长为

$$s_k=s_k^c+\lambda(s_k^{\hat{N}}-s_k^c),\qquad \lambda\in(0,1),$$

使得 $\|s_k\|=\varDelta_k$. 解二次方程

$$\|s_k^c+\lambda(s_k^{\hat{N}}-s_k^c)\|_2^2=\varDelta_k^2,$$

得

$$\lambda\approx 0.077\,5.$$

因此

$$s_k=s_k^c+0.077\,5(s_k^{\hat{N}}-s_k^c)\approx\begin{pmatrix}-0.457\,5\\-0.201\,8\end{pmatrix},$$

$$x_{k+1}=x_k+s_k\approx\begin{pmatrix}0.543\,0\\0.798\,2\end{pmatrix}.$$

□

小 结

线性搜索方法与信赖域方法是两类保证最优化方法总体收敛的技术.

在线性搜索方法中, 有精确线性搜索和不精确线性搜索. 在 20 世纪 60 年代中期以前, 线性搜索方法一统精确线性搜索的天下. 节 3.2 和节 3.3 主要描述了 0.618 法,

Fibonacci 法和逐次插值逼近法, 这些方法属于精确线性搜索的范畴. 节 3.4 建立了精确线性搜索的收敛性.

自从 Armijo (1966), Goldstein (1965) 提出了不精确线性搜索方法以后, 不精确线性搜索由于计算量小, 效率高而成了现在流行的线性搜索方法. 我们在节 3.5 较详细地讨论了不精确线性搜索, 介绍了三种最主要的不精确线性搜索准则: Goldstein 准则, Wolfe 准则 (强 Wolfe 准则), Armijo 准则, 并分别给出了算法. 节 3.6 建立了不精确线性搜索方法的总体收敛性, 但这一节为选读内容.

读者应该掌握 0.618 法, 二分法, 三点二次插值法, 以及 Goldstein 和 Wolfe 不精确搜索法的算法和程序. 精确线性搜索的收敛性定理 3.4.3, 不精确线性搜索的收敛性定理 3.6.3 和 3.6.4 在后面最优化方法收敛性的讨论中起重要作用.

信赖域方法是另一类保证最优化方法总体收敛的技术. 虽然信赖域方法的历史可以追溯到 Levenberg (1944), Marquardt (1963), Goldfeld, Quandt and Trotter (1966), 但现代信赖域方法是 Powell (1970) 提出来的. 他明确提出了信赖域子问题, 接受方向步 s_k 的准则, 校正信赖域半径 Δ_k 的准则及收敛性定理. 这些措施使信赖域方法比线性搜索方法具有更大的优越性. 应该指出, 引理 3.8.2 是重要的, 它指出了在信赖域方法中 Cauchy 点是充分下降的. 并且, 如果 s_k 是模型子问题的近似解, 那么它满足 (3.8.1). 这个结果也是 Powell (1975) 首先得到的. 本章最后讨论了解信赖域子问题的折线法和双折线法及若干修改. 其他的解子问题的方法可以参看 Moré and Sorensen (1983), Steihaug (1983) 等. 一个著名的关于信赖域方法的综合性评述见 Moré (1983). 一本专门论述信赖域方法的专著见 Conn, Could, Toint (2000).

习 题

1. 推导 0.618 法的迭代公式.

2. 分别用 0.618 法, 二次插值法, Goldstein 不精确线性搜索方法求函数

$$f(x) = (\sin x)^6 \tan(1-x)\mathrm{e}^{30x}$$

在区间 $[0,1]$ 上的极大值.

3. 写出 Fibonacci 法的计算过程和 C 程序 (或 MATLAB, Python 程序).

4. 设 $\varphi(t) = \mathrm{e}^{-t} + \mathrm{e}^{t}$, 区间为 $[-1,1]$.

(1) 用 0.618 法极小化 $\varphi(t)$.

(2) 用 Fibonacci 法极小化 $\varphi(t)$.

5. 用二分法解

$$\begin{aligned} \min \quad & x^2+2x \\ \text{s.t.} \quad & -3 \leqslant x \leqslant 6. \end{aligned}$$

取最后区间长度为 $\delta = 0.2$ (解 $x^* = -0.961$).

6. 设 $\varphi(t) = 1 - t\mathrm{e}^{-t^2}$, 区间为 $[0,1]$. 试用三点二次插值法极小化 $\varphi(t)$.

7. 设 $\varphi(t) = -2t^3 + 21t^2 - 60t + 50$.

(1) 用 Goldstein 方法极小化 $\varphi(t)$, $t_0 = 0.5$, $\rho = 0.1$.

(2) 用 Wolfe 方法极小化 $\varphi(t)$, $t_0 = 0.5$, $\rho = 0.1$, $\sigma = 0.8$.

8. 设 $f(x) = x_1^4 + x_1^2 + x_2^2$, 给定当前点 $x_k = (1,1)^{\mathrm{T}}$, 方向 $d_k = (-3,-1)^{\mathrm{T}}$, 并设 $\rho = 1$, $t = 0.5$.

(1) 试分别用 Goldstein 方法和 Wolfe 方法求新点 x_{k+1}.

(2) 分别以 $\alpha = 1$, $\alpha = 0.5$, $\alpha = 0.1$ 说明哪些 α 满足 Wolfe 准则, 哪些 α 不满足 Wolfe 准则?

9. 设 $f(x) = \dfrac{1}{2}x_1^2 + x_2^2$. 设初始点 $x_0 = (1,1)^{\mathrm{T}}$. 对于 (1) $\Delta_0 = 1$, (2) $\Delta_0 = \dfrac{5}{4}$,

(1) 用折线法计算下一个迭代点 x_1;

(2) 用双折线法计算下一个迭代点 x_1.

10. 证明:

(1) Cauchy 点满足 (3.8.4).

(2) 子问题 (3.7.2) 的精确极小点满足 (3.8.4).

第四章　无约束最优化方法

4.1 最速下降法

最速下降法是以负梯度方向作为下降方向的极小化算法, 又称梯度法, 是 1874 年法国科学家 Cauchy 提出的. 最速下降法是无约束最优化中最简单的方法.

设目标函数 $f(x)$ 在 x_k 附近连续可微, 且 $g_k \triangleq \nabla f(x_k) \neq 0$. 将 $f(x)$ 在 x_k 处 Taylor 展开,

$$f(x) = f(x_k) + g_k^{\mathrm{T}}(x - x_k) + o(\| x - x_k \|). \tag{4.1.1}$$

记 $x - x_k = \alpha d_k$, 则上式可写为

$$f(x_k + \alpha d_k) = f(x_k) + \alpha g_k^{\mathrm{T}} d_k + o(\| \alpha d_k \|). \tag{4.1.2}$$

显然, 若 d_k 满足 $g_k^{\mathrm{T}} d_k < 0$, 则 d_k 是下降方向, 它使得 $f(x_k + \alpha d_k) < f(x_k)$. 当 α 取定后, $d_k^{\mathrm{T}} g_k$ 的值越小, 即 $-d_k^{\mathrm{T}} g_k$ 的值越大, 函数 $f(x)$ 在 x_k 处下降量越大. 由 Cauchy-Schwartz 不等式

$$| d_k^{\mathrm{T}} g_k | \leqslant \| d_k \| \| g_k \| \tag{4.1.3}$$

可知, 当且仅当 $d_k = -g_k$ 时, $d_k^{\mathrm{T}} g_k$ 最小, $-d_k^{\mathrm{T}} g_k$ 最大, 从而 $-g_k$ 是最速下降方向. 以 $-g_k$ 为下降方向的方法叫做最速下降法.

事实上, 最速下降方向也可以这样来考虑. 因为目标函数 f 沿方向 d 的变化率是 $g_k^{\mathrm{T}} d$, 故最速下降的单位方向 d 是问题

$$\min_{d} \quad g_k^{\mathrm{T}} d \tag{4.1.4}$$

$$\text{s.t.} \quad \| d \| = 1 \tag{4.1.5}$$

的解. 注意到

$$\begin{aligned} d^{\mathrm{T}} g_k &= - \| d \| \| g_k \| \cos\theta_k \\ &= - \| g_k \| \cos\theta_k, \end{aligned} \tag{4.1.6}$$

其中 θ_k 是 $-g_k$ 与 d 之间的夹角. 极小化上式, 便得到当 $\theta_k = 0$, 即 $\cos\theta_k = 1$ 时, $d^{\mathrm{T}} g_k$ 极小, 这时,

$$d = -\frac{g_k}{\| g_k \|}. \tag{4.1.7}$$

最速下降法的迭代格式为

$$x_{k+1} = x_k - \alpha_k g_k, \tag{4.1.8}$$

其中步长因子 α_k 由线性搜索策略确定.

下面我们给出最速下降算法.

算法 4.1.1 (最速下降法)

步 1. 给出 $x_0 \in \mathbf{R}^n$, $0 \leqslant \varepsilon \ll 1$, $k \triangleq 0$.

步 2. 计算 $d_k = -g_k$; 如果 $\| g_k \| \leqslant \varepsilon$, 停止.

步 3. 由线性搜索求步长因子 α_k.

步 4. 计算 $x_{k+1} = x_k + \alpha_k d_k$.

步 5. $k \triangleq k+1$, 转步 2. □

最速下降法的收敛性理论在最优化中具有重要的理论意义. 现在我们讨论最速下降法的总体收敛性. 在节 3.4 中我们讨论了精确线性搜索方法的收敛性定理. 对于最速下降法, $\theta_k = 0$, 因而, 利用定理 3.4.3 立即可知最速下降法是总体收敛的.

定理 4.1.2 设 $\nabla f(x)$ 在水平集 $L = \{x \in \mathbf{R}^n \mid f(x) \leqslant f(x_0)\}$ 上存在且一致连续, 假定 (3.4.8) 成立, 则最速下降法产生的序列满足对某个 k 有 $g_k = 0$, 或者 $f(x_k) \to -\infty$, 或者 $g_k \to 0$.

证明 利用定理 3.4.3 立得. □

下面的定理也论证了最速下降法的总体收敛性.

定理 4.1.3 设函数 $f(x)$ 二次连续可微, 且 $\| \nabla^2 f(x) \| \leqslant M$, 其中 M 是某个正常数. 则对任何给定的初始点 x_0, 最速下降算法 4.1.1 或有限终止, 或 $\lim\limits_{k\to\infty} f(x_k) = -\infty$, 或 $\lim\limits_{k\to\infty} g_k = 0$.

证明 考虑无限迭代下去的情形, 由定理 3.4.2, 有

$$f(x_k) - f(x_{k+1}) \geqslant \frac{1}{2M} \| g_k \|^2 . \tag{4.1.9}$$

于是,

$$\begin{aligned} f(x_0) - f(x_k) &= \sum_{i=0}^{k-1} [f(x_i) - f(x_{i+1})] \\ &\geqslant \frac{1}{2M} \sum_{i=0}^{k-1} \| g_i \|^2 . \end{aligned} \tag{4.1.10}$$

两边取极限, 于是, 或者 $\lim\limits_{k\to\infty} f(x_k) = -\infty$, 或者 $\lim\limits_{k\to\infty} g_k = 0$. 从而定理成立. □

最速下降法具有程序设计简单, 计算工作量小, 存储量小, 对初始点没有特别要求等优点. 但是, 最速下降方向仅是函数的局部性质, 对整体求解过程而言, 这个方法下降非常缓慢. 数值试验表明, 当目标函数的等值线接近于一个圆 (球) 时, 最速下降法下降较快, 而当目标函数的等值线是一个扁长的椭球时, 最速下降法开始几步下降较快, 后来就出现锯齿现象, 下降十分缓慢. 事实上, 由于精确线性搜索满足 $g_{k+1}^{\mathrm{T}} d_k = 0$, 则

$$g_{k+1}^{\mathrm{T}} g_k = d_{k+1}^{\mathrm{T}} d_k = 0, \tag{4.1.11}$$

这表明最速下降法中相邻两次的搜索方向是相互直交的, 这就产生了锯齿形状 (见图 4.1.1). 越接近极小点, 步长越小, 前进越慢.

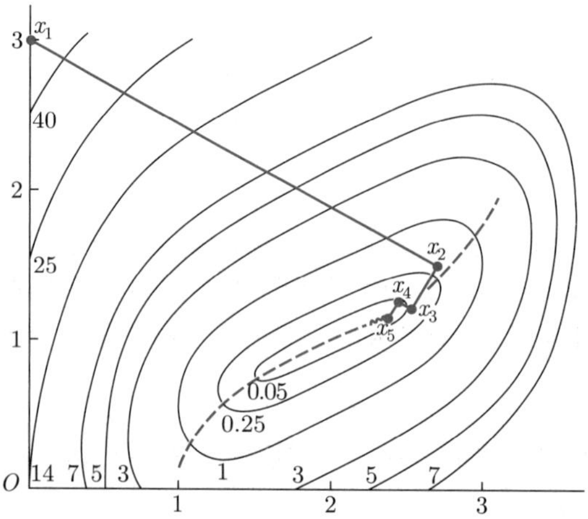

图 4.1.1 最速下降法中的锯齿形

可以证明, 采用精确线性搜索的最速下降法的收敛速度是线性的. 对于极小化正定二次函数 $\min f(x) = \dfrac{1}{2}x^{\mathrm{T}}Gx$, 最速下降法产生的序列满足

$$\frac{f(x_{k+1}) - f(x^*)}{f(x_k) - f(x^*)} \leqslant \left(\frac{\lambda_1 - \lambda_n}{\lambda_1 + \lambda_n}\right)^2 = \left(\frac{\kappa - 1}{\kappa + 1}\right)^2, \tag{4.1.12}$$

$$\frac{\| x_{k+1} - x^* \|}{\| x_k - x^* \|} \leqslant \sqrt{\frac{\lambda_1}{\lambda_n}} \left(\frac{\lambda_1 - \lambda_n}{\lambda_1 + \lambda_n}\right) = \sqrt{\kappa}\left(\frac{\kappa - 1}{\kappa + 1}\right), \tag{4.1.13}$$

其中 λ_1 和 λ_n 分别是矩阵 G 的最大和最小特征值, $\kappa = \dfrac{\lambda_1}{\lambda_n}$ 是矩阵 G 的条件数.

在非二次情形, 如果 $f(x)$ 在 x^* 附近二次连续可微, $\nabla f(x^*) = 0$, $\nabla^2 f(x^*)$ 正定, 则 (4.1.12) 也成立.

4.2 牛顿法

牛顿法的基本思想是利用目标函数 $f(x)$ 在迭代点 x_k 处的二次 Taylor 展开式作为模型函数, 并用这个二次模型函数的极小点序列去逼近目标函数的极小点.

设 $f(x)$ 二次连续可微, $x_k \in \mathbf{R}^n$, Hesse 矩阵 $\nabla^2 f(x_k)$ 正定. 我们在 x_k 附近用二次 Taylor 展开式近似 f,

$$f(x_k + s) \approx q^{(k)}(s) = f(x_k) + \nabla f(x_k)^{\mathrm{T}} s + \frac{1}{2} s^{\mathrm{T}} \nabla^2 f(x_k) s, \tag{4.2.1}$$

其中 $s = x - x_k$, $q^{(k)}(s)$ 为 $f(x)$ 的二次近似. 将上式右边极小化, 即令

$$\nabla q^{(k)}(s) = \nabla f(x_k) + \nabla^2 f(x_k) s = 0, \tag{4.2.2}$$

得

$$x_{k+1} = x_k - [\nabla^2 f(x_k)]^{-1} \nabla f(x_k), \tag{4.2.3}$$

这就是牛顿法迭代公式. 相应的算法称为牛顿法. 令

$$G_k \triangleq \nabla^2 f(x_k), \quad g_k \triangleq \nabla f(x_k),$$

则 (4.2.3) 也可写成

$$x_{k+1} = x_k - G_k^{-1} g_k. \tag{4.2.4}$$

对于正定二次函数, 牛顿法一步即可达到最优解. 对于一般非二次函数, 牛顿法并不能保证经过有限次迭代求得最优解, 但如果初始点 x_0 充分靠近极小点, 牛顿法的收敛速度一般是快的. 下面的定理证明了牛顿法的局部收敛性和二阶收敛速度.

定理 4.2.1 (牛顿法收敛定理) 设 $f(x)$ 二阶连续可微, x^* 是 $f(x)$ 的局部极小点, $\nabla^2 f(x^*)$ 正定. 假定 $f(x)$ 的 Hesse 矩阵 $G_k \triangleq \nabla^2 f(x_k)$ 满足 Lipschitz 条件, 即存在 $\beta > 0$, 使得对于所有 $1 \leqslant i, j \leqslant n$ 有

$$| G_{ij}(x) - G_{ij}(y) | \leqslant \beta \| x - y \|, \quad \forall x, y \in \mathbf{R}^n, \tag{4.2.5}$$

其中 $G_{ij}(x)$ 是 Hesse 矩阵 G_k 的 (i, j) 元素. 当初始点 x_0 充分靠近 x^* 时, 对于一切 k, 则牛顿迭代 (4.2.4) 有意义, 迭代序列 $\{x_k\}$ 收敛到 x^*, 并且具有二阶收敛速度.

证明 设 $h_k = x_k - x^*$, $g(x) \triangleq \nabla f(x)$, $G(x) \triangleq \nabla^2 f(x)$. 由于 $f(x)$ 二阶连续可微和 (4.2.5), 故利用 Taylor 公式得到

$$g(x_k + h) = g_k + G_k h + O(\| h \|^2).$$

令 $h = -h_k$, 得

$$0 = g(x^*) = g(x_k - h_k) = g_k - G_k h_k + O(\| h_k \|^2).$$

由于 $f(x)$ 二次连续可微, $G^* = \nabla^2 f(x^*)$ 正定, 故当 x_k 充分靠近 x^* 时, G_k 也正定且 $\| G_k^{-1} \|$ 有界, 用 G_k^{-1} 乘上式两边, 得

$$\begin{aligned} 0 &= G_k^{-1} g_k - h_k + O(\| h_k \|^2) \\ &= -s_k - h_k + O(\| h_k \|^2) \\ &= -h_{k+1} + O(\| h_k \|^2). \end{aligned}$$

由 $O(\cdot)$ 的定义, 存在常数 C, 使得

$$\| h_{k+1} \| \leqslant C \| h_k \|^2 . \tag{4.2.6}$$

若 x_k 充分靠近 x^* 使得 $x_k \in \Omega = \{x \mid \| x - x^* \| \leqslant \frac{\gamma}{C},\ \gamma \in (0,1)\}$, 则由 (4.2.6) 有

$$\| h_{k+1} \| \leqslant C\frac{\gamma}{C}\|h_k\| = \gamma \| h_k \| \leqslant \frac{\gamma^2}{C} < \frac{\gamma}{C}, \tag{4.2.7}$$

这表明 x_{k+1} 也在这个邻域 Ω 中. 由归纳法, 迭代对所有 k 有定义. 由于

$$\| h_k \| \leqslant \gamma \| h_{k-1} \| \leqslant \cdots \leqslant \gamma^k \| h_0 \|,$$

令 $k \to \infty$, 得 $\| h_k \| \to 0$, 即 $\|x_k - x^*\| \to 0$, 因此迭代序列 $\{x_k\}$ 收敛. (4.2.6) 表明收敛速度是二阶的. □

应该注意的是, 当初始点远离最优解时, G_k 不一定正定, 牛顿方向不一定是下降方向, 其收敛性不能保证. 为此, 在牛顿法中引进步长因子, 得到

$$d_k = -G_k^{-1} g_k,$$

$$x_{k+1} = x_k + \alpha_k d_k,$$

其中 α_k 由线性搜索策略确定.

算法 4.2.2 (带步长因子的牛顿法)

步 1. 选取初始数据. 取初始点 x_0, 终止误差 $\varepsilon > 0$, 令 $k \triangleq 0$.

步 2. 计算 g_k. 如果 $\| g_k \| \leqslant \varepsilon$, 停止迭代, 输出 x_k.

步 3. 解方程组构造牛顿方向. 解 $G_k d = -g_k$ 得 d_k.

步 4. 进行线性搜索求 α_k, 使得

$$f(x_k + \alpha_k d_k) = \min_{\alpha \geqslant 0} f(x_k + \alpha d_k). \tag{4.2.8}$$

步 5. 令 $x_{k+1} = x_k + \alpha_k d_k, k \triangleq k+1$, 转步 2. □

下面我们证明上述带步长因子的牛顿法是总体收敛的.

定理 4.2.3 设 $f(x)$ 二阶连续可微, 又设对任意 $x_0 \in \mathbf{R}^n$, 存在常数 $m > 0$, 使得 $f(x)$ 在水平集 $L(x_0) = \{x \mid f(x) \leqslant f(x_0)\}$ 上满足

$$u^{\mathrm{T}} \nabla^2 f(x) u \geqslant m \| u \|^2, \quad \forall u \in \mathbf{R}^n, x \in L(x_0), \tag{4.2.9}$$

则在精确线性搜索条件下, 带步长因子的牛顿法产生的迭代点列 $\{x_k\}$ 满足

(1) 当 $\{x_k\}$ 是有限点列时, 其最后一个点为 $f(x)$ 的唯一极小点.

(2) 当 $\{x_k\}$ 是无穷点列时, 它收敛到 $f(x)$ 的唯一极小点 $\bar{x}$.

证明 首先由 (4.2.9) 知 $f(x)$ 为 $\mathbf{R}^n$ 上的严格凸函数, 从而其平稳点为总体极小点, 且是唯一的.

由 (4.2.9) 和定理 1.2.25 可知, 水平集 $L(x_0)$ 是有界闭凸集. 由于 $\{f(x_k)\}$ 单调下降, 可知 $\{x_k\} \subset L(x_0)$, 故 $\{x_k\}$ 是有界点列, 于是存在 $\bar{x} \in L(x_0)$, 使得 $x_k \to \bar{x}$. 又 $\{f(x_k)\}$ 单调下降且有下界, 故 $f(x_k) \to f(\bar{x})$.

由于 $\nabla^2 f(x)$ 连续及 $L(x_0)$ 是有界闭凸的, 故存在常数 $M > m > 0$ 使得

$$\|\nabla^2 f(x)\| \leqslant M, \ \forall x \in L(x_0). \tag{4.2.10}$$

于是,

$$\begin{aligned}\cos\theta_k &= \frac{-d_k^{\mathrm{T}} g_k}{\|d_k\|\|g_k\|} \\ &= \frac{d_k^{\mathrm{T}} \nabla^2 f(x_k) d_k}{\|d_k\|\|\nabla^2 f(x_k) d_k\|} \\ &\geqslant \frac{m}{M}.\end{aligned} \tag{4.2.11}$$

再由定理 3.4.2 可得

$$\begin{aligned}f(x_k) - f(x_k + \alpha_k d_k) &\geqslant \frac{1}{2M}\|\nabla f(x_k)\|^2 \cos^2\theta_k \\ &\geqslant \frac{1}{2M}\frac{m^2}{M^2}\|\nabla f(x_k)\|^2.\end{aligned} \tag{4.2.12}$$

令 $k \to \infty$, 并注意到上式左边趋于 0, 从而得到 $\nabla f(x_k) \to 0$. 这表明 $\{x_k\}$ 收敛到唯一极小点 $\bar{x}$. □

完全类似地, 如果线性搜索采用 Wolfe 不精确线性搜索, 根据引理 3.6.2, 我们有

$$f(x_k) - f(x_k + \alpha_k d_k) \geqslant \bar{\eta}\|\nabla f(x_k)\|^2 \cos^2\theta_k, \tag{4.2.13}$$

在定理 4.2.3 的证明中只要将 (4.2.12) 式换成

$$\begin{aligned}f(x_k) - f(x_k + \alpha_k d_k) &\geqslant \bar{\eta}\|\nabla f(x_k)\|^2 \cos^2\theta_k \\ &\geqslant \bar{\eta}\frac{m^2}{M^2}\|\nabla f(x_k)\|^2,\end{aligned} \tag{4.2.14}$$

同样可以推出 $\nabla f(x_k) \to 0$. 于是我们有如下关于不精确线性搜索牛顿法的总体收敛性定理.

定理 4.2.4 设 $f(x)$ 二次连续可微, 又设对任意 $x_0 \in \mathbf{R}^n$, 存在常数 $m > 0$, 使得 $f(x)$ 在水平集 $L(x_0) = \{x \mid f(x) \leqslant f(x_0)\}$ 上满足 (4.2.9), 则在 Wolfe 不精确线性搜索条件下, 带步长因子的牛顿法产生的点列满足

$$\lim_{k\to\infty} \|\nabla f(x_k)\| = 0, \tag{4.2.15}$$

且 $\{x_k\}$ 收敛到 $f(x)$ 的唯一极小点.

上述带步长因子的牛顿法告诉我们, 仅当目标函数的 Hesse 矩阵 $G(x)$ 正定时, 方法才是总体收敛的. 但是, 当初始点远离局部极小点时, $G(x_k)$ 可能不正定, 也可能奇异, 这样, 所产生的搜索方向 d_k 可能不是下降方向.

例 4.2.5 极小化 $f(x) = x_1^4 + x_1x_2 + (1+x_2)^2$.

解 设 $x^{(0)} = (0,0)^{\mathrm{T}}$, $g(x^{(0)}) = (0,2)^{\mathrm{T}}$, $G_0 = \begin{pmatrix} 0 & 1 \\ 1 & 2 \end{pmatrix}$. 显然, G_0 不是正定的.

$$G_0^{-1} = \begin{pmatrix} -2 & 1 \\ 1 & 0 \end{pmatrix}.$$

于是, $d_0 = -G_0^{-1}g_0 = (-2,0)^{\mathrm{T}}$. 由于 $g_0^{\mathrm{T}}d_0 = 0$, 这表明方向 d_0 不是下降方向. 沿方向 d_0 进行线性搜索, $f(x^{(0)} + \alpha d_0) = (-2\alpha)^4 + 1$, 其极小点 $\alpha_0 = 0$. 因此

$$x^{(1)} = x^{(0)} + \alpha_0 d_0 = x^{(0)}.$$

从而迭代不能继续进行下去. □

为了克服上述缺点, 我们提出下列措施.

设 $g_k \neq 0$. 若 G_k 正定, 则

$$d_k = -G_k^{-1}g_k$$

是下降方向. 若 G_k 不正定, 但可逆, 且 $g_k^{\mathrm{T}}G_k^{-1}g_k < 0$, 则

$$d_k = G_k^{-1}g_k$$

是下降方向. 若 G_k 奇异或 $G_k^{-1}g_k = 0$, 则取 $d_k = -g_k$.

当 G_k 不是正定时, 另一种有效的方法是 Gill-Murray 修改牛顿法. 当 G_k 是正定时, 我们总有 Cholesky 分解

$$G_k = L_kD_kL_k^{\mathrm{T}},$$

其中 L_k 是单位下三角形矩阵, D_k 是对角矩阵. 当 G_k 不是正定时, Gill-Murray (1974) 提出了强迫正定的修改 Cholesky 分解, 使得

$$\bar{G}_k = L_kD_kL_k^{\mathrm{T}} = G_k + E_k,$$

其中 E_k 是一个对角矩阵. 然后解

$$\bar{G}_kd = L_kD_kL_k^{\mathrm{T}}d = -g_k,$$

求出 d_k.

牛顿法的另一个困难是当 $g_k = 0$ 且 G_k 不正定时, x_k 通常不是极小点, 而是鞍点. 事实上, 当 $g_k = 0$ 时, 我们有

$$\begin{aligned} f(x) &= f(x_k) + \alpha_k g_k^{\mathrm{T}}d_k + \frac{\alpha_k^2}{2}d_k^{\mathrm{T}}G_kd_k + \cdots \\ &= f(x_k) + \frac{1}{2}\alpha_k^2 d_k^{\mathrm{T}}G_kd_k + \cdots . \end{aligned}$$

这时若 G_k 正定, 则 x_k 已经是极小点; 若 G_k 不正定, 就要继续寻找下降方向. 这时使 $d_k^{\mathrm{T}}G_kd_k < 0$ 的负曲率方向 d_k 是使函数值下降的方向, 从而在这种情况下, 我们可以计算负曲率方向. 有关 Gill-Murray 修改牛顿法的详细计算步骤, 有兴趣的读者可参见 [23], [8] 或 [1].

4.3 共轭梯度法

共轭梯度法是介于最速下降法与牛顿法的一种方法. 它仅需利用一阶导数信息, 但克服了最速下降法收敛慢的缺点, 又避免了牛顿法需要存储和计算 Hesse 矩阵并求逆的缺点. 共轭梯度法不仅是解大型线性方程组最有用的方法之一, 也是解大型非线性最优化问题最有效的算法之一.

共轭梯度法最早是由 Hestenes 和 Stiefel (1952) 提出来的, 用于解正定系数矩阵的线性方程组. 在这个基础上, Fletcher 和 Reeves (1964) 首先提出了解非线性最优化问题的共轭梯度法. 由于共轭梯度法不需要矩阵存储, 且有较快的收敛速度和二次终止性等优点, 现在共轭梯度法已经广泛地应用于实际问题中.

4.3.1 共轭方向法

共轭梯度法是共轭方向法的一种. 所谓共轭方向法就是其所有的搜索方向都是互相共轭的方法.

定义 4.3.1 设 G 是 $n\times n$ 对称正定矩阵, d_1, d_2 是 n 维非零向量. 如果

$$d_1^{\mathrm{T}} G d_2 = 0, \tag{4.3.1}$$

则称向量 d_1 和 d_2 是 G–共轭的 (或 G–直交的), 简称共轭的.

设 $d_1, d_2, \cdots, d_m$ 是 $\mathbf{R}^n$ 中任一组非零向量, 如果

$$d_i^{\mathrm{T}} G d_j = 0 \quad (i \neq j), \tag{4.3.2}$$

则称 $d_1, d_2, \cdots, d_m$ 是 G–共轭的, 简称共轭的.

显然, 如果 $d_1, d_2, \cdots, d_m$ 是 G–共轭的, 则它们是线性无关的. 如果 $G = I$, 则共轭性就是通常的直交性.

一般共轭方向法步骤如下:

算法 4.3.2 (一般共轭方向法)

步 1. 给出初始点 $x_0, \varepsilon > 0, k \triangleq 0$.

计算 $g_0 = g(x_0)$ 和初始下降方向 d_0, 使 $d_0^{\mathrm{T}} g_0 < 0$.

步 2. 如果 $\|g_k\| \leqslant \varepsilon$, 停止迭代.

步 3. 计算 α_k 和 x_{k+1}, 使得

$$f(x_k + \alpha_k d_k) = \min_{\alpha \geqslant 0} f(x_k + \alpha d_k), \tag{4.3.3}$$

$$x_{k+1} = x_k + \alpha_k d_k. \tag{4.3.4}$$

步 4. 采用某种共轭方向法计算 d_{k+1} 使得

$$d_{k+1}^{\mathrm{T}} G d_j = 0, j = 0, 1, \cdots, k.$$

步 5. 令 $k \triangleq k+1$, 转步 2. □

对于正定二次函数的极小化

$$\min_x f(x) = \frac{1}{2}x^{\mathrm{T}}Gx - b^{\mathrm{T}}x, \tag{4.3.5}$$

它相当于解线性方程组

$$Gx = b, \tag{4.3.6}$$

其中 G 是 $n \times n$ 对称正定矩阵. 设 $r(x) = Gx - b$. 显然, $r(x) = Gx - b = g(x)$. 这表明, 在正定二次函数极小化的情形, 目标函数的梯度 $g(x)$ 与线性方程组 (4.3.6) 的残量 $r(x)$ 是一致的. 共轭方向法迭代格式为

$$x_{k+1} = x_k + \alpha_k d_k, \tag{4.3.7}$$

其中 d_k 为共轭方向. 对于正定二次函数, 精确线性搜索因子 α_k 的显式表示是

$$\alpha_k = -\frac{g_k^{\mathrm{T}} d_k}{d_k^{\mathrm{T}} G d_k} = -\frac{r_k^{\mathrm{T}} d_k}{d_k^{\mathrm{T}} G d_k}, \tag{4.3.8}$$

这里

$$g_k = Gx_k - b \triangleq r_k. \tag{4.3.9}$$

事实上,

$$\min_\alpha \varphi(\alpha) = f(x_k + \alpha d_k) = \frac{1}{2}(x_k + \alpha d_k)^{\mathrm{T}} G (x_k + \alpha d_k) - b^{\mathrm{T}}(x_k + \alpha d_k),$$

得

$$d_k^{\mathrm{T}}(Gx_k - b) + \alpha d_k^{\mathrm{T}} G d_k = 0,$$

于是 (4.3.8) 得到.

下面叙述共轭方向的基本定理, 它表明: 在精确线性搜索条件下, 共轭方向法具有二次终止性 (即对于正定二次函数, 方法是有限步终止的).

定理 4.3.3 设 $x_0 \in \mathbf{R}^n$ 是任意初始点. 对于极小化二次函数 (4.3.5), 共轭方向法至多经 n 步精确线性搜索终止; 且每一 x_{i+1} 都是 $f(x)$ 在 x_0 和方向 $d_0, d_1, \cdots, d_i$ 所张成的线性流形 $\left\{ x \mid x = x_0 + \sum_{j=0}^{i} \alpha_j d_j,\ \forall \alpha_j \right\}$ 中的极小点.

证明 因为 G 正定, 且共轭方向 $d_0, d_1, \cdots$ 线性无关, 故只需要证明对所有的 $i \leqslant n-1$, 有

$$g_{i+1}^{\mathrm{T}} d_j = 0, \quad j = 0, 1, \cdots, i, \tag{4.3.10}$$

就可得出定理的结论. 因为当 $i = n-1$ 时, $g_n^{\mathrm{T}} d_j = 0$ $(j = 0, 1, \cdots, n-1)$, 于是 $g_n = 0$, 从而 x_n 是极小点.

现在证明 (4.3.10). 由 (4.3.9),

$$g_{k+1}-g_k=G(x_{k+1}-x_k)=\alpha_k G d_k, \tag{4.3.11}$$

在精确线性搜索 (4.3.8) 下,

$$g_{k+1}^{\mathrm{T}} d_k=0, \tag{4.3.12}$$

故当 $j<i$ 时,

$$\begin{aligned} g_{i+1}^{\mathrm{T}} d_j &= g_{j+1}^{\mathrm{T}} d_j+\sum_{k=j+1}^{i}(g_{k+1}-g_k)^{\mathrm{T}} d_j \\ &= g_{j+1}^{\mathrm{T}} d_j+\sum_{k=j+1}^{i} \alpha_k d_k^{\mathrm{T}} G d_j \\ &= 0. \end{aligned} \tag{4.3.13}$$

在 (4.3.13) 中两项为零分别由精确线性搜索和共轭性得到. 当 $j=i$ 时, 直接由精确线性搜索可知

$$g_{i+1}^{\mathrm{T}} d_i=0. \tag{4.3.14}$$

从而 (4.3.10) 成立. □

4.3.2 共轭梯度法

共轭梯度法是一个典型的共轭方向法, 它的每一个搜索方向是互相共轭的. 而这些搜索方向 d_k 仅仅是负梯度方向 $-g_k$ 与上一次迭代的搜索方向 d_{k-1} 的组合. 因此, 存储量少, 计算方便.

记

$$d_k=-g_k+\beta_{k-1} d_{k-1}, \tag{4.3.15}$$

左乘 $d_{k-1}^{\mathrm{T}} G$, 并使得 $d_{k-1}^{\mathrm{T}} G d_k=0$, 得

$$\beta_{k-1}=\frac{g_k^{\mathrm{T}} G d_{k-1}}{d_{k-1}^{\mathrm{T}} G d_{k-1}} \quad \text{(Hestenes-Stiefel 公式)}. \tag{4.3.16}$$

利用 (4.3.11) 和 (4.3.12), 上式也可以写成

$$\beta_{k-1}=\frac{g_k^{\mathrm{T}}(g_k-g_{k-1})}{d_{k-1}^{\mathrm{T}}(g_k-g_{k-1})} \quad \text{(Crowder-Wolfe 公式)} \tag{4.3.17}$$

$$=\frac{g_k^{\mathrm{T}} g_k}{g_{k-1}^{\mathrm{T}} g_{k-1}} \quad \text{(Fletcher-Reeves 公式)}. \tag{4.3.18}$$

另外三个常用的公式为

$$\beta_{k-1}=\frac{g_k^{\mathrm{T}}(g_k-g_{k-1})}{g_{k-1}^{\mathrm{T}} g_{k-1}} \quad \text{(Polak-Ribiere-Polyak 公式)}, \tag{4.3.19}$$

$$\beta_{k-1}=-\frac{g_k^{\mathrm{T}}g_k}{d_{k-1}^{\mathrm{T}}g_{k-1}} \quad \text{(Dixon 公式)}, \tag{4.3.20}$$

$$\beta_{k-1}=\frac{g_k^{\mathrm{T}}g_k}{d_{k-1}^{\mathrm{T}}(g_k-g_{k-1})} \quad \text{(Dai-Yuan 公式)}. \tag{4.3.21}$$

对于正定二次函数, 若采用精确线性搜索, 以上几个关于 β_k 的共轭梯度公式等价. 但在实际计算中, FR 公式和 PRP 公式最常用. 由于强 Wolfe 线性搜索准则并不保证 PRP-CG 方法的方向是下降的, 如果定义参数

$$\beta_k^+=\max\{\beta_k^{PRP},0\},$$

其中 β_k^{PRP} 由 (4.3.19) 定义, 则 PRP-CG 方法具有下降性质. 这样的方法称为 PRP$^+$-CG 方法.

注意到对于正定二次函数,

$$g_k=Gx_k-b\triangleq r_k, \tag{4.3.22}$$

其中 r_k 是方程组 $Gx_k=b$ 的残量, 以及

$$r_{k+1}-r_k=\alpha_kGd_k,\quad \alpha_k=-\frac{g_k^{\mathrm{T}}d_k}{d_k^{\mathrm{T}}Gd_k}=\frac{r_k^{\mathrm{T}}r_k}{d_k^{\mathrm{T}}Gd_k}, \tag{4.3.23}$$

我们可以给出如下关于正定二次函数极小化的共轭梯度法.

算法 4.3.4 (共轭梯度法)

步 1. 给出 $x_0,\varepsilon>0$, 计算 $r_0=Gx_0-b$, 令 $d_0=-r_0,k\triangleq 0$.

步 2. 如果 $\|r_k\|\leqslant\varepsilon$, 停止迭代.

步 3. 计算

$$\alpha_k=\frac{r_k^{\mathrm{T}}r_k}{d_k^{\mathrm{T}}Gd_k}, \tag{4.3.24}$$

$$x_{k+1}=x_k+\alpha_kd_k, \tag{4.3.25}$$

$$r_{k+1}=r_k+\alpha_kGd_k,$$

$$\beta_k=\frac{r_{k+1}^{\mathrm{T}}r_{k+1}}{r_k^{\mathrm{T}}r_k}, \tag{4.3.26}$$

$$d_{k+1}=-r_{k+1}+\beta_kd_k. \tag{4.3.27}$$

步 4. 令 $k\triangleq k+1$, 转步 2. □

例 4.3.5 用 FR 共轭梯度法解极小化问题

$$\min f(x)=\frac{3}{2}x_1^2+\frac{1}{2}x_2^2-x_1x_2-2x_1.$$

解 将 $f(x)$ 写成 $f(x)=\frac{1}{2}x^{\mathrm{T}}Gx-b^{\mathrm{T}}x$ 的形式, 有

$$G=\begin{pmatrix}3 & -1\\ -1 & 1\end{pmatrix},\quad b=\begin{pmatrix}2\\ 0\end{pmatrix},\quad r(x)=Gx-b.$$

$$\text{设 } x^0=(-2,4)^{\mathrm{T}},\quad \text{得 } r_0=\begin{pmatrix}-12\\ 6\end{pmatrix},\quad d_0=-r_0=\begin{pmatrix}12\\ -6\end{pmatrix},$$

$$\alpha_0=\frac{r_0^{\mathrm{T}}r_0}{d_0^{\mathrm{T}}Gd_0}=\frac{5}{17},$$

$$x^1=x^0+\alpha_0 d_0=\begin{pmatrix}-2\\ 4\end{pmatrix}+\frac{5}{17}\begin{pmatrix}12\\ -6\end{pmatrix}=\begin{pmatrix}\dfrac{26}{17}\\ \dfrac{38}{17}\end{pmatrix}.$$

$$r_1=\begin{pmatrix}\dfrac{6}{17}\\ \dfrac{12}{17}\end{pmatrix},\quad \beta_0=\frac{r_1^{\mathrm{T}}r_1}{r_0^{\mathrm{T}}r_0}=\frac{1}{289},$$

$$d_1=-r_1+\beta_0 d_0=-\begin{pmatrix}\dfrac{6}{17}\\ \dfrac{12}{17}\end{pmatrix}+\frac{1}{289}\begin{pmatrix}12\\ -6\end{pmatrix}=\begin{pmatrix}-\dfrac{90}{289}\\ -\dfrac{210}{289}\end{pmatrix}.$$

$$\alpha_1=\frac{r_1^{\mathrm{T}}r_1}{d_1^{\mathrm{T}}Gd_1}=\frac{17}{10},$$

$$x^2=x^1+\alpha_1 d_1=\begin{pmatrix}\dfrac{26}{17}\\ \dfrac{38}{17}\end{pmatrix}+\frac{17}{10}\begin{pmatrix}-\dfrac{90}{289}\\ -\dfrac{210}{289}\end{pmatrix}=\begin{pmatrix}1\\ 1\end{pmatrix}.$$

$$r_2=Gx^2-b=\begin{pmatrix}2\\ 0\end{pmatrix}-\begin{pmatrix}2\\ 0\end{pmatrix}=0.$$

从而, $x^2=(1,1)^{\mathrm{T}}$ 是所求的极小点. □

下面的定理包含了共轭梯度法的基本性质. 为方便起见, 我们仍用 g_k 代替 r_k 叙述这个定理. 在这个定理中 m 是满足 $g_i\neq 0$ 的最大正整数.

定理 4.3.6 对于正定二次函数, 采用精确线性搜索的共轭梯度法在 $m\leqslant n$ 步后终止, 且对 $1\leqslant i\leqslant n$ 成立下列关系式:

$$d_i^{\mathrm{T}}Gd_j=0,\ j=0,1,\cdots,i-1, \tag{4.3.28}$$

$$g_i^{\mathrm{T}}g_j=0,\ j=0,1,\cdots,i-1, \tag{4.3.29}$$

$$d_i^{\mathrm{T}}g_i=-g_i^{\mathrm{T}}g_i, \tag{4.3.30}$$

$$[g_0, g_1, \cdots, g_i] = [g_0, Gg_0, \cdots, G^i g_0]^{①}, \tag{4.3.31}$$

$$[d_0, d_1, \cdots, d_i] = [g_0, Gg_0, \cdots, G^i g_0], \tag{4.3.32}$$

其中 $[g_0, g_1, \cdots, g_i]$, $[d_0, d_1, \cdots, d_i]$ 和 $[g_0, Gg_0, \cdots, G^i g_0]$ 分别表示由向量组 $(g_0, g_1, \cdots, g_i)$, $(d_0, d_1, \cdots, d_i)$ 和 $(g_0, Gg_0, \cdots, G^i g_0)$ 张成的子空间.

证明 我们先用数学归纳法来证明 (4.3.28)—(4.3.30).

当 $i = 1$ 时, (4.3.28) 和 (4.3.29) 成立; 当 $d_0 = -g_0$ 时, (4.3.30) 成立. 今设这些关系式对某个 $i < m$ 成立, 我们证明对于 $i + 1$, 这些关系式也成立.

由于

$$g_{i+1} = g_i + \alpha_i G d_i \tag{4.3.33}$$

和

$$\alpha_i = -\frac{g_i^{\mathrm{T}} d_i}{d_i^{\mathrm{T}} G d_i} = \frac{g_i^{\mathrm{T}} g_i}{d_i^{\mathrm{T}} G d_i} \neq 0, \tag{4.3.34}$$

利用 (4.3.33) 和 (4.3.15), 得

$$\begin{aligned} g_{i+1}^{\mathrm{T}} g_j &= g_i^{\mathrm{T}} g_j + \alpha_i d_i^{\mathrm{T}} G g_j \\ &= g_i^{\mathrm{T}} g_j - \alpha_i d_i^{\mathrm{T}} G (d_j - \beta_{j-1} d_{j-1}). \end{aligned} \tag{4.3.35}$$

当 $j = i$ 时,

$$g_{i+1}^{\mathrm{T}} g_i = g_i^{\mathrm{T}} g_i - \frac{g_i^{\mathrm{T}} g_i}{d_i^{\mathrm{T}} G d_i} d_i^{\mathrm{T}} G d_i = 0.$$

当 $j < i$ 时, (4.3.35) 直接由数学归纳法假设可知为零. 这样, (4.3.29) 得证.

再由 (4.3.15) 和 (4.3.33), 有

$$\begin{aligned} d_{i+1}^{\mathrm{T}} G d_j &= -g_{i+1}^{\mathrm{T}} G d_j + \beta_i d_i^{\mathrm{T}} G d_j \\ &= \frac{g_{i+1}^{\mathrm{T}} (g_j - g_{j+1})}{\alpha_j} + \beta_i d_i^{\mathrm{T}} G d_j. \end{aligned} \tag{4.3.36}$$

当 $j = i$ 时, 由 (4.3.29), (4.3.34) 和 (4.3.18), 上式成为

$$d_{i+1}^{\mathrm{T}} G d_i = -\frac{g_{i+1}^{\mathrm{T}} g_{i+1}}{g_i^{\mathrm{T}} g_i} d_i^{\mathrm{T}} G d_i + \frac{g_{i+1}^{\mathrm{T}} g_{i+1}}{g_i^{\mathrm{T}} g_i} d_i^{\mathrm{T}} G d_i = 0.$$

当 $j < i$ 时, 直接由数学归纳法假设可知 (4.3.36) 为零. 于是 (4.3.28) 得证.

由 (4.3.15) 和精确线性搜索, 有

$$\begin{aligned} d_{i+1}^{\mathrm{T}} g_{i+1} &= -g_{i+1}^{\mathrm{T}} g_{i+1} + \beta_i d_i^{\mathrm{T}} g_{i+1} \\ &= -g_{i+1}^{\mathrm{T}} g_{i+1}, \end{aligned}$$

因此, (4.3.30) 成立.

---

① 子空间 $[g_0, Gg_0, \cdots, G^i g_0]$ 被称为 Krylov 子空间.

下面我们用数学归纳法证明 (4.3.31) 和 (4.3.32) 成立.

显然, 当 $i=0$ 时, 结论成立. 今假定 (4.3.31) 和 (4.3.32) 对某个 i 成立, 我们证明这些结论对于 $i+1$ 也成立.

由数学归纳法假设可知,

$$g_i \in [g_0, Gg_0, \cdots, G^i g_0], \quad Gd_i \in [Gg_0, G^1 g_0, \cdots, G^{i+1} g_0].$$

所以

$$g_{i+1} = g_i + \alpha_i G d_i \in [g_0, Gg_0, \cdots, G^{i+1} g_0].$$

从而

$$[g_0, g_1, \cdots, g_i, g_{i+1}] \subset [g_0, Gg_0, \cdots, G^{i+1} g_0]. \tag{4.3.37}$$

反之, 由数学归纳法假设 (4.3.32),

$$G^{i+1} g_0 = G(G^i g_0) \in [Gd_0, Gd_1, \cdots, Gd_i].$$

利用 (4.3.33) 有 $Gd_j = \dfrac{g_{j+1} - g_j}{\alpha_j}, j = 1, 2, \cdots, i$, 故

$$G^{i+1} g_0 \in [g_0, g_1, \cdots, g_i, g_{i+1}].$$

再利用数学归纳法假设 (4.3.31), 得

$$[g_0, Gg_0, \cdots, G^i g_0, G^{i+1} g_0] \subset [g_0, g_1, \cdots, g_i, g_{i+1}]. \tag{4.3.38}$$

关系式 (4.3.37) 和 (4.3.38) 表明 (4.3.31) 对 $i+1$ 成立.

类似地, 可以证明 (4.3.32) 对 $i+1$ 也成立.

最后, 方法在 $m \leqslant n$ 步后终止可由 (4.3.29) 看出, 这里显然有 $g_n = 0$. □

请注意, 定理的证明依赖于 $d_0 = -g_0$, 即初始搜索方向 d_0 取最速下降方向. 在这个定理中, (4.3.28) 表示搜索方向的共轭性, (4.3.29) 表示梯度的直交性, (4.3.30) 表示下降条件, (4.3.31) 和 (4.3.32) 表示方向向量和梯度向量之间的关系, 它们都张成 Krylov 子空间.

从定理可知, 共轭梯度法的搜索方向 d_i 是互相共轭的, 共轭梯度法是一个共轭方向法. 但它的梯度是互相直交的, 因此用共轭梯度法来冠名这个方法有点不太恰当. 但长期以来一直这样使用, 我们遵从这个习惯.

本小节结束, 我们提一下共轭梯度法的收敛速度. 定义

$$\kappa(G) = \|G\|_2 \|G^{-1}\|_2 = \frac{\lambda_1}{\lambda_n}.$$

可以证明

$$\|x_k - x^*\|_G \leqslant \frac{\sqrt{\kappa(G)} - 1}{\sqrt{\kappa(G)} + 1} \|x_{k-1} - x^*\|_G \leqslant \left(\frac{\sqrt{\kappa(G)} - 1}{\sqrt{\kappa(G)} + 1} \right)^k \|x_0 - x^*\|_G. \tag{4.3.39}$$

与最速下降法的收敛速度 (4.1.13) 比较一下, 这时的收敛速度依赖于 $\sqrt{\kappa(G)}$ 而不是 $\kappa(G)$.

(4.3.39) 告诉我们, 共轭梯度法的收敛速度依赖于 $\sqrt{\kappa(G)}$. 如果我们能够采取某种措施改善 G 的条件数, 则收敛可以加快. 下面的预处理技术提供了解决这个问题的一个办法.

设 C 是某个非奇异矩阵, 令

$$\hat{x} = Cx. \tag{4.3.40}$$

将 $x = C^{-1}\hat{x}$ 代入 (4.3.5), 则二次目标函数 (4.3.5) 变成

$$\min \hat{f}(\hat{x}) = \frac{1}{2}\hat{x}(C^{-\mathrm{T}}GC^{-1})\hat{x} - (C^{-\mathrm{T}}b)^{\mathrm{T}}\hat{x}. \tag{4.3.41}$$

这等价于解线性方程组

$$(C^{-\mathrm{T}}GC^{-1})\hat{x} = C^{-\mathrm{T}}b, \tag{4.3.42}$$

即

$$\hat{G}\hat{x} = \hat{b},$$

其中, $\hat{G} = C^{-\mathrm{T}}GC^{-1}$, $\hat{b} = C^{-\mathrm{T}}b$. 这时, 方法的收敛速度依赖于 $C^{-\mathrm{T}}GC^{-1}$ 的条件数而不是 G 的条件数. 如果我们能够选择非奇异矩阵 C 使得 $C^{-\mathrm{T}}GC^{-1}$ 的条件数明显好于 G 的条件数, 则收敛速度将明显改善. 根据这个思想, 我们定义 $M = C^{\mathrm{T}}C$, 并将共轭梯度算法 4.3.4 应用于 (4.3.41), 得到下面的预处理共轭梯度法.

算法 4.3.7 (预处理共轭梯度法)

步 1. 给出 $x_0, \varepsilon > 0$, 预处理矩阵 M, 令 $r_0 = Gx_0 - b$. 解 $My = r_0$ 得 y_0, 令 $d_0 = -y_0, k \triangleq 0$.

步 2. 如果 $\|r_k\| \leqslant \varepsilon$, 停止迭代.

步 3. 计算

$$\alpha_k = \frac{r_k^{\mathrm{T}} y_k}{d_k^{\mathrm{T}} G d_k}, \tag{4.3.43}$$

$$x_{k+1} = x_k + \alpha_k d_k, \tag{4.3.44}$$

$$r_{k+1} = r_k + \alpha_k G d_k,$$

解 $My = r_{k+1}$ 得 y_{k+1},

$$\beta_k = \frac{r_{k+1}^{\mathrm{T}} y_{k+1}}{r_k^{\mathrm{T}} y_k}, \tag{4.3.45}$$

$$d_{k+1} = -y_{k+1} + \beta_k d_k. \tag{4.3.46}$$

步 4. 令 $k \triangleq k+1$, 转步 2. □

显然, 如果令 $M = I$, 则预处理共轭梯度算法 4.3.7 就是标准的共轭梯度算法 4.3.4.

4.3.3 对于非二次函数的共轭梯度法

在上一小节, 我们讨论了极小化正定二次函数的共轭梯度法. 现在, 我们把这个方法推广到处理一般非二次函数. Fletcher 和 Reeves (1964) 首先提出了极小化非二次函数的共轭梯度法.

算法 4.3.8 (FR-CG)

步 1. 给出 x_0, $\varepsilon > 0$, 计算 $f_0 = f(x_0)$, $g_0 = \nabla f(x_0)$, 令 $d_0 = -g_0, k \triangleq 0$.

步 2. 如果 $\|g_k\| \leqslant \varepsilon$, 停止迭代.

步 3. 由线性搜索求步长因子 α_k, 并令

$$x_{k+1} = x_k + \alpha_k d_k.$$

步 4.

$$\beta_k = \frac{g_{k+1}^{\mathrm{T}} g_{k+1}}{g_k^{\mathrm{T}} g_k},$$

$$d_{k+1} = -g_{k+1} + \beta_k d_k.$$

步 5. 令 $k \triangleq k+1$, 转步 2. □

这个算法由于程序简单, 计算量小, 仅需目标函数值和梯度值, 没有矩阵存储与计算, 是解大型非线性规划的首选方法.

下面我们讨论 FR 共轭梯度法的总体收敛性.

定理 4.3.9 (FR 共轭梯度法总体收敛性定理) 假定 $f: \mathbf{R}^n \to \mathbf{R}$ 在有界水平集 $L = \{x \in \mathbf{R}^n \mid f(x) \leqslant f(x_0)\}$ 上连续可微, 且有下界, 那么采用精确线性搜索的 Fletcher-Reeves 共轭梯度法产生的序列 $\{x_k\}$ 至少有一个聚点是驻点, 即

(1) 当 $\{x_k\}$ 是有穷点列时, 其最后一个点是 $f(x)$ 的驻点.

(2) 当 $\{x_k\}$ 是无穷点列时, 它必有聚点, 且任一聚点都是 $f(x)$ 的驻点.

证明 (1) 当 $\{x_k\}$ 是有穷点列时, 由算法的终止性条件可知, 其最后一个点 x^* 满足 $g(x^*) = 0$, 故 x^* 是 $f(x)$ 的驻点.

(2) 当 $\{x_k\}$ 是无穷点列时, 对所有 $k, g_k \neq 0$. 由于 $d_k = -g_k + \beta_{k-1} d_{k-1}$, 故

$$g_k^{\mathrm{T}} d_k = -\|g_k\|^2 + \beta_{k-1} g_k^{\mathrm{T}} d_{k-1} = -\|g_k\|^2 < 0, \tag{4.3.47}$$

从而 d_k 是下降方向. 由于 $\{f(x_k)\}$ 是单调下降且有下界的序列, 故 $\lim\limits_{k\to\infty} f(x_k) = f^*$ 存在. 由 $\{x_k\} \subset$ 水平集 L 及 L 有界可知 $\{x_k\}$ 是有界点列, 故存在收敛子列 $\{x_k\}_{K_1} \to x^*$, 这里 K_1 是子序列的指标集. 由于 $\{x_k\}_{K_1} \subset \{x_k\}$, 故 $\{f(x_k)\}_{K_1} \subset \{f(x_k)\}$, 从而由 f 的连续性可知, 对于 $k \in K_1$, 有

$$f(x^*) = f\left(\lim_{\substack{k\to\infty \\ k\in K_1}} x_k\right) = \lim_{\substack{k\to\infty \\ k\in K_1}} f(x_k) = f^*. \tag{4.3.48}$$

类似地, $\{x_{k+1}\}$ 也是有界点列, 故存在 $\{x_{k+1}\}_{K_2}\to\bar{x}^*$, 这里 K_2 是 $\{x_{k+1}\}$ 的子序列的指标集. 故对于 $k+1\in K_2$,

$$f(\bar{x}^*)=f\left(\lim_{\substack{k\to\infty\\ k+1\in K_2}} x_{k+1}\right)=\lim_{\substack{k\to\infty\\ k+1\in K_2}} f(x_{k+1})=f^*. \tag{4.3.49}$$

于是

$$f(\bar{x}^*)=f(x^*). \tag{4.3.50}$$

下面用反证法证明 $g(x^*)=0$. 假定 $g(x^*)\neq 0$, 则存在一个方向 d^*, 使得对于充分小的 α, 有

$$f(x^*+\alpha d^*)<f(x^*). \tag{4.3.51}$$

由于

$$f(x_{k+1})=f(x_k+\alpha_k d_k)\leqslant f(x_k+\alpha d_k),\ \forall\alpha>0,$$

故对于 $k+1\in K_2$, 令 $k\to\infty$, 并利用 (4.3.51) 得

$$f(\bar{x}^*)\leqslant f(x^*+\alpha d^*)<f(x^*), \tag{4.3.52}$$

这与 (4.3.50) 矛盾. 这证明了 $g(x^*)=0$, 即 x^* 是 $f(x)$ 的驻点. □

关于 FR 共轭梯度法的收敛速度, 我们有下面的结果: 在定理 4.3.9 的条件下, 采用精确线性搜索的 FR 共轭梯度法产生的迭代点列 $\{x_k\}$ 线性收敛到 $f(x)$ 的极小点 x^*.

在 FR 共轭梯度算法 4.3.8 中, 为了保证方向是下降的, 必须要求

$$g_k^{\mathrm T}d_k=-\|g_k\|^2+\beta_{k-1}g_k^{\mathrm T}d_{k-1}<0.$$

在精确线性搜索情形, 由于 $g_k^{\mathrm T}d_{k-1}=0$, 故 $g_k^{\mathrm T}d_k<0$ 是显然的; 但在非精确线性搜索情形, 可能有 $g_k^{\mathrm T}d_k>0$ 的情形发生, 从而 d_k 不是下降的. 幸运的是, 如果采用强 Wolfe 不精确线性搜索准则 (3.5.9)—(3.5.10) 产生步长因子 α_k, 则方向 d_k 肯定是下降方向.

再开始共轭梯度法

对于一般非二次函数, 共轭梯度法常常采用再开始技术, 即每 n 步以后周期性地采用最速下降方向作为新的搜索方向. 尤其是当迭代从一个非二次区域进入 $f(x)$ 可由二次函数很好地逼近的区域时, 重新取最速下降方向作为搜索方向, 则其后 n 次迭代方向接近于共轭方向, 从而使方法有较快的收敛速度. 这一点也可以从共轭梯度法的二次终止性依赖于取最速下降方向作为初始搜索方向这个事实略见一斑. 对于大型问题, 常常更经常地进行再开始, 例如每隔 r 步迭代再开始, 这里 $r<n$ 或 $r\ll n$. 主要的再开始策略除了每隔 n 步迭代再开始外, 还有当 $g_k^{\mathrm T}d_k>0$, 即 d_k 是上升方向时再开始. 另外, 从 (4.3.29) 可知, 对于二次函数, 相邻两次迭代的梯度互相直交, 因此, 如果它们偏离直交性较大, 例如

$$\frac{g_k^{\mathrm T}g_{k-1}}{\|g_k\|^2}\geqslant v, \tag{4.3.53}$$

这里可取 $v=0.1$, 则进行再开始.

算法 4.3.10 (再开始 FR 共轭梯度法)

步 1. 给出初始点 x_0, 容限 $\varepsilon > 0$, $k \triangleq 0$.

步 2. 计算 $g_0 = g(x_0)$. 如果 $\|g_0\| \leqslant \varepsilon$, 停止迭代, 输出 $x^* = x_0$; 否则令 $d_0 = -g_0$.

步 3. 线性搜索求 α_k, 并令

$$x_{k+1} = x_k + \alpha_k d_k,$$
$$k \triangleq k+1.$$

步 4. 计算 $g_k = g(x_k)$.

若 $\dfrac{g_k^{\mathrm{T}} g_{k-1}}{\|g_k\|^2} \geqslant 0.1$, 令 $x_0 \triangleq x_k$, 转步 2;

如果 $\|g_k\| \leqslant \varepsilon$, 停止迭代.

步 5. 若 $k = n$, 令 $x_0 \triangleq x_k$, 转步 2.

步 6. 计算

$$\beta = \frac{g_k^{\mathrm{T}} g_k}{g_{k-1}^{\mathrm{T}} g_{k-1}}, \quad d_k = -g_k + \beta d_{k-1}.$$

步 7. 如果 $d_k^{\mathrm{T}} g_k > 0$, 令 $x_0 \triangleq x_k$, 转步 2; 否则转步 3. □

与共轭梯度法一样, 再开始共轭梯度法仍然具有总体收敛性, 并且至少有线性收敛速度. 我们还可以证明一个更强的结果: 再开始共轭梯度法产生的迭代点列具有 n 步二次收敛速度, 即

$$\|x_{k+n} - x^*\| = O(\|x_k - x^*\|^2). \tag{4.3.54}$$

调用 MATLAB 和 Python 中共轭梯度法的软件

本节最后, 我们给出调用 MATLAB 和 Python 中共轭梯度法的软件求解无约束最优化问题的例子.

例 4.3.11 求解

$$\min_{x \in \mathbf{R}^2} \ f(x) = 3x_1^2 + 2x_1 x_2 + x_2^4.$$

解 (1) 我们可以使用 fminunc 和 optimset 函数来使用共轭梯度法求解例 4.3.11. fminunc 函数是 MATLAB 用来求解无约束极小化问题的常用函数, optimset 函数是对其设置参数的函数, 它们的具体信息可以在 MATLAB 中使用 help 命令得到.

我们需要建立一个 m 文件, 输入我们要求解的优化问题的目标函数和梯度函数, 内容如下:

```
function [ f , g ] = y(x)
f = 3*x(1)^2 + 2*x(1)*x(2) + x(2)^4;
g(1) = 6*x(1)+2*x(2);
g(2) = 2*x(1)+4*x(2)^3;
```

其中 f 是函数值, g 是 y 的梯度. 然后调用 optimset 函数:

options = optimset('GradObj','on');

最后输入

[x, fval] = fminunc('y', [1, 1], options)

得到结果:

x =

-0.1363 0.4085

fval =

-0.0278.

(2) 使用 Python 中 scipy 库 (参见例 2.2.4) 的 scipy.optimize.minimize 函数来应用共轭梯度法求解例 4.3.11. minimize 函数用于求解优化问题, 可以处理无约束和约束非线性优化问题, 并且可以通过选择不同的算法来适应不同的问题类型. 其调用格式如下:

scipy.optimize.minimize(fun, x0, args, jac, method),

其中 fun 是目标函数, x0 是给定的初始点, args 是目标函数的额外参数, jac 是目标函数的梯度函数, method 用于指定优化算法的选择. 下面是几种常用的方法选项:

Powell: Powell 方法, 用于无约束优化问题, 利用多维搜索方法.

CG: 共轭梯度法, 用于大型无约束优化问题.

BFGS: Broyden-Fletcher-Goldfarb-Shanno 算法, 用于无约束优化问题, 采用拟牛顿法.

Newton-CG: 牛顿共轭梯度法, 用于大型无约束优化问题, 同时需要提供梯度向量.

trust-ncg: 牛顿共轭梯度法, 用于大型无约束优化问题, 采用信赖域方法.

trust-exact: 信赖域方法, 用于大型无约束优化问题, 计算精确的解.

输入我们要求解的优化问题的目标函数和梯度函数, 具体内容如下:

```
def objective(x):
    f = 3 * x[0]**2 + 2 * x[0] * x[1] + x[1]**4
    return f
def gradient(x):
    g1 = 6 * x[0] + 2 * x[1]
    g2 = 2 * x[0] + 4 * x[1]**3
    return [g1, g2]
```

然后调用 minimize 函数:

```
result = scipy.optimize.minimize(objective, x0, jac=gradient, method='CG')
```

最后输入:

```
print("最优解:", [round(x, 4) for x in result.x])
print("最优值:", round(result.fun, 4))
```

得到结果:

最优解：[−0.1361, 0.4082]

最优值：−0.0278. □

4.4 拟牛顿法

牛顿法成功的关键是利用了 Hesse 矩阵提供的曲率信息, 但计算 Hesse 矩阵工作量大, 并且有的目标函数的 Hesse 矩阵很难计算, 甚至不好求出, 这就导致了一个想法: 能否仅利用目标函数值和一阶导数的信息, 构造出目标函数的曲率近似, 使方法具有类似牛顿法的收敛速度快的优点. 拟牛顿法就是这样的一类算法. 由于它不需要计算二阶导数, 拟牛顿法往往比牛顿法更有效.

4.4.1 拟牛顿条件

和牛顿法的推导一样, 考虑目标函数 $f(x)$ 在当前点 x_k 处的二次模型

$$m_k(d) = f(x_k) + g_k^{\mathrm{T}} d + \frac{1}{2} d^{\mathrm{T}} B_k d, \tag{4.4.1}$$

其中, B_k 是 $n \times n$ 对称正定矩阵, 是 Hesse 近似, 它将在每次迭代中进行校正. 极小化这个二次模型得到

$$d_k = -B_k^{-1} g_k, \tag{4.4.2}$$

从而新的迭代点为

$$x_{k+1} = x_k + \alpha_k d_k = x_k - \alpha_k B_k^{-1} g_k, \tag{4.4.3}$$

其中, α_k 是线性搜索步长因子, 上述迭代 (4.4.3) 称为拟牛顿迭代, 它与牛顿迭代的主要区别在于在 (4.4.3) 中我们用 Hesse 近似 B_k 代替了牛顿迭代中的 Hesse 矩阵 G_k.

设 $f: \mathbf{R}^n \to \mathbf{R}$ 在开集 $D \subset \mathbf{R}^n$ 上二次连续可微, $f(x)$ 在 x_{k+1} 附近的二次近似为

$$f(x) \approx f(x_{k+1}) + g_{k+1}^{\mathrm{T}}(x - x_{k+1}) + \frac{1}{2}(x - x_{k+1})^{\mathrm{T}} G_{k+1}(x - x_{k+1}), \tag{4.4.4}$$

对上式两边求导, 有

$$g(x) \approx g_{k+1} + G_{k+1}(x - x_{k+1}). \tag{4.4.5}$$

令 $x = x_k$, 得

$$G_{k+1}(x_{k+1} - x_k) \approx g_{k+1} - g_k. \tag{4.4.6}$$

令

$$s_k = x_{k+1} - x_k, \quad y_k = g_{k+1} - g_k, \tag{4.4.7}$$

(4.4.6) 成为

$$G_{k+1} s_k \approx y_k. \tag{4.4.8}$$

显然, 如果 $f(x)$ 是正定二次函数, 则上述关系式 (4.4.8) 精确成立. 现在, 我们要求在拟牛顿法中构造出来的 Hesse 近似 B_{k+1} 满足这种关系, 从而得到

$$B_{k+1} s_k = y_k. \tag{4.4.9}$$

上式称为拟牛顿条件或拟牛顿方程.

如果令 $H_k = B_k^{-1}$, 则拟牛顿条件为

$$H_{k+1}y_k = s_k, \tag{4.4.10}$$

拟牛顿迭代为

$$x_{k+1} = x_k + \alpha_k d_k = x_k - \alpha_k B_k^{-1} g_k \tag{4.4.11}$$

或

$$x_{k+1} = x_k + \alpha_k d_k = x_k - \alpha_k H_k g_k. \tag{4.4.12}$$

拟牛顿条件使二次模型具有如下插值性质: 如果 B_{k+1} 满足拟牛顿条件 (4.4.9), 那么在 x_{k+1} 点的二次模型

$$m_{k+1}(x) = f(x_{k+1}) + g_{k+1}^{\mathrm{T}}(x - x_{k+1}) + \frac{1}{2}(x - x_{k+1})^{\mathrm{T}} B_{k+1}(x - x_{k+1}) \tag{4.4.13}$$

满足

$$m_{k+1}(x_{k+1}) = f(x_{k+1}),\ \ \nabla m_{k+1}(x_{k+1}) = g_{k+1},\ \ \nabla m_{k+1}(x_k) = g_k. \tag{4.4.14}$$

上式中第一、第二个等式是显然的, 第三个等式是利用拟牛顿条件 (4.4.9) 得到的. 事实上,

$$\begin{aligned}\nabla m_{k+1}(x_k) &= g_{k+1} - B_{k+1}(x_{k+1} - x_k)\\ &= g_{k+1} - y_k\\ &= g_k.\end{aligned}$$

一般的拟牛顿算法如下:

算法 4.4.1

步 1. 给出初始点 $x_0 \in \mathbf{R}^n$, B_0 (或 H_0) $\in \mathbf{R}^{n\times n}$, $\varepsilon > 0$, $k \triangleq 0$.

步 2. 如果 $\|g_k\| \leqslant \varepsilon$, 停止迭代.

步 3. 解 $B_k d = -g_k$ 得搜索方向 d_k (或计算 $d_k = -H_k g_k$).

步 4. 由线性搜索求步长因子 α_k, 并令 $x_{k+1} = x_k + \alpha_k d_k$.

步 5. 校正 B_k 产生 B_{k+1} (或校正 H_k 产生 H_{k+1}), 使得拟牛顿条件 (4.4.9) (或 (4.4.10)) 成立.

步 6. $k \triangleq k+1$, 转步 2. □

在上述拟牛顿法中, 初始 Hesse 近似 B_0 通常取为单位矩阵, 即 $B_0 = I$, 这样, 拟牛顿法的第一次迭代等价于一个最速下降迭代.

拟牛顿法有下列优点:

(1) 仅需一阶导数. (牛顿法需二阶导数).

(2) B_k (或 H_k) 保持正定, 使得方法具有下降性质 (在牛顿法中, G_k 可能不正定).

(3) 每次迭代需 $O(n^2)$ 次乘法运算 (牛顿法需 $O(n^3)$ 次乘法运算).

(4) 搜索方向是相互共轭的, 从而具有二次终止性.

(5) 具有超线性收敛性.

正如牛顿法是在椭球范数 $\|\cdot\|_{G_k}$ 意义下的最速下降法一样, 拟牛顿法是在椭球范数 $\|\cdot\|_{B_k}$ 意义下的最速下降法, 这里

$$\|x\|_{B_k}=(x^{\mathrm{T}}B_kx)^{\frac{1}{2}},\quad \forall x\in\mathbf{R}^n. \tag{4.4.15}$$

事实上, 由

$$f(x_k+d)=f(x_k)+g_k^{\mathrm{T}}d+O(\|d\|) \tag{4.4.16}$$

知 $g_k^{\mathrm{T}}d$ 越小, 目标函数下降得越快, 故极小化问题

$$\begin{aligned}\min\quad & g_k^{\mathrm{T}}d\\ \text{s.t.}\quad & \|d\|_{B_k}=1\end{aligned} \tag{4.4.17}$$

的解就是 $f(x)$ 在椭球范数 $\|\cdot\|_{B_k}$ 意义下在 x_k 处下降最快的方向. 由广义 Cauchy-Schwartz 不等式[①],

$$(g_k^{\mathrm{T}}d)^2\leqslant(g_k^{\mathrm{T}}B_k^{-1}g_k)(d^{\mathrm{T}}B_kd), \tag{4.4.18}$$

且当 $d=-B_k^{-1}g_k$ 时等式成立, 这时 $g_k^{\mathrm{T}}d$ 取极小. 于是得到问题 (4.4.17) 的解为

$$d=-\frac{B_k^{-1}g_k}{\|B_k^{-1}g_k\|_{B_k}}=-\frac{B_k^{-1}g_k}{(g_k^{\mathrm{T}}B_k^{-1}g_k)^{\frac{1}{2}}}. \tag{4.4.19}$$

因此, 拟牛顿方向

$$d_k=-B_k^{-1}g_k \tag{4.4.20}$$

是在椭球范数 $\|\cdot\|_{B_k}$ 意义下 $f(x)$ 在 x_k 处的最速下降方向. 由于在每一次迭代中尺度矩阵 B_k 总是变化的, 故该方法也叫做变尺度方法.

4.4.2 DFP 校正和 BFGS 校正

DFP 校正是第一个拟牛顿校正, 是 1959 年由 Davidon 提出的, 后来由 Fletcher 和 Powell(1963) 解释和发展的. BFGS 校正是目前最流行的也是最有效的拟牛顿校正, 它是由 Broyden, Fletcher, Goldfarb 和 Shanno 在 1970 年各自独立提出的拟牛顿法. 下面我们介绍这两个典型的拟牛顿法的推导和性质.

考虑 Hesse 逆近似序列 $\{H_k\}$. 设对称秩二校正为

$$H_{k+1}=H_k+auu^{\mathrm{T}}+bvv^{\mathrm{T}}, \tag{4.4.21}$$

其中 a 和 b 为给定的数. 令拟牛顿条件 (4.4.10) 满足, 则

$$H_{k+1}y_k=H_ky_k+auu^{\mathrm{T}}y_k+bvv^{\mathrm{T}}y_k=s_k, \tag{4.4.22}$$

---

① 广义 Cauchy-Schwartz 不等式: 设 A 是 $n\times n$ 正定矩阵, 则

$$|x^{\mathrm{T}}y|\leqslant\|x\|_A\|y\|_{A^{-1}}$$

或

$$|x^{\mathrm{T}}y|\leqslant(x^{\mathrm{T}}Ax)^{\frac{1}{2}}(y^{\mathrm{T}}A^{-1}y)^{\frac{1}{2}},$$

当且仅当 x 和 $A^{-1}y$ 线性相关时, 等式成立.

这里 u 和 v 并不唯一确定, 但 u 和 v 的明显的选择是

$$u = s_k, \quad v = H_k y_k.$$

于是, 从 (4.4.22) 得

$$au^{\mathrm{T}} y_k = 1, \quad bv^{\mathrm{T}} y_k = -1,$$

从而

$$a = \frac{1}{u^{\mathrm{T}} y_k} = \frac{1}{s_k^{\mathrm{T}} y_k}, \quad b = -\frac{1}{v^{\mathrm{T}} y_k} = -\frac{1}{y_k^{\mathrm{T}} H_k y_k}.$$

因此

$$H_{k+1} = H_k + \frac{s_k s_k^{\mathrm{T}}}{s_k^{\mathrm{T}} y_k} - \frac{H_k y_k y_k^{\mathrm{T}} H_k}{y_k^{\mathrm{T}} H_k y_k}. \tag{4.4.23}$$

上述公式称为 DFP 校正公式 (关于 H_k). 从这个公式我们可以看出, 序列 $\{H_k\}$ 的生成并不是每次迭代中重复计算的, 而是通过一种简单的校正从 H_k 生成 H_{k+1}, 这使得拟牛顿法是节省资源的和有效的. 完全类似地, 利用拟牛顿条件 (4.4.9), 我们可以得到

$$B_{k+1} = B_k + \frac{y_k y_k^{\mathrm{T}}}{y_k^{\mathrm{T}} s_k} - \frac{B_k s_k s_k^{\mathrm{T}} B_k}{s_k^{\mathrm{T}} B_k s_k}. \tag{4.4.24}$$

上述公式称为 BFGS 校正公式 (关于 B_k).

容易看出, 只要通过对 (4.4.23) 作简单变换 $H \longleftrightarrow B$ 和 $s \longleftrightarrow y$, 关于 B_k 的 BFGS 校正就可得到. 因此, 我们也把 (4.4.24) 称为互补 DFP 公式.

如果对 (4.4.24) 两次应用逆的秩一校正的 Sherman-Morrison 公式①, 就得到关于 H_k 的 BFGS 校正:

$$\begin{aligned} H_{k+1}^{(\mathrm{BFGS})} = H_k + \frac{(s_k - H_k y_k) s_k^{\mathrm{T}} + s_k (s_k - H_k y_k)^{\mathrm{T}}}{s_k^{\mathrm{T}} y_k} - & \\ \frac{(s_k - H_k y_k)^{\mathrm{T}} y_k}{(s_k^{\mathrm{T}} y_k)^2} s_k s_k^{\mathrm{T}} & \qquad (4.4.25) \\ = \left(I - \frac{s_k y_k^{\mathrm{T}}}{s_k^{\mathrm{T}} y_k}\right) H_k \left(I - \frac{y_k s_k^{\mathrm{T}}}{s_k^{\mathrm{T}} y_k}\right) + \frac{s_k s_k^{\mathrm{T}}}{s_k^{\mathrm{T}} y_k}. & \qquad (4.4.26) \end{aligned}$$

进一步, 若将上式中 $H \leftrightarrow B$ 和 $s \leftrightarrow y$ 互换, 便得到关于 B_k 的 DFP 校正:

$$\begin{aligned} B_{k+1}^{(\mathrm{DFP})} = B_k + \frac{(y_k - B_k s_k) y_k^{\mathrm{T}} + y_k (y_k - B_k s_k)^{\mathrm{T}}}{y_k^{\mathrm{T}} s_k} - & \\ \frac{(y_k - B_k s_k)^{\mathrm{T}} s_k}{(y_k^{\mathrm{T}} s_k)^2} y_k y_k^{\mathrm{T}} & \qquad (4.4.27) \end{aligned}$$

---

① Sherman-Morrison 公式是

$$(A + uv^{\mathrm{T}})^{-1} = A^{-1} - \frac{A^{-1} u v^{\mathrm{T}} A^{-1}}{1 + v^{\mathrm{T}} A^{-1} u},$$

其中 $A \in \mathbf{R}^{n \times n}$ 是非奇异矩阵, $u, v \in \mathbf{R}^n$, $1 + v^{\mathrm{T}} A^{-1} u \neq 0$.

$$= \left(I - \frac{y_k s_k^{\mathrm{T}}}{y_k^{\mathrm{T}} s_k}\right) B_k \left(I - \frac{s_k y_k^{\mathrm{T}}}{y_k^{\mathrm{T}} s_k}\right) + \frac{y_k y_k^{\mathrm{T}}}{y_k^{\mathrm{T}} s_k}. \tag{4.4.28}$$

下面, 我们讨论 DFP 和 BFGS 校正的几个主要性质.

第一, 在所有满足拟牛顿条件的矩阵中, $B_{k+1}^{(\mathrm{DFP})}$ (或 $H_{k+1}^{(\mathrm{BFGS})}$) 在某种范数的意义下, 是最靠近当前矩阵 B_k (或 H_k) 的. 具体地说, 由 (4.4.28) 定义的 DFP 校正 $B_{k+1}^{(\mathrm{DFP})}$ 是极小化问题

$$\min_B \|B - B_k\|_{W,F} \tag{4.4.29}$$

$$\text{s.t.} \ \ B = B^{\mathrm{T}}, \ \ Bs_k = y_k \tag{4.4.30}$$

的唯一解, 其中 W 是满足 $W^2 y_k = s_k$ 的任何非奇异对称矩阵,

$$\|B\|_{W,F} = \|WBW\|_F \tag{4.4.31}$$

代表加权 Frobenius 范数.

类似地, 由 (4.4.26) 定义的 BFGS 校正 $H_{k+1}^{(\mathrm{BFGS})}$ 是极小化问题

$$\min_H \|H - H_k\|_{W,F} \tag{4.4.32}$$

$$\text{s.t.} \ \ H = H^{\mathrm{T}}, \ \ Hy_k = s_k \tag{4.4.33}$$

的唯一解, 其中 W 是满足 $W^2 s_k = y_k$ 的任何非奇异对称矩阵.

第二, 使校正保持正定性是非常重要的性质. 如果 $\{B_k\}$ 或 $\{H_k\}$ 正定, 则 f 的局部二次模型就有唯一的局部极小点, 这时搜索方向 $d_k = -H_k g_k$ 就是下降方向. 因此, 我们通常要求校正保持正定性, 即若 H_k 正定, 则 H_{k+1} 也正定. DFP 和 BFGS 校正都具有这样的性质.

定理 4.4.2 (DFP 校正的正定性) 当且仅当 $s_k^{\mathrm{T}} y_k > 0$ 时, DFP 校正 (4.4.23) 保持正定性.

证明 用数学归纳法证明

$$z^{\mathrm{T}} H_k z > 0, \ \forall z \neq 0. \tag{4.4.34}$$

由初始选择, H_0 显然正定. 今假定对于某个 k, 结论成立, 并记 $H_k = LL^{\mathrm{T}}$ 为 H_k 的 Cholesky 分解. 设

$$a = L^{\mathrm{T}} z, \ b = L^{\mathrm{T}} y_k, \tag{4.4.35}$$

则

$$\begin{aligned} z^{\mathrm{T}} H_{k+1} z &= z^{\mathrm{T}} \left(H_k - \frac{H_k y_k y_k^{\mathrm{T}} H_k}{y_k^{\mathrm{T}} H_k y_k}\right) z + z^{\mathrm{T}} \frac{s_k s_k^{\mathrm{T}}}{s_k^{\mathrm{T}} y_k} z \\ &= \left[a^{\mathrm{T}} a - \frac{(a^{\mathrm{T}} b)^2}{b^{\mathrm{T}} b}\right] + \frac{(z^{\mathrm{T}} s_k)^2}{s_k^{\mathrm{T}} y_k}. \end{aligned} \tag{4.4.36}$$

由 Cauchy 不等式知

$$a^{\mathrm{T}}a-\frac{(a^{\mathrm{T}}b)^2}{b^{\mathrm{T}}b}\geqslant 0, \tag{4.4.37}$$

又由题设 $s_k^{\mathrm{T}}y_k>0$, 故 (4.4.36) 中第二项非负, 从而

$$z^{\mathrm{T}}H_{k+1}z\geqslant 0. \tag{4.4.38}$$

下面证明 (4.4.36) 右边两项中至少一项严格大于零. 假定 (4.4.36) 中第一项等于零, 由 Cauchy 不等式, 这等价于 a 与 b 平行, 即 z 与 y_k 平行. 设 $z=\beta y_k$, $\beta\neq 0$, 这时,

$$\frac{(z^{\mathrm{T}}s_k)^2}{s_k^{\mathrm{T}}y_k}=\beta^2 s_k^{\mathrm{T}}y_k>0,$$

这表明当 (4.4.36) 中第一项为零时, 第二项严格大于零.

假定 (4.4.36) 中第二项等于零, 由于 $s_k^{\mathrm{T}}y_k>0$, 则有 $z^{\mathrm{T}}s_k=0$, 但在这种情形下, z 与 y_k 必不平行, 从而第一项必大于零, 因为否则的话, $z=\beta y_k$, $\beta\neq 0$, 及题设 $s_k^{\mathrm{T}}y_k>0$ 将导致 $z^{\mathrm{T}}s_k=\beta y_k^{\mathrm{T}}s_k\neq 0$, 这是矛盾的. 于是, 对于任何 $z\neq 0$, 总有 $z^{\mathrm{T}}H_{k+1}z>0$ 成立. 从而充分性得证.

必要性可以类似地证明. □

这个定理对 BFGS 校正同样成立.

由上述定理可知, $s_k^{\mathrm{T}}y_k>0$ 对于保持 DFP 和 BFGS 校正的正定性是关键的, 同时, 这个条件也是实际的, 并且是可以满足的. 对于正定二次函数, 我们有

$$s_k^{\mathrm{T}}y_k=s_k^{\mathrm{T}}Gs_k>0. \tag{4.4.39}$$

对于一般函数,

$$s_k^{\mathrm{T}}y_k=g_{k+1}^{\mathrm{T}}s_k-g_k^{\mathrm{T}}s_k. \tag{4.4.40}$$

注意到 $g_k^{\mathrm{T}}s_k<0$ (s_k 是下降步) 和当采用精确线性搜索时, $g_{k+1}^{\mathrm{T}}s_k=0$, 从而 $s_k^{\mathrm{T}}y_k>0$.

当采用 Wolfe 不精确线性搜索准则 (3.5.7), (3.5.8) 时, 有

$$g_{k+1}^{\mathrm{T}}s_k\geqslant\sigma g_k^{\mathrm{T}}s_k\quad(\sigma<1).$$

因此, 注意到 $s_k=\alpha_k d_k$ 是下降步, $g_k^{\mathrm{T}}s_k<0$, 则

$$y_k^{\mathrm{T}}s_k\geqslant(\sigma-1)g_k^{\mathrm{T}}s_k>0. \tag{4.4.41}$$

一般地, 适当提高线性搜索的精度, 就可以使得 $g_{k+1}^{\mathrm{T}}s_k$ 在数量上小到所要求的程度, 从而使得 $s_k^{\mathrm{T}}y_k>0$.

第三, DFP 方法和 BFGS 方法具有二次终止性, 即, 对于正定二次函数, DFP 方法和 BFGS 方法产生的方向是共轭的, 方法至多 n 步终止. 这个结论的证明与节 4.3 共轭梯度法的二次终止性定理类似.

下面给出用 BFGS 方法极小化函数的例子.

例 4.4.3 用 BFGS 方法极小化函数

$$\min f(x_1,x_2)=(x_1-2)^4+(x_1-2)^2x_2^2+(x_2+1)^2.$$

其中, $x_0=(1,1)^{\mathrm T}$, $x^*=(2,-1)^{\mathrm T}$.

解 采用 BFGS 方法:

$$x_{k+1}=x_k-B_k^{-1}g_k,$$

$$s_k=x_{k+1}-x_k,\quad y_k=g_{k+1}-g_k,$$

$$B_{k+1}=B_k+\frac{y_ky_k^{\mathrm T}}{s_k^{\mathrm T}y_k}-\frac{B_ks_ks_k^{\mathrm T}B_k}{s_k^{\mathrm T}B_ks_k}.$$

初始点 $x_0=(1,1)^{\mathrm T}$, $B_0=\nabla^2 f(x_0)$. 计算结果如下:

x_k	$f(x_k)$
$x_0=(1,\ 1)^{\mathrm T}$	6.0
$x_1=(1,\ -0.5)^{\mathrm T}$	1.5
$x_2=(1.45,\ -0.3875)^{\mathrm T}$	5.12×10^{-1}
$x_3=(1.5889290,\ -0.63729087)^{\mathrm T}$	2.29×10^{-1}
$x_4=(1.8254150,\ -0.97155747)^{\mathrm T}$	3.05×10^{-2}
$x_5=(1.9460278,\ -1.0705597)^{\mathrm T}$	8.33×10^{-3}
$x_6=(1.9641387,\ -1.0450875)^{\mathrm T}$	3.44×10^{-3}
$x_7=(1.9952140,\ -1.0017148)^{\mathrm T}$	2.59×10^{-5}
$x_8=(2.0000653,\ -1.0004294)^{\mathrm T}$	1.89×10^{-7}
$x_9=(1.9999853,\ -0.99995203)^{\mathrm T}$	2.52×10^{-9}
$x_{10}=(2.0,\ -1.0)^{\mathrm T}$	0

上面的计算结果表明, 用 BFGS 方法经 10 步迭代达到极小点; 同样地, 从相同的初始点出发, DFP 方法需要 12 步迭代达到极小点; 而牛顿法需要 6 次或 7 次迭代达到极小点.

上面我们讨论了 DFP 和 BFGS 校正, 它们都是由 y_k 和 B_ks_k 组成的秩二校正. 本小节最后我们提出由 DFP 和 BFGS 校正加权组合产生的一类校正族

$$B_{k+1}^{\phi}=\phi_kB_{k+1}^{\mathrm{DFP}}+(1-\phi_k)B_{k+1}^{\mathrm{BFGS}} \tag{4.4.42}$$

$$=B_k-\frac{B_ks_ks_k^{\mathrm T}B_k}{s_k^{\mathrm T}B_ks_k}+\frac{y_ky_k^{\mathrm T}}{s_k^{\mathrm T}y_k}+\phi_k(s_k^{\mathrm T}B_ks_k)w_kw_k^{\mathrm T}, \tag{4.4.43}$$

其中 ϕ_k 为实参数,

$$w_k=\frac{y_k}{y_k^{\mathrm T}s_k}-\frac{B_ks_k}{s_k^{\mathrm T}B_ks_k}. \tag{4.4.44}$$

这类校正称为 Broyden 族. 显然, $\phi_k=0$ 时就是 BFGS 校正; $\phi_k=1$ 时就是 DFP 校正. 由于 DFP 和 BFGS 校正都是保持正定的, 因此, 若 $y_k^{\mathrm T}s_k>0$, 只要 $\phi_k\geqslant0$, 则 Broyden 族校正保持正定.

调用 MATLAB 和 Python 中拟牛顿法的软件

本节最后, 我们给出调用 MATLAB 和 Python 中拟牛顿法的软件求解上述无约束最优化问题的例子.

例 4.4.4 调用 MATLAB 和 Python 中拟牛顿法的软件求解

$$\min f(x_1,x_2)=(x_1-2)^4+(x_1-2)^2x_2^2+(x_2+1)^2.$$

其中, $x_0=(1,1)^{\mathrm{T}}, x^*=(2,-1)^{\mathrm{T}}$.

解 (1) 类似于共轭梯度法, 我们同样使用 fminunc 和 optimset 函数来实现调用 MATALB 中现有的 BFGS 算法软件程序来求解此例.

我们需要建立一个 m 文件, 输入我们要求解的优化问题的目标函数和梯度函数, 内容如下:

```
function [ f , g ]=y(x)
f=(x(1)-2)^4+(x(1)-2)^2*x(2)^2+(x(2)+1)^2;
g(1)=4*(x(1)-2)^3+2*(x(1)-2)*x(2)^2;
g(2)=2*(x(1)-2)^2*x(2)+2*(x(2)+1);
```

其中 f 是函数值, g 是 y 的梯度. 然后调用 optimset 函数:

```
options=optimset('gradobj','on','InitialHessType','scaled-identity', 'HessUpdate',
                 'bfgs');
```

最后输入

```
[ x, fval ] = fminunc( 'y', [1, 1], options)
```

得到结果:

```
x =
  2.0000  -1.0000
feval =
   2.6403e-013.
```

(2) 使用 Python 中 scipy 库 (参见例 2.2.4) 的 scipy.optimize.minimize 函数来应用 BFGS 算法求解例 4.4.4. 其调用格式如下:

```
scipy.optimize.minimize(fun, x0, args, jac, method)
```

其中参数含义与例 4.3.11 中使用 scipy.optimize.minimize 函数时一致. 这里参数 method 选择 ‘BFGS’.

输入我们要求解的优化问题的目标函数和梯度函数, 具体内容如下:

```
def objective(x):
    f = (x[0]-2)**4 + (x[0]-2)**2 * x[1]**2 + (x[1]+1)**2
    return f
def gradient(x):
    g1 = 4 * (x[0]-2)**3 + 2 * (x[0]-2) * x[1]**2
    g2 = 2 * (x[0]-2)**2 * x[1] + 2 * (x[1]+ 1)
```

return [g1, g2]
然后调用 minimize 函数:
result = scipy.optimize.minimize(objective, x0, jac=gradient, method='BFGS')
最后输入:
print("最优解:", [round(x, 4) for x in result.x])
print("最优值:", round(result.fun, 4))
得到结果:
最优解：[2.0, −1.0]
最优值：0.0. □

*4.5 拟牛顿法的收敛性

本节为选学内容. 本节我们讨论拟牛顿法的总体收敛性和局部收敛性. 在定理 4.5.2 中, 我们给出总体收敛性定理, 它表明采用精确线性搜索或 Wolfe 不精确线性搜索的 BFGS 算法产生的迭代序列 $\{x_k\}$ 收敛到极小点 x^*. 在定理 4.5.3 中, 我们给出了拟牛顿法超线性收敛的充分必要条件. 定理 4.5.4 和定理 4.5.5 指明 BFGS 方法满足这个充分必要条件, 因而具有超线性收敛性. 由于这两个定理的证明较长, 我们没有给出. 拟牛顿法的收敛性是重要的, 我们希望学生至少了解这些定理的内容, 不要求掌握这些定理的证明. 这里给出的证明仅供教师和感兴趣的同学参考.

设 x_0 是任意初始点, B_0 是对称正定的初始 Hesse 近似.

假设 4.5.1

(1) $f:\mathbf{R}^n\to\mathbf{R}$ 在开凸集 $D\subset\mathbf{R}^n$ 上二次连续可微;

(2) 水平集 $\Omega=\{x\in\mathbf{R}^n \mid f(x)\leqslant f(x_0)\}$ 是凸的, 存在正的常数 m 和 M 使得 Hesse 矩阵 $G(x)$ 满足

$$m\|z\|^2\leqslant z^{\mathrm{T}}G(x)z\leqslant M\|z\|^2,\quad \forall z\in\mathbf{R}^n,\ x\in\Omega. \tag{4.5.1}$$

(3) 在 x^* 的邻域 $N(x^*,\varepsilon)$ 内, $G(x)$ 是 Lipschitz 连续的, 即

$$\|G(x)-G(\bar{x})\|\leqslant L\|x-\bar{x}\|,\quad \forall x,\ \bar{x}\in N(x^*,\varepsilon). \tag{4.5.2}$$

上述假设条件 (2) 意味着 Hesse 矩阵 $G(x)$ 在 Ω 上是正定的, f 有唯一的极小点 x^*. 由 Taylor 定理,

$$g(x_k+s_k)=g(x_k)+\int_0^1 G(x_k+\tau s_k)\mathrm{d}\tau,$$

令

$$\bar{G_k}=\int_0^1 G(x_k+\tau s_k)\mathrm{d}\tau=\int_0^1 G(x_k+\tau\alpha_k d_k)\mathrm{d}\tau, \tag{4.5.3}$$

则

$$y_k=g_{k+1}-g_k=\bar{G_k}s_k. \tag{4.5.4}$$

于是, 利用 (4.5.1) 和 (4.5.4), 有

$$\frac{y_k^{\mathrm{T}} s_k}{s_k^{\mathrm{T}} s_k} = \frac{s_k^{\mathrm{T}} \bar{G}_k s_k}{s_k^{\mathrm{T}} s_k} \geqslant m, \tag{4.5.5}$$

令 $z_k = \bar{G}_k^{\frac{1}{2}} s_k$, 则

$$\frac{y_k^{\mathrm{T}} y_k}{y_k^{\mathrm{T}} s_k} = \frac{z_k^{\mathrm{T}} \bar{G}_k z_k}{z_k^{\mathrm{T}} z_k} \leqslant M. \tag{4.5.6}$$

注意到矩阵 A 的迹 trace(A) 是 A 的对角元的和, 也是 A 的特征值的和, 即

$$\operatorname{trace}(A) = \sum_{i=1}^{n} a_{ii}\ , \quad \operatorname{trace}(A) = \sum_{i=1}^{n} \lambda_i\ ; \tag{4.5.7}$$

矩阵 A 的行列式 det(A) 是 A 的特征值的乘积, 即

$$\det(A) = \prod_{i=1}^{n} \lambda_i\ . \tag{4.5.8}$$

在下面的定理的证明中, 我们利用了这两个概念来估计 Hesse 近似的最大和最小特征值的大小.

定理 4.5.2 设 B_0 是任意初始对称正定矩阵, x_0 是初始点, 使得假设 4.5.1 (1)(2) 成立, 则采用 Wolfe 不精确线性搜索的 BFGS 算法产生的序列 $\{x_k\}$ 收敛到 f 的极小点 x^*.

证明 定义

$$m_k = \frac{y_k^{\mathrm{T}} s_k}{s_k^{\mathrm{T}} s_k}, \quad M_k = \frac{y_k^{\mathrm{T}} y_k}{y_k^{\mathrm{T}} s_k}. \tag{4.5.9}$$

由 (4.5.5) 和 (4.5.6) 得

$$m_k \geqslant m, \quad M_k \leqslant M. \tag{4.5.10}$$

由 BFGS 校正 (4.4.24), 计算其迹和行列式, 得

$$\operatorname{trace}(B_{k+1}) = \operatorname{trace}(B_k) - \frac{\|B_k s_k\|^2}{s_k^{\mathrm{T}} B_k s_k} + \frac{\|y_k\|^2}{y_k^{\mathrm{T}} s_k} \tag{4.5.11}$$

和

$$\det(B_{k+1}) = \det(B_k) \frac{y_k^{\mathrm{T}} s_k}{s_k^{\mathrm{T}} B_k s_k}. \tag{4.5.12}$$

定义

$$\cos\theta_k = \frac{s_k^{\mathrm{T}} B_k s_k}{\|s_k\| \|B_k s_k\|}, \quad q_k = \frac{s_k^{\mathrm{T}} B_k s_k}{s_k^{\mathrm{T}} s_k}. \tag{4.5.13}$$

这里 θ_k 是 s_k 和 $B_k s_k$ 之间的夹角. 于是,

$$\frac{\|B_k s_k\|^2}{s_k^{\mathrm{T}} B_k s_k} = \frac{\|B_k s_k\|^2 \|s_k\|^2}{(s_k^{\mathrm{T}} B_k s_k)^2} \frac{s_k^{\mathrm{T}} B_k s_k}{\|s_k\|^2} = \frac{q_k}{\cos^2 \theta_k}. \tag{4.5.14}$$

又由 (4.5.12) 和 (4.5.9), 有

$$\det(B_{k+1}) = \det(B_k) \frac{y_k^{\mathrm{T}} s_k}{s_k^{\mathrm{T}} s_k} \frac{s_k^{\mathrm{T}} s_k}{s_k^{\mathrm{T}} B_k s_k} = \det(B_k) \frac{m_k}{q_k}. \tag{4.5.15}$$

现在, 我们定义

$$\psi(B) = \operatorname{trace}(B) - \ln(\det(B)), \tag{4.5.16}$$

其中 $\ln(\cdot)$ 表示自然对数. 不难证明, $\psi(B) > 0$. 由 (4.5.16), (4.5.11)—(4.5.15), 得

$$\begin{aligned} \psi(B_{k+1}) &= \operatorname{trace}(B_{k+1}) - \ln(\det(B_{k+1})) \\ &= \operatorname{trace}(B_k) + M_k - \frac{q_k}{\cos^2 \theta_k} - \ln(\det(B_k)) - \ln m_k + \ln q_k \\ &= \psi(B_k) + (M_k - \ln m_k - 1) + \\ &\quad \left[1 - \frac{q_k}{\cos^2 \theta_k} + \ln \frac{q_k}{\cos^2 \theta_k}\right] + \ln \cos^2 \theta_k. \end{aligned} \tag{4.5.17}$$

注意到对所有 $t > 0, h(t) = 1 - t + \ln t \leqslant 0$, 上面方括号中的项是非正的, 因而由 (4.5.10), 并反复利用 (4.5.17), 得

$$0 < \psi(B_{k+1}) \leqslant \psi(B_1) + ck + \sum_{j=1}^{k} \ln \cos^2 \theta_j, \tag{4.5.18}$$

其中 $c = M - \ln m - 1 > 0$.

下面, 我们利用 Wolfe 不精确线性搜索的总体收敛性定理证明结果.

由于 $s_k = -\alpha_k B_k^{-1} g_k, B_k s_k = -\alpha_k g_k$, 故 $s_k^{\mathrm{T}} B_k s_k = \alpha_k^2 g_k^{\mathrm{T}} B_k^{-1} g_k = -\alpha_k g_k^{\mathrm{T}} d_k$, 这表明由 (4.5.13) 定义的 θ_k 也是最速下降方向 $-g_k$ 和拟牛顿搜索方向 $d_k = -B_k^{-1} g_k$ 之间的夹角. 于是, 由 Wolfe 不精确线性搜索的总体收敛性定理得

$$\|g_k\| \cos \theta_k \to 0. \tag{4.5.19}$$

为了要证明 $\lim\limits_{k\to\infty} \inf \|g_k\| = 0$, 只要证明存在子序列 $\{k_j\}$, 使得 $\{\cos \theta_{k_j}\} \geqslant \delta > 0$.

假定 $\cos \theta_{k_j} \to 0$. 则存在 $k_1 > 0$, 使得对所有 $k_j > k_1$, 有

$$\ln \cos^2 \theta_{k_j} < -2c, \tag{4.5.20}$$

其中 $c = M - \ln m - 1 > 0$ 是上面定义的常数. 利用 (4.5.18) 得到: 对所有 $k > k_1$,

$$0 \quad < \quad \psi(B_1) + kc + \sum_{k_j=1}^{k_1} \ln \cos^2 \theta_{k_j} + \sum_{k_j=k_1+1}^{k} (-2c)$$

$$= \psi(B_1) + \sum_{k_j=1}^{k_1} \ln\cos^2\theta_{k_j} + 2k_1c - kc. \tag{4.5.21}$$

在 (4.5.21) 中, 第一项和第三项是正的, 但有限, 第二项小于零, 第四项也小于零且与 k 有关, 故当 k 充分大时, 上式右边是负的, 从而给出矛盾. 这个矛盾表明存在子序列 $\{k_j\}$, 使得 $\{\cos\theta_{k_j}\} \geqslant \delta > 0$. 从而

$$\lim_{k\to\infty} \inf \|g_k\| = 0. \tag{4.5.22}$$

由假设 4.5.1(b), 问题是强凸的, 这表明 $\{x_k\} \to x^*$. □

上述定理证明了: 采用 Wolfe 不精确线性搜索的 BFGS 拟牛顿算法是总体收敛的. 这个结果可推广到所有 $\phi_k \in [0,1)$ 的 Broyden 族, 即不包括 DFP 校正.

下面, 我们研究 BFGS 方法的局部超线性收敛性. 首先给出拟牛顿法超线性收敛的充分必要条件.

定理 4.5.3 设 $f:\mathbf{R}^n \to \mathbf{R}$, 满足假设 4.5.1 (1)(2) 成立. 考虑迭代 $x_{k+1} = x_k + d_k$, $d_k = -B_k^{-1}g_k$. 设 $\{x_k\}$ 收敛到解点 x^*, 则当且仅当

$$\lim_{k\to\infty} \frac{\|(B_k - G(x^*))d_k\|}{\|d_k\|} = 0 \tag{4.5.23}$$

时, 序列 $\{x_k\}$ 超线性收敛到 x^*.

证明 设拟牛顿步为 $d_k = -B_k^{-1}g_k$, 牛顿步为 $d_k^N = -G_k^{-1}g_k$. 由于 $G(x^*)$ 是正定的, 故当 x_k 充分靠近 x^* 时, $\|G_k^{-1}\|$ 是上有界的. 我们先证明 (4.5.23) 等价于

$$d_k - d_k^N = o(\|d_k\|). \tag{4.5.24}$$

假定 (4.5.23) 成立, 则

$$\begin{aligned} d_k - d_k^N &= G_k^{-1}(G_k d_k + g_k) \\ &= G_k^{-1}(G_k - B_k)d_k \\ &= O(\|(G_k - B_k)d_k\|) \\ &= o(\|d_k\|). \end{aligned} \tag{4.5.25}$$

最后一个等式来自 (4.5.23).

反之, 设 (4.5.24) 成立, 则用 G_k 左乘 (4.5.24) 两边, 得

$$G_k d_k - G_k d_k^N = o(\|d_k\|). \tag{4.5.26}$$

注意到 $-G_k d_k^N = g_k = -B_k d_k$, 从而 (4.5.26) 成为

$$(G_k - B_k)d_k = o(\|d_k\|),$$

它意味着 (4.5.23).

下面, 借助于牛顿法的二次收敛性结果来完成证明.

$$
\begin{aligned}
\|d_k\| - \|x_k - x^*\| &\leqslant \|x_k + d_k - x^*\| \\
&\leqslant \|x_k + d_k^N - x^*\| + \|d_k - d_k^N\| \\
&= O(\|x_k - x^*\|^2) + o(\|d_k\|).
\end{aligned} \tag{4.5.27}
$$

从上式易知 $\|d_k\| = O(\|x_k - x^*\|)$, 代入 (4.5.27), 得到

$$
\|x_{k+1} - x^*\| = \|x_k + d_k - x^*\| = o(\|x_k - x^*\|).
$$

这表明 $\{x_k\}$ 是超线性收敛的. □

这个定理告诉我们三点:

(1) 超线性收敛的充分必要条件是 (4.5.23) 成立, 即 B_k 只要沿搜索方向 d_k 收敛到 Hesse 矩阵 $G(x^*)$, 则拟牛顿法超线性收敛.

(2) (4.5.24) 也是拟牛顿法超线性收敛的充分必要条件, 即当且仅当拟牛顿步 d_k 在长度和方向上都趋向于牛顿步 d_k^N, 则拟牛顿法超线性收敛.

(3) 如果将 (4.5.23) 用

$$
\lim_{k\to\infty} \frac{\|(B_k - G_k)d_k\|}{\|d_k\|} = 0
$$

代替, 则定理仍然成立.

这个定理是基本的和一般的, 当我们讨论每个具体的拟牛顿法的超线性收敛性时, 都要验证充分必要条件 (4.5.23). 作为典型代表, 我们不加证明地给出 BFGS 方法局部超线性收敛定理, 感兴趣的读者请参看 [20], [42], 以及 [8].

定理 4.5.4 设 $f: \mathbf{R}^n \to \mathbf{R}$ 满足假设 4.5.1(1)(2)(3). 则存在 $\varepsilon > 0$ 和 $\delta > 0$, 使得对于 $\|x_0 - x^*\|_2 < \varepsilon$ 和 $\|B_0 - G(x^*)\|_2 \leqslant \delta$, BFGS 方法 $x_{k+1} = x_k - B_k^{-1}g_k$ 有定义. 如果

$$
\sum_{k=0}^{\infty} \|x_k - x^*\| < \infty, \tag{4.5.28}
$$

则序列 $\{x_k\}$ 超线性收敛到 x^*.

定理 4.5.5 设 $f: \mathbf{R}^n \to \mathbf{R}$ 满足假设 4.5.1(a)(b)(c). 假定采用 Wolfe 线性搜索的 BFGS 算法 $x_{k+1} = x_k - \alpha_k B_k^{-1} g_k$ 产生的迭代序列 $\{x_k\}$ 收敛到 x^*, 假定 (4.5.28) 成立, 则序列 $\{x_k\}$ 超线性收敛到 x^*.

小 结

本章是全书最主要的部分之一, 这不仅因为在科学工程中很多实际数学模型可归结为无约束优化问题, 而且因为许多约束优化问题需要通过转化为无约束优化问题进行求解.

本章介绍了最基本的无约束最优化方法. 在节 4.1 中给出了最速下降法. 在无约束优化方法的发展历史中, 最速下降法是最基本与直接的方法之一. 它基于梯度信息, 沿着梯度的反方向进行迭代更新, 逐步逼近最优解. 虽然最速下降法收敛速度较慢, 但它为后续优化算法的发展奠定了基础.

最速下降法主要利用一阶导数信息. 在节 4.2 中, 我们进一步介绍了利用目标函数的二阶导数信息, 通过二次近似来逼近最优解的牛顿法. 它具有快速的收敛速度, 尤其在目标函数具有光滑性质的情况下表现出色. 牛顿法在无约束优化中扮演着重要的角色, 并且为后续拟牛顿法的发展提供了基础.

牛顿法需要存储和计算 Hesse 矩阵并求逆, 所需的存储和计算成本较高. 节 4.3 讨论了介于最速下降法和牛顿法的共轭梯度法. 该方法每一步迭代仅需要一阶导数信息, 利用共轭方向的性质克服了最速下降法收敛慢的缺点, 也不用存储和计算 Hesse 矩阵并求逆, 是求解大型最优化问题的首选方法之一, 在优化高维问题和大规模数据集时具有优势, 并被广泛应用于信号处理、图像处理和机器学习等领域. 在附录 Ⅱ—Ⅲ 中, 我们给出了共轭梯度法的 MATLAB 和 Python 程序.

在节 4.4 和节 4.5 中, 我们介绍了拟牛顿法. 该方法利用一阶导数信息迭代近似 Hesse 矩阵, 并通过近似 Hesse 矩阵的逆矩阵来更新搜索方向. 在继承牛顿法优点的同时, 这类方法避免了存储和计算 Hesse 矩阵, 具有较快的收敛速度和较好的数值稳定性, 所以称为拟牛顿法. 其中 BFGS 算法是最成功且广泛应用的拟牛顿法之一. 在附录 Ⅱ—Ⅲ 中, 我们也给出了 BFGS 算法的 MATLAB 和 Python 程序.

习 题

1. 设 $f(x)=\frac{3}{2}x_1^2+\frac{1}{2}x_2^2-x_1x_2-2x_1$, 设初始点 $x^{(0)}=(-2,4)^{\mathrm{T}}$. 试用最速下降法和牛顿法极小化 $f(x)$.

2. 设 (1) $f(x)=\frac{1}{2}(x_1^2+9x_2^2)$, (2) $f(x)=\frac{1}{2}(x_1^2+10^4x_2^2)$, 试讨论最速下降法的收敛速度.

3. 设 $f(x)=\frac{1}{2}x^{\mathrm{T}}x+\frac{1}{4}\sigma(x^{\mathrm{T}}Ax)$, 其中

$$A=\begin{pmatrix} 5 & 1 & 0 & \frac{1}{2} \\ 1 & 4 & \frac{1}{2} & 0 \\ 0 & \frac{1}{2} & 3 & 0 \\ \frac{1}{2} & 0 & 0 & 2 \end{pmatrix}$$

设 (1) $x_0=(\cos 70^\circ,\sin 70^\circ,\cos 70^\circ,\sin 70^\circ)^{\mathrm{T}}$;

(2) $x_0=(\cos 50^\circ,\sin 50^\circ,\cos 50^\circ,\sin 50^\circ)^{\mathrm{T}}$,

试在 $\sigma=1$ 和 $\sigma=10^4$ 的情况下讨论基本牛顿法、线性搜索牛顿法和牛顿型信赖域方法的数值结果和收敛性态.

4. 证明: 当极小化正定二次函数时, 共轭梯度法 FR 公式, PRP 公式和 Dixon 公式是等价的.

5. 用 FR 共轭梯度法解极小化问题

$$\min f(x_1,x_2)=1+x_1-x_2+x_1^2+2x_2^2.$$

6. 设 $s\in\mathbf{R}^n$, $s\neq 0$, I 是 $n\times n$ 单位矩阵. 证明:

$$\left\|I-\frac{ss^{\mathrm{T}}}{s^{\mathrm{T}}s}\right\|=1.$$

7. 证明逆的秩一校正公式 (Sherman-Morrison 公式): 设 $A\in\mathbf{R}^{n\times n}$ 非奇异, u, $v\in\mathbf{R}^n$ 是任意向量, 若 $1+v^{\mathrm{T}}Au\neq 0$, 则 $A+uv^{\mathrm{T}}$ 非奇异, 且其逆矩阵可以表示为

$$(A+uv^{\mathrm{T}})^{-1}=A^{-1}-\frac{A^{-1}uv^{\mathrm{T}}A^{-1}}{1+v^{\mathrm{T}}A^{-1}u}.$$

8. 证明 Wolfe 条件 (3.5.5) 和强 Wolfe 条件 (3.5.9) 意味着 $s_k^{\mathrm{T}}y_k>0$.

9. (1) 证明公式 (4.4.23) 和公式 (4.4.24) 是互逆的.

(2) 证明公式 (4.4.26) 和公式 (4.4.27) 是互逆的.

10. 分别用最速下降法、共轭梯度法、牛顿法和拟牛顿法极小化 Rosenbrock 函数 $f(x)=100(x_2-x_1^2)^2+(1-x_1)^2$, $x^{(0)}=(-1.2,1)^{\mathrm{T}}$, $x^*=(1,1)^{\mathrm{T}}$, $f(x^*)=0$.

11. 分别用共轭梯度法和拟牛顿法极小化 Powell 奇异函数

$$f(x)=(x_1+10x_2)^2+5(x_3-x_4)^2+(x_2-2x_3)^4+10(x_1-x_4)^4,$$

初始点 $x^{(0)}=(3,-1,0,1)^{\mathrm{T}}$, 解为 $x^*=(0,0,0,0)$, $f(x^*)=0$.

12. 证明 (4.3.29) 和 (4.3.32).

13. 试推导预处理共轭梯度法.

14. 推导 (4.4.25).

15. 证明拟牛顿方向是椭球范数 $\|\cdot\|_{B_k}$ 意义下的最速下降方向.

第五章　线性与非线性最小二乘问题

5.1 引言

最小二乘问题是一类常见的优化问题. 其目标是找到最优解使得给定的函数值与观测数据之间的残差平方和最小化. 对于无约束最优化问题, 最小二乘的形式为

$$\min_{x\in\mathbf{R}^n} \quad f(x)=\frac{1}{2}\|r(x)\|_2^2=\frac{1}{2}\sum_{i=1}^{m}[r_i(x)]^2, \qquad m\geqslant n, \tag{5.1.1}$$

其中 $r(x)=(r_1(x),r_2(x),\cdots,r_m(x))^{\mathrm{T}}$, $r_i(x)$ $(i=1,2,\cdots,m)$ 称为残量函数, $\frac{1}{2}$ 是为表达和运算方便加进去的, 有无 $\frac{1}{2}$ 对问题的最优解没有影响. 当 $r_i(x)$ 是 x 的线性函数时, (5.1.1) 称为线性最小二乘问题, 这时 $r_i(x)$ 可表示成

$$r_i(x)=a_i^{\mathrm{T}}x-b_i,$$

其中 $a_i=(a_{i1},a_{i2},\cdots,a_{in})^{\mathrm{T}}$ 为 n 维向量, $b_i\in\mathbf{R}$ 为纯量. 对线性最小二乘问题

$$\min \quad \frac{1}{2}\sum_{i=1}^{m}[a_i^{\mathrm{T}}x-b_i]^2,$$

通常用下述的矩阵向量表示

$$\min \quad \frac{1}{2}\|Ax-b\|^2, \tag{5.1.2}$$

其中

$$A=\begin{pmatrix} a_{11} & a_{12} & \cdots & a_{1n}\\ a_{21} & a_{22} & \cdots & a_{2n}\\ \vdots & \vdots & & \vdots\\ a_{m1} & a_{m2} & \cdots & a_{mn}\end{pmatrix}, \qquad b=\begin{pmatrix} b_1\\ b_2\\ \vdots\\ b_m\end{pmatrix}.$$

当 $r_i(x)(i=1,2,\cdots,m)$ 为 x 的非线性函数时, (5.1.1) 称为非线性最小二乘问题.

最小二乘问题广泛应用于回归分析、参数估计和数据拟合等方面, 在科学实验、科学计算、预测预报、模拟、设计与工程技术、机器学习、数据科学等许多领域有广泛的应用. 最小二乘的一个典型例子是数据拟合. 设已知 m 组观测值

$$\begin{array}{ccccc} a_{11} & a_{12} & \cdots & a_{1n} & b_1 \\ a_{21} & a_{22} & \cdots & a_{2n} & b_2 \\ \vdots & \vdots & & \vdots & \vdots \\ a_{m1} & a_{m2} & \cdots & a_{mn} & b_m \end{array}$$

且已确定 b_i $(i=1,2,\cdots,m)$ 与 a_i $(i=1,2,\cdots,m)$ 关系的一个估计式为

$$b_i \approx f(x, a_i), \quad i=1,2,\cdots,m,$$

其中 $x \in \mathbf{R}^n$, $a_i = (a_{i1}, a_{i2}, \cdots, a_{in})^{\mathrm{T}}$. 问题为确定 n 维向量 x 的一个值使得 $f(x, a_i)$ 在 ℓ_2 范数意义下最优拟合 b_i $(i=1,2,\cdots,m)$, 即要求变量 $x \in \mathbf{R}^n$ 的值应是下述问题

$$\min \sum_{i=1}^{m} [f(x, a_i) - b_i]^2 = \sum_{i=1}^{m} [r_i(x)]^2$$

的解. 除去少了系数 $\frac{1}{2}$ 外, 上述问题即为标准的最小二乘问题 (5.1.1). 而当 $f(x, a_i)$ 为线性函数 $f(x, a_i) = a_i^{\mathrm{T}} x$ 时, 即为线性最小二乘问题.

另一个应用最小二乘的例子为科学计算中常见的方程组的求解,

$$r(x) = \begin{pmatrix} r_1(x) \\ r_2(x) \\ \vdots \\ r_m(x) \end{pmatrix} = 0.$$

当 $m > n$ 时称上述方程组为超定方程组, 当 $m = n$ 时, 称为适定方程组, 当 $m < n$ 时称为亚定方程组. 当所有 $r_i(x)$ $(i=1,2,\cdots,m)$ 都是 x 的线性函数时, 为线性方程组. 对方程组的求解, 无论是线性的还是非线性的有许多方法可供选择, 其中最小二乘法是比较常用的方法, 尤其对于超定方程组的求解. 本章我们将学习求解线性与非线性最小二乘问题的常用方法. 节 5.2 学习线性最小二乘问题的解法, 节 5.3 学习非线性最小二乘问题的 Gauss-Newton 法, 在节 5.4 我们将介绍 Levemberg–Marquardt 算法和信赖域方法. 打 * 号的小节 5.2.2 为选学内容.

5.2 线性最小二乘问题的解法

5.2.1 解线性最小二乘问题

设 $A = (a_{ij})$ 为 $m \times n$ 矩阵, $b \in \mathbf{R}^m$ 为 m 维向量, 线性最小二乘问题为求下述最优化问题

$$\min \quad q(x) = \frac{1}{2}\|Ax - b\|^2 \tag{5.2.1}$$

的解, 其中 $\|\cdot\|$ 为向量的 ℓ_2 范数. 将 $\|Ax - b\|^2$ 按范数展开得

$$\min \quad q(x) = \frac{1}{2} x^{\mathrm{T}} A^{\mathrm{T}} A x - b^{\mathrm{T}} A x + \frac{1}{2} b^{\mathrm{T}} b.$$

这是一个以对称矩阵 $A^{\mathrm{T}}A$ 为二阶 Hesse 矩阵的二次函数的无约束极小化问题. 由于矩阵 $A^{\mathrm{T}}A$ 至少正半定, 所以这是一个凸优化问题, 问题的任何最优解也是问题的全局最优解. 设 x^* 为问题的最优解, 如果 $m \leqslant n$, 且 $\mathrm{rank}(A) = m$, 则必有 $\|Ax^* - b\| = 0$; 如果 $m > n$, 则 $\|Ax^* - b\|$ 不一定为零. 当向量 b 属于矩阵 A 的像空间 $\mathcal{R}(A) = \{y \mid y = Ax,\ \forall\ x \in \mathbf{R}^n\}$ 时, 则存在 $x^* \in \mathbf{R}^n$ 使 $\|Ax^* - b\|^2 = 0$, 否则问题的最优值不为零.

由于线性最小二乘问题 (5.2.1) 是一个凸二次函数的无约束极小化, 由

$$\nabla q(x) = A^{\mathrm{T}}Ax - A^{\mathrm{T}}b,$$

根据凸二次函数无约束最优化问题最优解的一阶充分必要条件, x^* 是问题 (5.2.1) 的最优解当且仅当

$$A^{\mathrm{T}}Ax^* = A^{\mathrm{T}}b. \tag{5.2.2}$$

方程组 (5.2.2) 称为法方程组或正规方程组. 如果矩阵 A 列满秩, 即 A 的列线性无关, 则矩阵 $A^{\mathrm{T}}A$ 正定, 方程组 (5.2.2) 的解唯一且可表示为

$$x^* = (A^{\mathrm{T}}A)^{-1}A^{\mathrm{T}}b = A^+b, \tag{5.2.3}$$

其中 $n \times m$ 矩阵 $A^+ = (A^{\mathrm{T}}A)^{-1}A^{\mathrm{T}}$ 称作 $m \times n$ 矩阵 A 的广义逆. 对于这样一个线性最小二乘问题我们可以用解一般凸二次函数的无约束最优化方法求解, 例如解方程组 (5.2.2) 的 Cholesky 分解法, QR 分解法、奇异值分解法等, 或迭代法, 如共轭梯度法等.

例 5.2.1 考虑统计问题: 设 $(x_1, y_1), (x_2, y_2), \cdots, (x_m, y_m)$ 是通过观察得到的一组数据, 则线性回归方程 (最小二乘拟合)

$$y = \alpha x + \beta$$

由最小二乘法则

$$\min \sum_{i=1}^{m} (y_i - \alpha x_i - \beta)^2$$

确定, 即求线性方程组

$$\begin{cases} \alpha x_1 + \beta = y_1, \\ \alpha x_2 + \beta = y_2, \\ \cdots\cdots\cdots\cdots \\ \alpha x_m + \beta = y_m \end{cases}$$

的最小二乘解.

解 令 $z = \begin{pmatrix} \alpha \\ \beta \end{pmatrix}$, 则上述方程组可以写为

$$Az = y,$$

其中,

$$A=\begin{pmatrix}x_1 & 1\\ x_2 & 1\\ \vdots & \vdots\\ x_m & 1\end{pmatrix},\quad y=\begin{pmatrix}y_1\\ y_2\\ \vdots\\ y_m\end{pmatrix}.$$

从而,

$$z=\begin{pmatrix}\alpha\\ \beta\end{pmatrix}=A^{+}y.$$

如果观测数据 (x_i,y_i) $(i=1,2,\cdots,4)$ 为 $(-1,-2)$, $(1,-1)$, $(1,1)$, $(2,3)$, 则

$$A=\begin{pmatrix}-1 & 1\\ 1 & 1\\ 1 & 1\\ 2 & 1\end{pmatrix},\quad y=\begin{pmatrix}-2\\ -1\\ 1\\ 3\end{pmatrix}.$$

显然, $\operatorname{rank}(A)=2$. 因为 A 列满秩, 由法方程组可得

$$\begin{aligned}z&=(A^{\mathrm T}A)^{-1}A^{\mathrm T}y\\ &=\begin{pmatrix}7 & 3\\ 3 & 4\end{pmatrix}^{-1}\begin{pmatrix}-1 & 1 & 1 & 2\\ 1 & 1 & 1 & 1\end{pmatrix}\begin{pmatrix}-2\\ -1\\ 1\\ 3\end{pmatrix}\\ &=\begin{pmatrix}\dfrac{29}{19}\\ -\dfrac{17}{19}\end{pmatrix},\end{aligned}$$

所以线性回归方程为

$$y=\frac{29}{19}x-\frac{17}{19}.$$ □

作为一个二次函数的无约束优化, 如果矩阵 $A^{\mathrm T}A$ 正定, 对方程组 (5.2.2) 的求解, 则一般采用矩阵 $A^{\mathrm T}A$ 的 Cholesky 分解 $LL^{\mathrm T}$, 其中 L 为下三角形矩阵, 或 $LDL^{\mathrm T}$ 分解, 这里的 L 为对角线元素全为 1 的单位下三角形矩阵, 然后再通过前代和回代求得问题的最优解 x^*. 然而对于线性最小二乘问题, 我们可以利用其问题的特殊结构, 设计更为有效的求解方法. 由于线性最小二乘问题形成的矩阵是 $A^{\mathrm T}A$, 而矩阵 $A^{\mathrm T}A$ 的条件数是矩阵 A 的条件数的平方, 故不宜采用先计算乘积矩阵 $A^{\mathrm T}A$ 再对所得乘积矩阵进行分解的方法. 事实上, 设矩阵 $A^{\mathrm T}A$ 存在误差 E, 由误差 E 所引起的解的误差为 δx^*, 则由方程组 (5.2.2) 和

$$(A^{\mathrm T}A+E)(x+\delta x^*)=b, \tag{5.2.4}$$

可得 δx^* 关于 x^* 的相对误差与 E 与 $A^{\mathrm{T}}A$ 的相对误差之间有如下关系

$$\frac{\|\delta x^*\|}{\|x^*\|} \leqslant \operatorname{cond}(A^{\mathrm{T}}A)\frac{\|E\|}{\|A^{\mathrm{T}}A\|}, \tag{5.2.5}$$

其中 $\operatorname{cond}(A^{\mathrm{T}}A) = \dfrac{\sigma_1^2}{\sigma_n^2}$ 是矩阵 $A^{\mathrm{T}}A$ 的条件数, σ_1 和 σ_n 分别是矩阵 A 的最大和最小奇异值. 这表明直接解法方程组不是可取的方法. 下面的例子是 Gill 和 Murry (1991) 给出的, 它说明矩阵 $A^{\mathrm{T}}A$ 的条件数是矩阵 A 的条件数的平方. 设

$$A = \begin{pmatrix} 1 & 1 \\ 1 & 1 \\ 0 & 10^{-4} \end{pmatrix},$$

则矩阵 A 的条件数为 $\operatorname{cond}(A) = 2.8 \times 10^4$, 而对应的矩阵

$$A^{\mathrm{T}}A = \begin{pmatrix} 2 & 2 \\ 2 & 2+10^{-8} \end{pmatrix}$$

的条件数为 $\operatorname{cond}(A^{\mathrm{T}}A) = 7.8 \times 10^8$, 可见, $A^{\mathrm{T}}A$ 的条件数要远远地大于矩阵 A 的条件数. 这个例子再次表明: 先计算乘积矩阵, 再分解后求解的方法不是可取的.

为避免计算乘积矩阵 $A^{\mathrm{T}}A$ 再进行分解, 可以采用对增广矩阵 $[A\ \ b]$ 作 QR 正交分解的方法. 我们知道 ℓ_2 范数在正交变换下具有不变性, 即

$$\|Q(Ax-b)\|_2^2 = \|QAx - Qb\|_2^2 = \|Ax-b\|_2^2.$$

设 A 列满秩, 即 $\operatorname{rank}(A) = n$, 我们有

$$A = QR = (Q_1\ Q_2)\begin{pmatrix} R_1 \\ O \end{pmatrix} = Q_1R_1 \tag{5.2.6}$$

和

$$(A\ \ b) = Q(R\ \ \bar{b}), \tag{5.2.7}$$

其中 Q 为 $m\times m$ 正交矩阵, $Q_1 \in \mathbf{R}^{m\times n}$, $Q_2 \in \mathbf{R}^{m\times(m-n)}$, $\bar{b} = Q^{\mathrm{T}}b$, R_1 为 $n\times n$ 上三角形矩阵. 于是由 $A^{\mathrm{T}}Ax = A^{\mathrm{T}}b$ 有

$$R_1^{\mathrm{T}}R_1x = R_1^{\mathrm{T}}Q_1^{\mathrm{T}}b = R_1^{\mathrm{T}}\bar{b}_n, \tag{5.2.8}$$

其中 $\bar{b}_n = Q_1^{\mathrm{T}}b$. 因此最优解 x^* 可由三角方程组

$$R_1x = \bar{b}_n \tag{5.2.9}$$

经回代确定. 这时由于矩阵 R_1 的条件数即为矩阵 A 的条件数, $\operatorname{cond}(R_1) = \dfrac{\sigma_1}{\sigma_n}$, 通过上述方程组确定的最优解的相对误差要远小于通过先计算乘积矩阵再分解所求得解的相对误差, 这种情况在 A 的条件数较大时尤为明显. 下面给出求线性最小二乘问题最优解的正交分解算法.

算法 5.2.2 (线性最小二乘的 QR 正交分解算法)

步 1. 对增广矩阵 $(A\ \ b)$ 作 QR 正交分解得 R_1 和向量 $\bar{b}$;

步 2. 取 $\bar{b}_n$ 为向量 $\bar{b}$ 的前 n 个分量形成的向量;

步 3. 用回代解方程组 $R_1x = \bar{b}_n$ 得解 x^*. □

有关矩阵 A 的 QR 正交分解的方法可参阅有关矩阵计算的书籍.

在上述 QR 正交分解算法的分析过程中我们假定矩阵 A 的列线性无关. 当矩阵 A 的列线性相关, 即 A 不是列满秩时, 上述矩阵 A 的 QR 正交分解为

$$A = QR = (Q_1\ \ Q_2)\begin{pmatrix} R_1 & 0 \\ 0 & 0 \end{pmatrix} = (Q_1R_1\ \ 0), \tag{5.2.10}$$

其中, R_1 是 $r \times r$ 非奇异上三角形矩阵. 这时确定最优解的方程组成为

$$R_1x = \bar{b}_r, \tag{5.2.11}$$

其中 $r = \mathrm{rank}(A) < n$ 表示矩阵 A 的秩数, $\bar{b}_r$ 表示由向量 $\bar{b}$ 的前 r 个分量组成的向量.

另一种方法是利用矩阵 A 的奇异值分解. 设 $m \times n(m > n)$ 矩阵 A 的秩为 $r < n$, 由奇异值分解, 存在 $m \times m$ 正交矩阵 U 和 $n \times n$ 正交矩阵 V, 使得

$$A = USV^{\mathrm{T}} = U\begin{pmatrix} \Sigma & 0 \\ 0 & 0 \end{pmatrix}V^{\mathrm{T}},$$

其中 S 为 $m \times n$ 块对角矩阵,

$$\Sigma = \begin{pmatrix} \sigma_1 & & & \\ & \sigma_2 & & \\ & & \ddots & \\ & & & \sigma_r \end{pmatrix}$$

为 $r \times r$ 对角矩阵, $\sigma_1 \geqslant \sigma_2 \geqslant \cdots \geqslant \sigma_r > 0$ 为矩阵 A 的奇异值. 这样, 矩阵 A 的广义逆可表示为

$$A^+ = VS^+U^{\mathrm{T}}, \qquad S^+ = \begin{pmatrix} \Sigma^+ & 0 \\ 0 & 0 \end{pmatrix},$$

而

$$\Sigma^+ = \begin{pmatrix} \sigma_1^{-1} & & & \\ & \sigma_2^{-1} & & \\ & & \ddots & \\ & & & \sigma_r^{-1} \end{pmatrix}.$$

于是, 满足上述要求的解为

$$x^* = A^+b = VS^+U^{\mathrm{T}}b,$$

它称为极小范数最小二乘解, 即它在所有最小二乘解中 ℓ_2 范数最小,

$$\|x^*\| = \min\{\|x\| \mid x \in X^*\},$$

其中 X^* 是最小二乘问题 (5.2.1) 所有解的集合.

当 $r = \text{rank}(A) = n$ 时, 由奇异值分解所确定的矩阵 A^+ 即为前述定义的广义逆矩阵

$$A^+ = VS^+U^\text{T} = (A^\text{T}A)^{-1}A^\text{T}.$$

*5.2.2 解线性等式约束的线性最小二乘问题

考虑线性等式约束的线性最小二乘问题

$$\begin{aligned} \min \quad & \frac{1}{2}\|Ax - b\|_2^2 \\ \text{s.t.} \quad & Cx = y, \end{aligned} \tag{5.2.12}$$

其中 $x \in \mathbf{R}^n$, $A \in \mathbf{R}^{m\times n}$, $b \in \mathbf{R}^m$, $C \in \mathbf{R}^{p\times n}$ 和 $y \in \mathbf{R}^p$, $p < n$, 并假定 $\text{rank}(C) = p$, 即约束方程组相容.

求解问题 (5.2.12) 最直接的方法是用等式约束消去部分变量, 把问题转化为无约束线性最小二乘问题求解. 由于矩阵 C 行满秩, 可以把矩阵 C 剖分成

$$(C_1 \ \ C_2),$$

其中 C_1 为 $p \times p$ 非奇异矩阵, 对矩阵 A 和向量 x 作相应的剖分

$$A = (A_1 \ A_2), \quad x = \begin{pmatrix} x_1 \\ x_2 \end{pmatrix},$$

其中 $x_1 \in \mathbf{R}^p$, $x_2 \in \mathbf{R}^{n-p}$, $A_1 \in \mathbf{R}^{m\times p}$, $A_2 \in \mathbf{R}^{m\times(n-p)}$. 于是约束方程成为

$$C_1x_1 + C_2x_2 = y,$$

由 C_1 非奇异, 可得

$$x_1 = C_1^{-1}(y - C_2x_2). \tag{5.2.13}$$

将其代入问题 (5.2.12) 的目标函数可得下述仅关于变量 x_2 的无约束线性最小二乘问题

$$\min \ \frac{1}{2}\|(A_2 - A_1C_1^{-1}C_2)x_2 - (b - A_1C_1^{-1}y)\|^2. \tag{5.2.14}$$

如果 $m \times (n-p)$ 矩阵 $(A_2 - A_1C_1^{-1}C_2)$ 列满秩, 即矩阵 $(A_2 - A_1C_1^{-1}C_2)$ 的秩为 $n-p$, 则问题 (5.2.14) 的解唯一, 设为 x_2^*, 将其代入 (5.2.13) 得 x_1^*, 从而得到问题 (5.2.12) 的唯一解 $x^* = \begin{pmatrix} x_1^* \\ x_2^* \end{pmatrix}$. 下面的定理给出了问题 (5.2.12) 存在唯一解的充分必要条件.

定理 5.2.3 问题 (5.2.12) 的解唯一的充分必要条件是矩阵 $B = \begin{pmatrix} C \\ A \end{pmatrix}$ 的秩为 n.

证明 假定矩阵 B 的秩为 $q<n$, 并设 x^* 是问题 (5.2.12) 的一个解. 考虑齐次线性方程组

$$Bx=0.$$

由于矩阵 B 的秩 q 小于 n, 上述齐次方程组有非零解. 设 $\bar{x}$ 为这样的一个非零解, 则 $x^*+\bar{x}$ 为问题 (5.2.12) 的一个不同于 x^* 的解, 即问题 (5.2.12) 的解不唯一. 这就证明了必要性.

再证充分性. 设矩阵 B 的秩为 n, 考虑矩阵

$$\begin{aligned}M&=\begin{pmatrix}C\\A\end{pmatrix}\begin{pmatrix}I&-C_1^{-1}C_2\\O&I\end{pmatrix}\\&=\begin{pmatrix}C_1&C_2\\A_1&A_2\end{pmatrix}\begin{pmatrix}I&-C_1^{-1}C_2\\O&I\end{pmatrix}\\&=\begin{pmatrix}C_1&O\\A_1&A_2-A_1C_1^{-1}C_2\end{pmatrix}.\end{aligned}$$

显然矩阵 M 的秩为 n, 即 M 的列线性无关, 由此得矩阵 $A_2-A_1C_1^{-1}C_2$ 的秩为 $n-p$. 这就证明了问题 (5.2.12) 的解是唯一的. □

有许多不同的方法确定矩阵 C 的剖分, 并求解问题 (5.2.14), 在这里我们介绍 Lawson 和 Hanson 的正交分解算法. 设

$$C=RV^{\mathrm{T}}$$

是矩阵 C 的正交分解, 其中 V 为 $n\times n$ 正交矩阵,

$$R=(R_1\ O),$$

R_1 为 $p\times p$ 上三角形矩阵, 把矩阵 V 剖分为

$$V=(V_1\ \ V_2),\quad V_1\in\mathbf{R}^{n\times p},\quad V_2\in\mathbf{R}^{n\times(n-p)},$$

则问题 (5.2.12) 的任何可行解可表示为

$$x=C^+y+V_2z,\quad\forall\ \ z\in\mathbf{R}^{n-p},\tag{5.2.15}$$

其中 $n\times p$ 矩阵 C^+ 是 $p\times n$ 矩阵 C 的广义逆

$$C^+=VR^+,\quad R^+=\begin{pmatrix}R_1^{-1}\\O\end{pmatrix}.$$

把这样的 x 代入问题 (5.2.12) 得关于 $n-p$ 维变量 z 的无约束线性最小二乘问题

$$\min\ \ \frac{1}{2}\|AV_2z-\bar{b}\|^2,\tag{5.2.16}$$

其中 $\bar{b}=b-AC^+y$. 对问题 (5.2.16) 的求解可以用前面介绍的无约束线性最小二乘问题的 QR 正交分解算法, 设所得解为 z^*, 将 z^* 代入 (5.2.15) 即得问题 (5.2.12) 的最优解. 下面的正交分解算法给出了具体的计算步骤.

算法 5.2.4 (线性等式约束最小二乘问题的正交分解算法)

步 1. 将矩阵 C 正交分解成

$$C = RV^{\mathrm{T}} = (R_1\ 0)\begin{pmatrix} V_1^{\mathrm{T}} \\ V_2^{\mathrm{T}} \end{pmatrix};$$

步 2. 用回代解方程组 $R_1 z_1 = y$ 得解 z_1^*, 再计算 $\hat{x} = V_1 z_1^* (= C^+ y)$;

步 3. 计算 $\bar{b} = b - A\hat{x}$ 以及 $\bar{A} = AV_2$;

步 4. 对增广矩阵 $(\bar{A}\ \ \bar{b})$ 作 QR 正交分解得

$$Q(\bar{A}\ \ \bar{b}) = \begin{pmatrix} \hat{R}_1 & \hat{b}_1 \\ O & \hat{b}_2 \end{pmatrix};$$

步 5. 解方程组 $\hat{R}_1 z = \hat{b}_1$ 得 z^*;

步 6. 计算 $x^* = \hat{x} + V_2 z^*$;

步 7. 计算 $g^* = A^{\mathrm{T}}(Ax^* - b)$ 后解方程组 $R_1^{\mathrm{T}}\lambda = V_1^{\mathrm{T}} g^*$ 得 Lagrange 乘子 λ^*.

□

求解线性等式约束线性最小二乘问题还可以用 Lagrange 乘子法, 其基本思想是根据等式约束最优化问题的最优解是其 Lagrange 函数的稳定点, 由最优解的一阶必要条件求 Lagrange 方程组的解. 问题 (5.2.12) 的 Lagrange 函数为

$$L(x, \lambda) = \frac{1}{2}\|Ax - b\|^2 - \lambda^{\mathrm{T}}(Cx - y),$$

根据最优解的一阶必要条件, 最优解是下述 Lagrange 方程组的解

$$\nabla_x L(x, \lambda) = A^{\mathrm{T}}Ax - C^{\mathrm{T}}\lambda - A^{\mathrm{T}}b = 0,$$
$$\nabla_\lambda L(x, \lambda) = -Cx + y = 0.$$

将其表示成矩阵向量形式

$$\begin{pmatrix} A^{\mathrm{T}}A & -C^{\mathrm{T}} \\ -C & O \end{pmatrix}\begin{pmatrix} x \\ \lambda \end{pmatrix} = \begin{pmatrix} A^{\mathrm{T}}b \\ -y \end{pmatrix}. \tag{5.2.17}$$

这是一个含有 $n+p$ 个变量和 $n+p$ 个方程的方程组, 如果矩阵 A 的秩为 n, C 的秩为 p, 则可以证明方程组的系数矩阵非奇异, 因而有唯一的解

$$\lambda^* = -[C(A^{\mathrm{T}}A)^{-1}C^{\mathrm{T}}]^{-1}[C(A^{\mathrm{T}}A)^{-1}A^{\mathrm{T}}b - y], \tag{5.2.18}$$

$$x^* = (A^{\mathrm{T}}A)^{-1}(A^{\mathrm{T}}b + C^{\mathrm{T}}\lambda^*). \tag{5.2.19}$$

为得到这样的解, 可以利用上述系数矩阵的特殊结构进行分解,

$$\begin{pmatrix} A^{\mathrm{T}}A & -C^{\mathrm{T}} \\ -C & O \end{pmatrix} = \begin{pmatrix} R^{\mathrm{T}} & O \\ W^{\mathrm{T}} & E^{\mathrm{T}} \end{pmatrix}\begin{pmatrix} I & O \\ O & -I \end{pmatrix}\begin{pmatrix} R & W \\ O & E \end{pmatrix},$$

其中 R 和 E 分别是 $n\times n$ 和 $p\times p$ 上三角形矩阵, W 为 $n\times p$ 矩阵, 并满足

$$R^{\mathrm T}R=A^{\mathrm T}A,\quad W^{\mathrm T}=-CR^{-1},$$

$$E^{\mathrm T}E=W^{\mathrm T}W=C(A^{\mathrm T}A)^{-1}C^{\mathrm T}.$$

根据最优解和相应 Lagrange 乘子的表达式 (5.2.18) 和 (5.2.19), 以及系数矩阵的上述分解可得下述用 Lagrange 乘子法求解问题 (5.2.12) 的具体步骤.

算法 5.2.5 (线性等式约束线性最小二乘问题的 Lagrange 乘子法)

步 1. 对增广矩阵 $(A\ \ b)$ 作 QR 正交分解

$$(A\ \ b)=Q\begin{pmatrix}R & \hat b_1\\ O & \hat b_2\end{pmatrix};$$

步 2. 用回代解方程组 $Rx=\hat b_1$ 得 x_1^*;

步 3. 计算矩阵 $W^{\mathrm T}=-CR^{-1}$ 以及 $\hat y=Cx_1^*-y$;

步 4. 对矩阵 W 作正交分解

$$W=U^{\mathrm T}\begin{pmatrix}L\\ O\end{pmatrix};$$

步 5. 用前代和回代分别解方程组 $L^{\mathrm T}z=-\hat y$ 和 $L\lambda=z$ 得 λ^*;

步 6. 解方程组 $Rx=-W\lambda^*$ 得 x_2^*, 置 $x^*=x_1^*+x_2^*$. □

在这一算法中, 步 1 和步 2 是通过对矩阵 A 的正交分解求方程组 $A^{\mathrm T}Ax=A^{\mathrm T}b$ 的解 x_1^*, 而且分解因子 R 在步 6 求解方程组 $A^{\mathrm T}Ax=C^{\mathrm T}\lambda^*$ 时还要用到. 步 4 和步 5 通过对矩阵 W 的正交分解求方程组

$$C(A^{\mathrm T}A)^{-1}C^{\mathrm T}\lambda=C(A^{\mathrm T}A)^{-1}A^{\mathrm T}b-y=Cx_1^*-y=\hat y$$

的解 λ^*. 步 6 解方程组 $A^{\mathrm T}Ax=C^{\mathrm T}\lambda^*$ 得 x_2^*, 并置 $x^*=x_1^*+x_2^*$, 其中 $x_1^*=(A^{\mathrm T}A)^{-1}A^{\mathrm T}b$, $x_2^*=(A^{\mathrm T}A)^{-1}C^{\mathrm T}\lambda^*$. 由于 $A^{\mathrm T}A=R^{\mathrm T}R$, $C^{\mathrm T}\lambda^*=-R^{\mathrm T}W\lambda^*$, 因此方程组 $A^{\mathrm T}Ax=C^{\mathrm T}\lambda^*$ 成为 $R^{\mathrm T}Rx=-R^{\mathrm T}W\lambda^*$, 消去非奇矩阵 $R^{\mathrm T}$ 即得步 6 的方程组 $Rx=-W\lambda^*$.

5.3 非线性最小二乘的 Gauss-Newton 法

考虑非线性最小二乘问题

$$\min_{x\in\mathbf R^n}\ f(x)=\frac12 r(x)^{\mathrm T}r(x)=\frac12\sum_{i=1}^m[r_i(x)]^2,\quad m\geqslant n,\tag{5.3.1}$$

其中 $r(x)=(r_1(x),r_2(x),\cdots,r_m(x))^{\mathrm T}$ 为 $x\in\mathbf R^n$ 的非线性函数, 称为残量函数. 如果函数 $r(x)$ 二阶连续可微, 则 $f(x)$ 的一阶和二阶导数 (Hesse 矩阵) 分别为

$$\nabla f(x)=A(x)^{\mathrm T}r(x)=\sum_{i=1}^m r_i(x)\nabla r_i(x)$$

和

$$\nabla^2 f(x) = A(x)^{\mathrm{T}}A(x) + \sum_{i=1}^{m} r_i(x)\nabla^2 r_i(x) = M(x) + S(x),$$

其中

$$A(x) = [\nabla r_1(x), \nabla r_2(x), \cdots, \nabla r_m(x)]^{\mathrm{T}} = \begin{pmatrix} \dfrac{\partial r_1}{\partial x_1}(x) & \dfrac{\partial r_1}{\partial x_2}(x) & \cdots & \dfrac{\partial r_1}{\partial x_n}(x) \\ \dfrac{\partial r_2}{\partial x_1}(x) & \dfrac{\partial r_2}{\partial x_2}(x) & \cdots & \dfrac{\partial r_2}{\partial x_n}(x) \\ \vdots & \vdots & & \vdots \\ \dfrac{\partial r_m}{\partial x_1}(x) & \dfrac{\partial r_m}{\partial x_2}(x) & \cdots & \dfrac{\partial r_m}{\partial x_n}(x) \end{pmatrix}$$

为向量函数 $r(x)$ 的 $m\times n$ Jacobi (雅可比) 矩阵, $M(x)=A(x)^{\mathrm{T}}A(x)$, $S(x)=\sum\limits_{i=1}^{m} r_i(x)\nabla^2 r_i(x)$.

作为一个无约束最优化问题, 对非线性最小二乘问题可以用一般的无约束最优化方法求解, 但由于问题结构的特殊性, 可以利用其特殊结构设计更有效的求解方法. 考虑无约束最优化问题的牛顿类算法, 设 $x^{(k)}$ 是最优解 x^* 的第 k 次近似, 则算法求下列最优化问题

$$\min \quad q_k(\delta) = f(x^{(k)}) + \nabla f(x^{(k)})^{\mathrm{T}}\delta + \frac{1}{2}\delta^{\mathrm{T}}B_k\delta \tag{5.3.2}$$

的最优解 $\delta^{(k)}$ 作为对 $x^{(k)}$ 的修正量或搜索方向, 其中 $\delta = x - x^{(k)}$. 当 $B_k = \nabla^2 f(x^{(k)})$ 时, 即为牛顿法或阻尼牛顿法, 方法如收敛, 则收敛度是二次的; 当 B_k 为 Hesse 矩阵 $\nabla^2 f(x^{(k)})$ 的近似并由拟牛顿修正公式产生时即为拟牛顿法, 为确保 (5.3.2) 的解 $\delta^{(k)}$ 是 $f(x)$ 在点 $x^{(k)}$ 处的一个下降方向, 要求近似矩阵 B_k 正定, 方法的收敛率则依赖于 B_k 对 $\nabla^2 f(x^{(k)})$ 的近似程度, 一般的拟牛顿法具有超线性收敛性.

对于非线性最小二乘问题, 由于是对 $r_i(x)$ $(i = 1, 2, \cdots, m)$ 在平方和意义下取极小, 极有可能 $r_i(x)$ $(i = 1, 2, \cdots, m)$ 在最优解 x^* 处的值为零 (零残量问题), 或取较小值 (小残量问题). 如果是这样, 则 $f(x)$ 的 Hesse 矩阵 $\nabla^2 f(x)$ 中的非线性项 $S(x) = \sum\limits_{i=1}^{m} r_i(x)\nabla^2 r_i(x)$ 在最优解处或为零, 或同 $M(x)$ 相比相对较小. 因此在最优解 x^* 的某个邻域内, $\nabla^2 f(x)$ 的线性项 $M(x)$ 将是 $\nabla^2 f(x)$ 的一个很好的近似, 即二次近似模型 (5.3.2) 中的矩阵 B_k 可简单地取为 $M_k = M(x^{(k)}) = A(x^{(k)})^{\mathrm{T}}A(x^{(k)}) = A_k^{\mathrm{T}}A_k$, 这时 $\delta^{(k)}$ 可通过求解下述二次模型

$$\min \quad q_k(\delta) = f(x^{(k)}) + r_k^{\mathrm{T}}A_k\delta + \frac{1}{2}\delta^{\mathrm{T}}A_k^{\mathrm{T}}A_k\delta \tag{5.3.3}$$

来确定, 其中 $r_k = r(x^{(k)})$. 由于矩阵 $A_k^{\mathrm{T}}A_k$ 至少正半定, (5.3.3) 中的二次函数 $q_k(\delta)$ 是凸的, 因而其解必为全局最优解. 设 $\delta^{(k)}$ 为其最优解, 则根据最优性的一阶必要条件, $\delta^{(k)}$ 是下述法方程组的解

$$A_k^{\mathrm{T}}A_k\delta = -A_k^{\mathrm{T}}r_k. \tag{5.3.4}$$

同牛顿法一样, 如取

$$x^{(k+1)} = x^{(k)} + \delta^{(k)} = x^{(k)} - (A_k^{\mathrm{T}} A_k)^{-1} A_k^{\mathrm{T}} r_k \tag{5.3.5}$$

作为最优解 x^* 的新估计, 即得著名的 Gauss-Newton 法.

算法 5.3.1 (Gauss-Newton 法)
步 1. 给定解的初始估计 $x^{(1)}$, 置 $k=1$;
步 2. 如果 $x^{(k)}$ 满足精度要求, 停止迭代;
步 3. 解方程组 (5.3.4) 得 $\delta^{(k)}$;
步 4. 置 $x^{(k+1)} = x^{(k)} + \delta^{(k)}$, $k \triangleq k+1$ 后转步 2. □

Gauss-Newton 法充分利用了最小二乘问题的结构特点, 仅仅利用函数的一阶导数 $A(x)$ 的信息直接获得 Hesse 矩阵的近似, 而无须像拟牛顿法那样利用函数一阶导数信息的逐步积累来获取 Hesse 矩阵的近似. 由于 Gauss-Newton 法是从牛顿法通过忽略 $\nabla^2 f(x)$ 的非线性项 $S(x)$ 形成的, 可以预料 Gauss-Newton 的性能和它的收敛性将受这一忽略的影响, 下面的定理证实了这一点.

定理 5.3.2 设 $f(x) = \dfrac{1}{2}\sum_{i=1}^{m}[r_i(x)]^2$ 在开凸集 $D \subset \mathbf{R}^n$ 上二阶连续可微; 存在 $x^* \in D$ 使 $\nabla f(x^*) = A(x^*)^{\mathrm{T}} r(x^*) = 0$; 对所有 $x \in D$, $A(x)$ 满秩, 且存在常数 $\sigma > 0$, $\omega > 0$ 使成立

$$\|A(x)\| \leqslant \sigma, \quad \|H(x)\| = \|M(x)^{-1}\| \leqslant \omega, \quad \forall\ x \in D; \tag{5.3.6}$$

又 $A(x)$ 和 $\nabla^2 f(x)$ 在 D 上 Lipschitz 连续, 即存在常数 $\beta > 0$, $\gamma > 0$ 使得

$$\|A(x) - A(y)\| \leqslant \beta\|x-y\|, \quad \forall\ x,\ y \in D, \tag{5.3.7}$$

$$\|\nabla^2 f(x) - \nabla^2 f(y)\| \leqslant \gamma\|x-y\|, \quad \forall\ x,\ y \in D, \tag{5.3.8}$$

则 Gauss-Newton 迭代对所有的 $x \in D$ 有定义, 且有

$$\|e^{(k+1)}\| \leqslant \|H(x^*)S(x^*)\|\|e^{(k)}\| + O(\|e^{(k)}\|^2), \tag{5.3.9}$$

其中 $e^{(k)} = x^{(k)} - x^*$.

证明 由于 $A(x)$ 满秩, 则 $A(x)^{\mathrm{T}}A(x)$ 正定, 因此 Gauss-Newton 迭代对所有 $x \in D$ 都有定义. 根据定理的条件我们分别有

$$\begin{aligned}\|M(x) - M(y)\| &= \|A(x)^{\mathrm{T}}A(x) - A(x)^{\mathrm{T}}A(y) + A(x)^{\mathrm{T}}A(y) - A(y)^{\mathrm{T}}A(y)\| \\ &\leqslant \|A(x)^{\mathrm{T}}A(x) - A(x)^{\mathrm{T}}A(y)\| + \|A(x)^{\mathrm{T}}A(y) - A(y)^{\mathrm{T}}A(y)\| \\ &\leqslant (\|A(x)\| + \|A(y)\|)\|A(x) - A(y)\| \\ &\leqslant 2\sigma\beta\|x-y\|, \ \forall\ x,\ y \in D,\end{aligned} \tag{5.3.10}$$

$$\begin{aligned}\|H(x)-H(y)\| &= \|H(x)[M(y)-M(x)]H(y)\| \\ &\leqslant \|H(x)\|\|H(y)\|\|M(x)-M(y)\| \\ &\leqslant 2\omega^2\sigma\beta\|x-y\|, \quad \forall\ \ x,\ y\in D, \end{aligned} \tag{5.3.11}$$

$$\begin{aligned}\|S(x)-S(y)\| &= \|\nabla^2 f(x)-M(x)-[\nabla^2 f(y)-M(y)]\| \\ &\leqslant \|\nabla^2 f(x)-\nabla^2 f(y)\|+\|M(x)-M(y)\| \\ &\leqslant (\gamma+2\sigma\beta)\|x-y\|, \quad \forall\ \ x,\ y\in D. \end{aligned} \tag{5.3.12}$$

把 $\nabla f(x^*)$ 在点 $x^{(k)}$ 处展开得

$$0=\nabla f(x^*)=\nabla f(x^{(k)})-\nabla^2 f(x^{(k)})e^{(k)}+O(\|e^{(k)}\|^2).$$

在上式两边左乘 H_k 有

$$\begin{aligned}0 &= -\delta^{(k)}-e^{(k)}-H_kS_ke^{(k)}+O(\|e^{(k)}\|^2) \\ &= -e^{(k+1)}-H(x^*)S(x^*)e^{(k)}-H_k(S_k-S(x^*))e^{(k)}- \\ &\quad\ (H_k-H(x^*))S(x^*)e^{(k)}+O(\|e^{(k)}\|^2). \end{aligned} \tag{5.3.13}$$

利用定理的条件 (5.3.6) 以及 (5.3.10)—(5.3.12), 上式给出了定理的结论. □

这一定理刻画了 Gauss-Newton 法的三个基本特征.

(1) Gauss-Newton 法收敛与否直接取决于 Hesse 矩阵的省略部分 $S(x)$ 的大小. 如果同 $M(x^*)$ 相比, $S(x^*)$ 相对较大, 即若 $\|H(x^*)S(x^*)\|\geqslant 1$, 则方法不收敛. 这种情况一般出现在 $r(x^*)$ 的值较大, 或者 $r_i(x)$, $i=1,2,\cdots,m$ 的非线性程度较高的时候, 即所谓的大残量问题.

(2) 如果 $A(x^*)$ 满秩, 即 $M(x^*)$ 正定, 且 $\|H(x^*)S(x^*)\|\leqslant\theta<1$, Gauss-Newton 法局部收敛, 这时存在常数 $c>0$ 使成立

$$\|e^{(k+1)}\|\leqslant(\theta+c\|e^{(k)}\|)\|e^{(k)}\|.$$

如果初始点在这样的邻域内, 并满足 $\theta+c\|e^{(1)}\|\leqslant\eta<1$, 则有 $\|e^{(2)}\|\leqslant\eta\|e^{(1)}\|$, 因此 $x^{(2)}$ 也在这个邻域内. 用归纳法可以证明方法产生的序列 $\{x^{(k)}\}$ 均在这个邻域内, 且有 $\|e^{(k)}\|\to 0$. 因此方法收敛.

(3) 在方法收敛的时候, 收敛率同样取决于 $\|H(x^*)S(x^*)\|$ 的大小. 如果 Hesse 矩阵的非线性部分在点 x^* 为零, 即 $S(x^*)=0$, 则方法是相当令人满意的, 即对于零残量问题, 方法二次收敛. 如果 $S(x^*)\neq 0$, 收敛速度是线性的, 而具体的收敛速度取决于问题的非线性程度或残量的大小.

由于矩阵 $M(x)$ 至少是正半定的, 在大多数情况是正定的, 因此由方程组 (5.3.4) 确定的方向 $\delta^{(k)}$ 一般是函数的一个下降方向 (至少不是一个上升的方向), 因此最常用的一个改进是把线性搜索结合进 Gauss-Newton 法, 形成所谓的阻尼 Gauss-Newton 法:

算法 5.3.3 (阻尼 Gauss-Newton 法)

步 1. 给定解的初始估计 $x^{(1)}$, 置 $k=1$;

步 2. 如果 $x^{(k)}$ 满足精度要求, 停止迭代;

步 3. 解方程组 (5.3.4) 得 $\delta^{(k)}$, 并置 $s^{(k)}=\delta^{(k)}$;

步 4. 沿方向 $s^{(k)}$ 进行线性搜索, 确定步长 α_k; 置 $x^{(k+1)}=x^{(k)}+\alpha_k s^{(k)}$, $k\triangleq k+1$, 转步 2. □

线性搜索可以采用在第三章学习的线性搜索方法. 由于采用线性搜索, 只要方向 $s^{(k)}$ 是一个下降方向, 线性搜索就可以确定一个步长, 使得迭代产生的函数值序列单调下降, 避免了 Gauss-Newton 法在每次迭代都取步长 1 有可能使函数值不下降 (这种情况主要出现在点 $x^{(k)}$ 离最优解较远的时候). 因此可以预料阻尼 Gauss-Newton 法的收敛域要大于 Gauss-Newton 法的收敛域.

由 Jacobi 矩阵不满秩导致矩阵 $M(x)$ 不正定的情况在实际中存在, 由此会出现这样的情况, 阻尼 Gauss-Newton 法或者收敛于非稳定点, 或者在还没有接近稳定点之前就已终止. 考察下述由 Powell 所提供的含有两个变量的例子

$$r_1(x)=x_1,\qquad r_2(x)=2x_2^2+\frac{10x_1}{x_1+0.1}.$$

函数 $f(x)=\dfrac{1}{2}[r_1(x)^2+r_2(x)^2]$ 在半平面 $x_1>-0.1$ 内仅有一个稳定点 $x^*=(0,0)^{\mathrm T}$. 取 $x^{(0)}=(3,1)$ 为初始点, 阻尼 Gauss-Newton 法收敛于点 $x^\infty=(1.801\,6,0.000\,0)^{\mathrm T}$, 在这一点, Jacobi 矩阵 $A(x^\infty)$ 不满秩, 而且函数的导数不为零, $\nabla f(x^\infty)\neq 0$, 这表明迭代序列收敛于非稳定点.

从上述分析, 可以看到作为一个能利用非线性最小二乘问题结构特征的方法, 阻尼 Gauss-Newton 法对于 Jacobi 矩阵处处都满秩的零残量和小残量非线性最小二乘问题有令人满意的收敛性 (二次收敛或收敛较快的线性收敛), 但是对于 Jacobi 矩阵可能不满秩或残量较大或非线性程度较高的非线性最小二乘问题, 方法未必收敛.

最后需要指出的是: 对于方程组 (5.3.4) 的求解不能用先计算矩阵乘积, 再计算矩阵分解的方法, 而是要采用对增广矩阵 $(A_k\ \ r_k)$ 进行 QR 正交分解的方法, 具体过程见节 5.1.

5.4 信赖域方法

信赖域方法是求解最优化问题的另一类有效方法, 其最初的设计思想可追溯至 Levenberg 和 Marquardt 对 Gauss-Newton 法的修正. 当 $x^{(k)}$ 离最优解较远时, 即使 $M_k=A_k^{\mathrm T}A_k$ 正定, 由方程组 (5.3.4) 确定的 $\delta^{(k)}$ 也未必使 $x^{(k+1)}=x^{(k)}+\delta^{(k)}$ 满足 $f(x^{(k+1)})<f(x^{(k)})$, 即函数值不下降. 这是因为如此确定的 $\delta^{(k)}$ 是函数 $f(x)$ 的下述二次近似的极小解:

$$\min\quad q_k(\delta)=f(x^{(k)})+r_k^{\mathrm T}A_k\delta+\frac{1}{2}\delta^{\mathrm T}A_k^{\mathrm T}A_k\delta, \tag{5.4.1}$$

其中 $\delta=x-x^{(k)}$. 由于这样的近似只是在 $x^{(k)}$ 的一个比较小的邻域内才是好的, 而由方程组 (5.3.4) 确定的 $\delta^{(k)}$ 的长度 $\|\delta^{(k)}\|$ 可能比较大而使得 $x^{(k)}+\delta^{(k)}$ 超出了这个有效的邻域. 为此, 选择参数 μ 的适当值, 使得由方程组

$$(A_k^{\mathrm T}A_k+\mu I)\delta=-A_k^{\mathrm T}r_k \tag{5.4.2}$$

确定的 $\delta^{(k)}$ 落在上述有效的邻域内. 由上式可以看出, 由于矩阵 $A_k^{\mathrm{T}}A_k$ 至少正半定, 对任何非零正数 μ 矩阵 $A_k^{\mathrm{T}}A_k+\mu I$ 非奇异 (正定), 因而有唯一解, 而且 μ 越大, 解向量 $\delta^{(k)}$ 的长度越小. 事实上, $\|\delta^{(k)}\|$ 是 μ 的单调下降函数. 因此, 必可找到适当的 μ 值, 使 $x^{(k)}+\delta^{(k)}$ 在 $x^{(k)}$ 的一个较小的邻域内, 从而有 $f(x^{(k)}+\delta^{(k)})<f(x^{(k)})$.

如果称由方程组 (5.3.4) 确定的方向为 Gauss-Newton 方向, 则由方程组 (5.4.2) 确定的 $\delta^{(k)}$ 是位于 Gauss-Newton 方向与最速下降方向之间的一个方向. 由于矩阵 $A_k^{\mathrm{T}}A_k+\mu I$ 正定, 这样的方向一定是 $f(x)$ 在点 $x^{(k)}$ 的一个下降方向. 事实上, 在方程组 (5.4.2) 中如果 $\mu=0$, 则 (5.4.2) 即为 Gauss-Newton 方程组 (5.3.4), 所得方向为 Gauss-Newton 方向; 而对于充分大的 μ, 由 (5.4.2) 确定的方向接近于最速下降方向. 因此 μ 值的大小确定了所得方向由 Gauss-Newton 方向向最速下降方向的偏移程度, μ 值越大, 向最速下降方向的偏移越大, 所得的迭代点越接近于最速下降方向上的点. 解 (5.4.2) 产生 $\delta^{(k)}$ 的方法称为 Levenberg-Marquardt 方法, 简称 L-M 方法.

初期的 Levenberg-Marquardt 方法, 对 μ 值的确定采取逐步增大的方法, 即给定 μ 的一个初始值 (通常为零), 解方程组 (5.4.2) 得 $\delta^{(k)}$, 并检验 $x^{(k)}+\delta^{(k)}$ 是否使 $f(x)$ 的函数值取得预先指定的下降量, 如果是, 就取 $x^{(k+1)}=x^{(k)}+\delta^{(k)}$ 并进行终止性检验; 否则, 就要增大 μ 重新解方程组 (5.4.2). 重复这一过程, 直至获得满足要求的 $\delta^{(k)}$ 为止. 可以看到为确定 μ 的一个适当的值, 需要对不同的 μ 值解方程组 (5.4.2). 而方程组的求解是相当费时的, 其计算工作量是 $O(n^3)$ 阶. 同时在这样的方法中, 由于不能有效地利用计算过程中函数值和导数值的信息对 μ 的值进行估计, 这又无形中增加了对不同 μ 值的试算次数, 降低了算法的有效性. 下面的定理为这一问题的解决提供了新的途径.

定理 5.4.1 设 $\delta^{(k)}$ 是方程组 (5.4.2) 对某一给定 $\mu>0$ 的解, 则 $\delta^{(k)}$ 也是下述信赖域问题的全局最优解

$$\begin{aligned}\min\quad & q_k(\delta)=\frac{1}{2}\|A_k\delta+r_k\|^2\\ \text{s.t.}\quad & \|\delta\|\leqslant\varDelta,\end{aligned}\tag{5.4.3}$$

其中 $\varDelta=\|\delta^{(k)}\|$.

证明 设 $\delta^{(k)}$ 是方程组 (5.4.2) 的解, 将 $\delta^{(k)}$ 代入函数 $q_k(\delta)$, 并利用 (5.4.2) 得

$$\begin{aligned}q_k(\delta^{(k)})&=\frac{1}{2}\delta^{(k)\mathrm{T}}A_k^{\mathrm{T}}A_k\delta^{(k)}+r_k^{\mathrm{T}}A_k\delta^{(k)}+\frac{1}{2}r_k^{\mathrm{T}}r_k\\&=\frac{1}{2}\delta^{(k)\mathrm{T}}A_k^{\mathrm{T}}A_k\delta^{(k)}-\delta^{(k)\mathrm{T}}(A_k^{\mathrm{T}}A_k+\mu I)\delta^{(k)}+\frac{1}{2}r_k^{\mathrm{T}}r_k\\&=\frac{1}{2}r_k^{\mathrm{T}}r_k-\mu\delta^{(k)\mathrm{T}}\delta^{(k)}-\frac{1}{2}\delta^{(k)\mathrm{T}}A_k^{\mathrm{T}}A_k\delta^{(k)}.\end{aligned}$$

另一方面, 对任意 δ 我们有

$$\begin{aligned}q_k(\delta)&=\frac{1}{2}r_k^{\mathrm{T}}r_k+r_k^{\mathrm{T}}A_k\delta+\frac{1}{2}\delta^{\mathrm{T}}A_k^{\mathrm{T}}A_k\delta\\&=\frac{1}{2}r_k^{\mathrm{T}}r_k-\delta^{\mathrm{T}}(A_k^{\mathrm{T}}A_k+\mu I)\delta^{(k)}+\frac{1}{2}\delta^{\mathrm{T}}A_k^{\mathrm{T}}A_k\delta\end{aligned}$$

$$= \frac{1}{2}r_k^{\mathrm{T}}r_k - \mu\delta^{\mathrm{T}}\delta^{(k)} - \delta^{\mathrm{T}}A_k^{\mathrm{T}}A_k\delta^{(k)} + \frac{1}{2}\delta^{\mathrm{T}}A_k^{\mathrm{T}}A_k\delta.$$

因此对于任意满足 $\|\delta\| \leqslant \Delta$ 的 δ, 根据矩阵 $A_k^{\mathrm{T}}A_k$ 的正半定性并利用 Cauchy-Schwartz 不等式可以得到

$$\begin{aligned} q_k(\delta) - q_k(\delta^{(k)}) &= \frac{1}{2}(\delta^{(k)} - \delta)^{\mathrm{T}}A_k^{\mathrm{T}}A_k(\delta^{(k)} - \delta) + \mu({\delta^{(k)}}^{\mathrm{T}}\delta^{(k)} - \delta^{\mathrm{T}}\delta^{(k)}) \\ &\geqslant \frac{1}{2}(\delta^{(k)} - \delta)^{\mathrm{T}}A_k^{\mathrm{T}}A_k(\delta^{(k)} - \delta) + \mu\|\delta^{(k)}\|(\|\delta^{(k)}\| - \|\delta\|) \\ &\geqslant 0. \end{aligned}$$

这就证明了 $\delta^{(k)}$ 是信赖域问题 (5.4.3) 的全局最优解. □

这一定理表明, 对于一个给定的 $\mu > 0$, 方程组 (5.4.2) 的解, 也是对于某一 $\Delta > 0$ 信赖域问题 (5.4.3) 的解. 因此控制参数 μ 的值以确定修正量 $\delta^{(k)}$ 的问题可以由控制参数 Δ 的值来确定, 也就是通过选取 Δ 的适当值求信赖域问题 (5.4.3) 的解 $\delta^{(k)}$ 确定对 $x^{(k)}$ 的修正量. 由此形成的方法就是近年来得到广泛使用的信赖域方法.

比较问题 (5.4.2) 和 (5.4.3) 也可以看出, 问题 (5.4.3) 直接反映了 $q_k(\delta)$ 是对 $f(x)$ 在点 $x^{(k)}$ 的一个邻域内的近似. 对于给定的 Δ, 在由 $\|\delta\| \leqslant \Delta$ 确定的邻域内 $q_k(\delta)$ 的解能否使目标函数取得满意的下降取决于 $q_k(\delta)$ 对 $f(x)$ 近似的满意程度. 而在这个邻域内 $q_k(\delta)$ 是不是 $f(x)$ 的满意的近似可以通过比较两个函数在点 $\delta^{(k)}$ 处的函数值来确定. 设 $\delta^{(k)}$ 为问题 (5.4.3) 对于某一给定 $\Delta > 0$ 的解. 记

$$\mathrm{Pred}(\delta^{(k)}) = f(x^{(k)}) - q_k(\delta^{(k)})$$

为由近似函数关于 $\delta^{(k)}$ 所取得的下降量, 通常称为预测下降量. 记

$$\mathrm{Ared}(\delta^{(k)}) = f(x^{(k)}) - f(x^{(k)} + \delta^{(k)})$$

为函数 $f(x)$ 从修正量 $\delta^{(k)}$ 所取得的实际下降量. 如果 $q_k(\delta)$ 在由 $\|\delta\| \leqslant \Delta$ 确定的邻域内是 $f(x)$ 的一个满意的近似, 那么 $\mathrm{Ared}(\delta^{(k)})$ 的值应接近 $\mathrm{Pred}(\delta^{(k)})$ 的值, 或者说有

$$r_k = \frac{\mathrm{Ared}(\delta^{(k)})}{\mathrm{Pred}(\delta^{(k)})} \approx 1.$$

如果 $q_k(\delta)$ 在由 $\|\delta\| \leqslant \Delta$ 确定的邻域内不是 $f(x)$ 的一个满意的近似, 那么 $\mathrm{Ared}(\delta^{(k)})$ 的值会远小于 $\mathrm{Pred}(\delta^{(k)})$ 的值, 甚至取负值, 或者说有

$$r_k = \frac{\mathrm{Ared}(\delta^{(k)})}{\mathrm{Pred}(\delta^{(k)})} \approx 0.$$

因此比值 r_k(也就是函数值) 可以直接用来判定 $q_k(\delta)$ 在邻域 $\|\delta\| \leqslant \Delta$ 内对 $f(x)$ 近似的程度, 并在近似程度不好时对信赖域半径作出调整. 由此给出下述信赖域型的 Levenberg-Marquardt 方法.

算法 5.4.2 (解非线性最小二乘问题的信赖域方法)

步 1. 给定控制迭代的参数值 $0 < \eta_1 < \eta_2 < 1$, $0 < \gamma_1 < 1 < \gamma_2$, $\Delta_{\max} > 0$, 初始点 $x^{(1)}$, 以及初始信赖域半径 $\Delta_1 < \Delta_{\max}$, 置 $k = 1$;

步 2. 如果 $x^{(k)}$ 满足终止条件, 停止迭代, 取 $x^{(k)}$ 作为最优解的近似;
步 3. 对 Δ_k 解信赖域子问题 (5.4.3) 得解 $\delta^{(k)}$;
步 4. 计算 $\text{Pred}(\delta^{(k)})$, $\text{Ared}(\delta^{(k)})$ 和 r_k;
步 5. 如果 $r_k < \eta_1$, 置 $\Delta_k \triangleq \gamma_1 \Delta_k$, 转步 3;
步 6. 置 $x^{(k+1)} = x^{(k)} + \delta^{(k)}$,

$$\Delta_{k+1} = \begin{cases} \min\{\gamma_2 \Delta_k,\ \Delta_{\max}\}, & r_k > \eta_2 \text{ 且 } \|\delta^{(k)}\| = \Delta_k, \\ \Delta_k, & \text{其他}, \end{cases}$$

置 $k \triangleq k+1$, 转步 2. □

在上述算法中参数 η_1 和 η_2 用于判定在邻域 $\|\delta\| \leqslant \Delta_k$ 内 $q_k(\delta)$ 是不是 $f(x)$ 的好的近似, 因此 η_1 的值应接近 0, 通常有 $\eta_1 \in (0, 0.1)$, 而 η_2 的值应接近 1, 通常有 $\eta_2 \in (0.5, 0.9)$. 从算法可以看出, 如果有 $r_k < \eta_1$, 则 $\delta^{(k)}$ 不被接受, 减小信赖域半径后重解问题 (5.4.3) 以确定一个新的解 $\delta^{(k)}$. 如果有 $r_k \geqslant \eta_1, \delta^{(k)}$ 就被接受, 并确定一个新的信赖域半径. 这时相应的迭代称为成功迭代. 对于成功迭代, 新的信赖域半径或者等于原信赖域半径, 或者大于原信赖域半径. 如果有 $\eta_1 \leqslant r_k \leqslant \eta_2$, 表明在邻域 $\|\delta\| \leqslant \Delta_k$ 内 $q_k(\delta)$ 是 $f(x)$ 的一个可以接受的近似, 但不是一个令人满意的近似, 因此信赖域半径可以保持不变; 如果有 $r_k > \eta_2$, 但 $\|\delta^{(k)}\| < \Delta_k$, 这表明使 $f(x)$ 获得充分下降的 $\delta^{(k)}$ 是在信赖域的内部取得的, 因此也没有必要增大信赖域半径; 只有在既有 $r_k > \eta_2$, 又有 $\|\delta^{(k)}\| = \Delta_k$ 时才有必要增大信赖域半径. 参数 γ_1 和 γ_2 分别用于控制减小和增大信赖域半径的程度, $\Delta_{\max}$ 则确定了信赖域半径的一个上界.

下面的定理给出了上述信赖域方法的收敛性.

定理 5.4.3 设函数 $f(x) = \dfrac{1}{2}\sum\limits_{i=1}^{m} r_i(x)^2$ 二次连续可微, 对于给定的初始点 $x^{(1)}$, 水平集

$$L(x^{(1)}) = \{x \mid f(x) \leqslant f(x^{(1)})\}$$

有界, 且存在常数 $M_1 > 0$, $M_2 > 0$ 使得

$$\|\nabla^2 f(x)\| \leqslant M_1, \qquad \forall\ x \in L(x^{(1)}), \tag{5.4.4}$$

$$\|A(x)^{\mathrm{T}} A(x)\| \leqslant M_2, \qquad \forall\ x \in L(x^{(1)}), \tag{5.4.5}$$

则由上述算法产生的点列 $\{x^{(k)}\}$, 或者在有限次迭代终止, 或者必有一个子序列的极限点 x^* 满足

$$\|\nabla f(x^*)\| = 0.$$

证明 首先, 根据算法 5.4.2, 对于成功迭代我们有:

$$\text{Ared}(\delta^{(k)}) \geqslant \eta_1 \text{Pred}(\delta^{(k)}) > 0.$$

由于 $f(x^{(k)})$ 单调下降, $f(x)$ 连续, 以及水平集 $L(x^{(1)})$ 的有界性, 有 $\mathrm{Ared}(\delta^{(k)}) \to 0$, 由此得

$$\mathrm{Pred}(\delta^{(k)}) \to 0. \tag{5.4.6}$$

假定方法不有限步终止, 我们用反证法证明在序列 $\{x^{(k)}\}$ 中存在一个子序列, 设为 $\{x^{(k_j)}\}$, 使得

$$\nabla f(x^{(k_j)}) = A(x^{(k_j)})^{\mathrm{T}} r(x^{(k_j)}) \to 0. \tag{5.4.7}$$

假定这一结论不成立, 则存在常数 $\varepsilon > 0$ 使

$$\|\nabla f(x^{(k)})\| \geqslant \varepsilon \tag{5.4.8}$$

对所有充分大的 k 成立. 对此, 可以证明对所有充分大的 k, 信赖域半径 Δ_k 有下界, 即存在常数 $\bar{\Delta} > 0$ 使成立

$$\Delta_k \geqslant \bar{\Delta}, \quad \forall \text{ 充分大的 } k. \tag{5.4.9}$$

利用积分中值定理得

$$\begin{aligned}
&|\mathrm{Ared}(\delta^{(k)}) - \mathrm{Pred}(\delta^{(k)})| \\
=& \left| f(x^{(k)}) + \nabla f(x^{(k)})^{\mathrm{T}} \delta^{(k)} + \frac{1}{2} {\delta^{(k)}}^{\mathrm{T}} A_k^{\mathrm{T}} A_k \delta^{(k)} - f(x^{(k)} + \delta^{(k)}) \right| \\
=& \left| \frac{1}{2} {\delta^{(k)}}^{\mathrm{T}} A_k^{\mathrm{T}} A_k \delta^{(k)} - \int_0^1 (1-t) {\delta^{(k)}}^{\mathrm{T}} \nabla^2 f(x^{(k)} + t\delta^{(k)}) \delta^{(k)} \mathrm{d}t \right| \\
\leqslant& \frac{1}{2}(M_1 + M_2)\|\delta^{(k)}\|^2 \\
\leqslant& \frac{1}{2}(M_1 + M_2)\Delta_k^2.
\end{aligned} \tag{5.4.10}$$

又由引理 3.8.3, 我们有

$$\mathrm{Pred}(\delta^{(k)}) \geqslant \frac{1}{2}\|A_k^{\mathrm{T}} r_k\| \min\left\{\Delta_k, \frac{\|A_k^{\mathrm{T}} r_k\|}{M_2}\right\}. \tag{5.4.11}$$

由此由 (5.4.11), (5.4.10) 和 (5.4.8) 得

$$\begin{aligned}
\left| \frac{\mathrm{Ared}(\delta^{(k)})}{\mathrm{Pred}(\delta^{(k)})} - 1 \right| &= \left| \frac{\mathrm{Ared}(\delta^{(k)}) - \mathrm{Pred}(\delta^{(k)})}{\mathrm{Pred}(\delta^{(k)})} \right| \\
&\leqslant \frac{\frac{1}{2}(M_1 + M_2)\Delta_k^2}{\varepsilon \min\left\{\Delta_k, \frac{\varepsilon}{M_2}\right\}}.
\end{aligned} \tag{5.4.12}$$

因此当 $\Delta_k \to 0$ 时, (5.4.12) 右端趋于零, 从而我们可得下列极限

$$\lim_{\Delta_k \to 0} \frac{\mathrm{Ared}(\delta^{(k)})}{\mathrm{Pred}(\delta^{(k)})} = 1.$$

由算法 5.4.2, 这表明对充分大的 k 有 $r_k = \dfrac{\text{Ared}(\delta^{(k)})}{\text{Pred}(\delta^{(k)})} \geqslant \eta_2$ 成立, 即 $\Delta_{k+1} \geqslant \Delta_k$ 成立. 于是, 对充分大的 k, 存在 $\bar{\Delta} > 0$, 使得 (5.4.9) 式成立. 于是, 从 (5.4.11) 我们可以进一步得到: 对所有充分大的 k,

$$\text{Pred}(\delta^{(k)}) \geqslant \frac{1}{2}\varepsilon \min\left\{\bar{\Delta},\ \frac{\varepsilon}{M_2}\right\} > 0,$$

这与 (5.4.6) 矛盾, 这一矛盾证明了必有子序列使 (5.4.7) 成立. 再由序列 $\{x^{(k)}\}$ 的有界性知子序列 $\{x^{(k_j)}\}$ 必有聚点 x^*, 由 $\nabla f(x)$ 的连续性便有 $\nabla f(x^*) = A(x^*)^{\mathrm{T}} r(x^*) = 0$. 这就完成了定理的证明. □

这一定理表明 Gauss-Newton 法的信赖域修正不仅克服了 Gauss-Newton 法产生的 $\|\delta^{(k)}\|$ 过大及由于 A_k 不满秩等问题所引起的不收敛问题, 而且增大了收敛区域, 即这样的信赖域方法具有全局收敛性. 下述定理更进一步表明这个信赖域 Gauss-Newton 法保留了 Gauss-Newton 法的二次收敛性.

定理 5.4.4 设函数 $f(x)$ 二次连续可微, 对给定的初始点 $x^{(1)}$, 水平集 $L(x^{(1)})$ 有界. 设由信赖域 Gauss-Newton 法产生的序列 $\{x^{(k)}\}$ 收敛于 x^*, 且 $\nabla^2 f(x^*)$ 正定, $S(x^*) = \sum_{i=1}^{m} r_i(x^*)\nabla^2 r_i(x^*) = 0$, 则 $\{x^{(k)}\}$ 以二次收敛速度收敛于 x^*.

证明 由 $S(x^*) = 0$ 知 $\nabla^2 f(x^*) = A(x^*)^{\mathrm{T}} A(x^*)$, 因此 $A(x^*)^{\mathrm{T}} A(x^*)$ 正定. 再由 $A(x)^{\mathrm{T}} A(x)$ 的连续性, 以及 $x^{(k)}$ 对 x^* 的收敛性, 存在正数 $C_1 \geqslant C_2 > 0$ 使得

$$C_2\|y\|^2 \leqslant y^{\mathrm{T}} A_k^{\mathrm{T}} A_k y \leqslant C_1\|y\|^2, \quad \forall\ y \neq 0$$

对所有充分大的 k 都成立. 考虑到 $(A_k^{\mathrm{T}} A_k + \mu_k I)\delta^{(k)} = -A_k^{\mathrm{T}} r_k$, 由此得

$$\begin{aligned}
\text{Pred}(\delta^{(k)}) &= -{\delta^{(k)}}^{\mathrm{T}} A_k^{\mathrm{T}} r_k - \frac{1}{2}{\delta^{(k)}}^{\mathrm{T}} A_k^{\mathrm{T}} A_k \delta^{(k)} \\
&= {\delta^{(k)}}^{\mathrm{T}} (A_k^{\mathrm{T}} A_k + \mu_k I)\delta^{(k)} - \frac{1}{2}{\delta^{(k)}}^{\mathrm{T}} A_k^{\mathrm{T}} A_k \delta^{(k)} \\
&= \frac{1}{2}{\delta^{(k)}}^{\mathrm{T}} A_k^{\mathrm{T}} A_k \delta^{(k)} + \mu_k\|\delta^{(k)}\|^2 \\
&\geqslant \frac{1}{2} C_2\|\delta^{(k)}\|^2.
\end{aligned}$$

再利用 $f(x^{(k)} + \delta^{(k)})$ 在点 $x^{(k)}$ 的 Taylor 展开式, $S(x^*) = 0$ 以及 $x^{(k)}$ 对 x^* 的收敛性, 则对充分大的 k, 有

$$\begin{aligned}
\text{Ared}(\delta^{(k)}) - \text{Pred}(\delta^{(k)}) &= \frac{1}{2}{\delta^{(k)}}^{\mathrm{T}} (A_k^{\mathrm{T}} A_k - \nabla^2 f(x^{(k)}))\delta^{(k)} + o(\|\delta^{(k)}\|^2) \\
&= -\frac{1}{2}{\delta^{(k)}}^{\mathrm{T}} \sum_{i=1}^{m} r_i(x^{(k)})\nabla^2 r_i(x^{(k)})\delta^{(k)} + o(\|\delta^{(k)}\|^2)
\end{aligned}$$

$$= o(\|\delta^{(k)}\|^2).$$

由以上两式, 我们得到

$$\left|\frac{\operatorname{Ared}(\delta^{(k)})}{\operatorname{Pred}(\delta^{(k)})} - 1\right| = \left|\frac{\operatorname{Ared}(\delta^{(k)}) - \operatorname{Pred}(\delta^{(k)})}{\operatorname{Pred}(\delta^{(k)})}\right| \leqslant \frac{o(\|\delta^{(k)}\|^2)}{\dfrac{1}{2}C_2\|\delta^{(k)}\|^2}.$$

这表明在 $k \to \infty$ 时有 $\operatorname{Ared}(\delta^{(k)})/\operatorname{Pred}(\delta^{(k)}) \to 1$. 因此存在一个正整数 $k_0 > 0$ 和信赖域半径的一个下界 $\bar{\Delta} > 0$ 使得

$$\Delta_k \geqslant \bar{\Delta}, \quad \forall \ k \geqslant k_0.$$

又由于 $x^{(k)}$ 收敛于 x^* 且 $\nabla f(x^*) = A(x^*)^{\mathrm{T}} r(x^*) = 0$, 因此, 对所有充分大的 k,

$$\|(A_k^{\mathrm{T}} A_k)^{-1} A_k^{\mathrm{T}} r_k\| < \bar{\Delta} \leqslant \Delta_k$$

均成立, 即对所有充分大的 k, 总有 $\|\delta_k\| \leqslant \Delta_k$. 于是, 对所有充分大的 k, $\delta^{(k)}$ 是 Gauss-Newton 子问题 (5.3.3) 的解. 因此信赖域方法的收敛速度即为 Gauss-Newton 法的局部收敛速度, 而我们知道, 在定理所给的条件下 Gauss-Newton 法是局部二次收敛的. 这就完成了定理的证明. □

在定理的证明过程中我们利用了这样一个事实: 对于信赖域问题 (5.4.3) 的解我们有下述结论: 如果 $A_k^{\mathrm{T}} A_k$ 正定, 且 $\|(A_k^{\mathrm{T}} A_k)^{-1} A_k^{\mathrm{T}} r_k\| \leqslant \Delta_k$, 则其解为 $\delta^{(k)} = -(A_k^{\mathrm{T}} A_k)^{-1} A_k^{\mathrm{T}} r_k$; 否则, 对某个 $\mu_k > 0$, $\delta^{(k)}$ 是下述方程组

$$\begin{cases} (A_k^{\mathrm{T}} A_k + \mu_k I)\delta = -A_k^{\mathrm{T}} r_k, \\ \|\delta\| = \Delta_k \end{cases}$$

的解.

对信赖域子问题 (5.4.3) 的求解是信赖域方法的主要工作, 也是最关键的工作. 同线性搜索方法一样, 也没有必要对子问题 (5.4.3) 进行精确求解. 根据定理 5.4.4 的证明可以看出, 只要子问题的近似求解所得的 $\delta^{(k)}$ 满足不等式 (5.4.11), 则方法的收敛性同样有保证. 因此大量的信赖域方法都采用求子问题 (5.4.3) 的近似解的方法, 并确保所得近似解满足不等式 (5.4.11). 有关子问题 (5.4.3) 具体的解法见第三章.

小 结

实际中出现的很多最优化问题是具有若干函数平方和形式的线性或非线性最小二乘问题, 本章主要讨论和介绍能有效地利用这些问题特殊结构的最小二乘求解方法. 全章共分四节, 分别介绍了线性最小二乘问题的解法和等式约束线性最小二乘问题的解法, 非线性最小二乘问题的 Gauss-Newton 法和信赖域方法.

在节 5.2 就线性最小二乘问题的求解介绍了有关的方法, 推导了法方程, 讨论了求解线性最小二乘问题的 QR 正交分解算法, 以及奇异值分解方法. 在小节 5.2.2 中介绍了线性等式约束线性最小二乘问题的解法, 这一小节为选学内容.

节 5.3 和节 5.4 主要讨论非线性最小二乘问题的求解. 节 5.3 介绍了著名的 Gauss-Newton 法, 该方法利用最小二乘问题的特殊结构, 由函数的一阶导数信息形成 Gauss-Newton 矩阵, 直接构造函数二阶导数矩阵的近似, 再用牛顿法的迭代格式求问题的最优解. 我们给出了算法的迭代格式, 分析了算法的收敛性和算法的具体的特征, 这个方法适用于零残量问题和小残量问题.

节 5.4 介绍解非线性最小二乘问题的另一类重要方法——信赖域方法. 可以这样说, 线性搜索类方法把一个复杂的最优化问题转化成一系列简单的一维寻优问题, 而信赖域方法则是把优化问题转化成一系列相对简单的局部寻优问题. 我们在这一节介绍了基于 Gauss-Newton 模型的信赖域方法的基本原理, 给出了方法的推导过程和算法步骤, 分析了方法的收敛性和收敛速度.

习 题

1. 设 A 为 $m\times n$ 矩阵, 证明 $A^{\mathrm{T}}A$ 的条件数是 A 的条件数的平方, 即 $\kappa(A^{\mathrm{T}}A)=[\kappa(A)]^2$.

2. 设 $f(x)=\dfrac{1}{2}\sum\limits_{i=1}^{5}r_i(x)^2$, 其中

$$\begin{aligned}
r_1(x)&=x_1^2+x_2^2+x_3^2-1,\\
r_2(x)&=x_1^2+x_2^2+(x_3-2)^2-1,\\
r_3(x)&=x_1+x_2+x_3-1,\\
r_4(x)&=x_1+x_2-x_3+1,\\
r_5(x)&=x_1^3+3x_2^2+(5x_3-x_1+1)^2-36,
\end{aligned}$$

通过计算 $r(x)$ 的 Jacobi 矩阵确定 $\nabla f(x)$, $M(x)=A(x)^{\mathrm{T}}A(x)$ 以及 $\nabla^2 f(x)$. 在点 $x=(0,0,1)^{\mathrm{T}}$ 是否有 $M(x)=\nabla^2 f(x)$ 成立? 为什么?

3. 设 $f(x)=\dfrac{1}{2}\sum\limits_{i=1}^{4}r_i(x)^2$, $r_i(x)=x_1\mathrm{e}^{-x_2t_i}-y_i\ (i=1,2,3,4)$. 其中 $t_1=-1$, $t_2=0$, $t_3=1$, $t_4=2$, $y_1=2.7$, $y_2=1$, $y_3=0.4$, $y_4=0.1$.

(1) 以 $x^{(1)}=(1,1)^{\mathrm{T}}$ 为初始点, 计算进行一次 Gauss-Newton 迭代所得的点 $x^{(2)}$;

(2) 在点 $x^{(2)}$ 还是用矩阵 $A_1^{\mathrm{T}}A_1$ 进行一次近似的 Gauss-Newton 迭代得点 $x^{(3)}$. 由这三个点估计信赖域方法对此问题的线性收敛速度.

4. 设 $\delta^{(1)}$ 和 $\delta^{(2)}$ 分别是方程组

$$(A^{\mathrm{T}}A+\mu_1 I)\delta=-A^{\mathrm{T}}r,\quad i=1,2$$

对应于 μ_1 和 μ_2 的解, 其中 $\mu_1>\mu_2>0$, $A\in\mathbf{R}^{m\times n}$, $r\in\mathbf{R}^m$. 证明

$$q(\delta^{(2)})<q(\delta^{(1)}),$$

这里 $q(\delta)=\frac{1}{2}\|A\delta+r\|^2=\frac{1}{2}\delta^{\mathrm{T}}A^{\mathrm{T}}A\delta+r^{\mathrm{T}}A^{\mathrm{T}}\delta+\frac{1}{2}r^{\mathrm{T}}r$.

5. 设 $f(x)=x_1^4+x_1x_2+(1+x_2)^2$, $x^{(1)}=(0,0)^{\mathrm{T}}$, 确定参数 μ 的一个下界 $\bar{\mu}$ 使得 $\nabla^2 f(x^{(1)})+\mu I$ 在 $\mu>\bar{\mu}$ 时是正定的. 令 $\mu_1=1$, 确定方程组

$$(\nabla^2 f(x^{(1)})+\mu_1 I)\delta=-\nabla f(x^{(1)})$$

的解 $\delta^{(1)}$, 并验证有 $f(x^{(1)}+\delta^{(1)})<f(x^{(1)})$.

再验证只有当 $\mu\geqslant 0.9$ 时所得的解 $\delta^{(1)}$ 才能使 $f(x)$ 在 $x^{(1)}+\delta^{(1)}$ 处的函数值小于点 $x^{(1)}$ 处的函数值, 而最优的下降量在 $\mu=1.2$ 时近似取得.

6. 设 $A\in\mathbf{R}^{m\times n}$, $\nabla f=b\in\mathbf{R}^n$, $\mu\geqslant 0$, $\delta^{(1)}$ 满足下述方程组

$$(A^{\mathrm{T}}A+\mu I)\delta=-b,\quad \|\delta\|\leqslant\varDelta.$$

证明: (1) 如果 $\mu=0$, 则 $\delta^{(1)}$ 是下述信赖域子问题 (TR) 的解

$$\begin{aligned}\min\quad & q(\delta)=f+\nabla f^{\mathrm{T}}\delta+\frac{1}{2}\delta^{\mathrm{T}}A^{\mathrm{T}}A\delta\\ \text{s.t.}\quad & \|\delta\|\leqslant\varDelta;\end{aligned}$$

(2) 如果 $\mu\geqslant 0$ 且有 $\|\delta^{(1)}\|=\varDelta$, 则 $\delta^{(1)}$ 也是子问题 (TR) 的解;

(3) 如果 $\mu>0$, 则 $\delta^{(1)}$ 还是子问题 (TR) 的唯一解.

7. 设 $d\in\mathbf{R}^n$ 为一满足

$$d^{\mathrm{T}}\nabla f\leqslant -c_1\|d\|\|\nabla f\|$$

的下降方向, 其中 $c_1\in(0,1]$. 又设 $\bar{\delta}$ 是问题 6 中信赖域子问题 (TR) 的一个近似解, 满足

$$\mathrm{Pred}(\bar{\delta})=f-q(\bar{\delta})\geqslant f-\min\left\{f+\alpha d^{\mathrm{T}}\nabla f+\frac{1}{2}\alpha^2 d^{\mathrm{T}}A^{\mathrm{T}}Ad \mid \|\alpha d\|\leqslant\varDelta\right\}.$$

证明:

$$\mathrm{Pred}(\bar{\delta})\geqslant\frac{c_1}{2}\|\nabla f\|\min\left\{\varDelta,\ c_1\frac{\|\nabla f\|}{\|A^{\mathrm{T}}A\|}\right\}.$$

8. 设

$$q(\delta)=\frac{1}{2}\delta^{\mathrm{T}}G\delta+b^{\mathrm{T}}\delta,$$

其中

$$G=\begin{pmatrix}14 & 1\\ 1 & 2\end{pmatrix},\quad b=(6\ \ 2)^{\mathrm{T}}.$$

分别计算 $q(\delta)$ 沿最速下降方向的最优修正, 记为 δ_{cp}, 以及由方程组

$$G\delta=-b$$

所确定的牛顿修正, 记为 δ_N. 验证有 $\|\delta_N\| > \|\delta_{cp}\|$.

令 $\delta(\lambda) = \delta_{cp} + \lambda(\delta_N - \delta_{cp})$, 确定 $\lambda \in (0,1)$ 的一个值使得 $\|\delta(\lambda)\| = 1$.

9. 考虑线性等式约束的线性最小二乘问题

$$\min \quad \frac{1}{2}\|Ax-b\|_2^2$$

$$\text{s.t.} \quad Cx = y,$$

其中 $x \in \mathbf{R}^n$, $A \in \mathbf{R}^{m\times n}$, $b \in \mathbf{R}^m$, $C \in \mathbf{R}^{p\times n}$ 和 $y \in \mathbf{R}^p$, $p < n$. 设 $\operatorname{rank}(A) = n$, $\operatorname{rank}(C) = p$, 证明 $x^* \in \mathbf{R}^n$ 是问题唯一解的充分必要条件为存在 Lagrange 乘子 λ^* 使得 (x^*, λ^*) 是问题的 Lagrange 方程组的解, 并验证 x^*, λ^* 由 (5.2.18) 和 (5.2.19) 给出.

10. 对于问题 9, 如果矩阵 A 不满秩, 证明问题的解集合为

$$\mathcal{S} = \{(AE)^+(b - AC^+y) + C^+y + (I - (AE)^+A\xi \mid \xi \in \mathcal{N}(C)\},$$

而目标函数的最优值为

$$\|(I_A(AE)^+)(AC^+y - b)\|,$$

其中 $E = I - C^+C, \mathcal{N}(C)$ 是矩阵 C 的零空间, C^+ 是矩阵 C 的广义逆, $(AE)^+$ 是矩阵 AE 的广义逆.

11. 设

$$C^{\mathrm{T}} = QR = (V_1\ V_2)\begin{pmatrix} R_1^{\mathrm{T}} \\ O \end{pmatrix},$$

其中 $Q = (V_1\ V_2)$ 为 $n\times n$ 正交矩阵, $V_1 \in \mathbf{R}^{n\times p}$, $V_2 \in \mathbf{R}^{n\times(n-p)}$. 假定 Lagrange 矩阵

$$\begin{pmatrix} A^{\mathrm{T}}A & -C^{\mathrm{T}} \\ -C & O \end{pmatrix}$$

非奇异, 证明: (1) 矩阵 C 满秩; (2) 矩阵 $V_2^{\mathrm{T}}A^{\mathrm{T}}AV_2$ 非奇异.

12. 证明由 (5.3.4) 定义的 Gauss-Newton 方向是下降方向.

13. 设 $r_c = r(x^{(c)})$, $A_c = A(x^{(c)})$ 满秩, $S_c = S(x^{(c)}) = \sum\limits_{i=1}^{m} r_i(x^{(c)})\nabla^2 r_i(x^{(c)})$, $\delta_c^G = -(A_c^{\mathrm{T}}A_c)^{-1}A_c^{\mathrm{T}}r_c$, $\delta_c^N = -(A_c^{\mathrm{T}}A_c + S_c)^{-1}A_c^{\mathrm{T}}r_c$. 证明

$$\delta_c^G - \delta_c^N = (A_c^{\mathrm{T}}A_c)^{-1}S_c\delta_c^{(k)}.$$

设 x_c 充分接近 $f(x) = \dfrac{1}{2}\sum\limits_{i=1}^{m} r_i(x)^2$ 的最优解 x^*, $f(x)$ 的 Hesse 矩阵 $\nabla^2 f(x) = A(x)^{\mathrm{T}}A(x) + S(x)$ 在点 x^* 非奇异, 在点 x^* 的邻域内 Lipschitz 连续, 利用上述关

系式证明

$$\|x_c^G - x^*\| \leqslant \|(A_c^{\mathrm{T}} A_c)^{-1}\| \|S_c\| \|x_c - x^*\| + O(\|x_c - x^*\|^2),$$

其中 $x_c^G = x_c + \delta_c^G$.

14. 已知 $r \in \mathbf{R}^m$, $A \in \mathbf{R}^{m\times n}$, $\mu > 0$. 证明 $\delta = -(A^{\mathrm{T}}A + \mu I)^{-1}A^{\mathrm{T}}r$ 是下述最小二乘问题的解

$$\min \ \|J\delta + y\|^2,$$

其中

$$J = \begin{pmatrix} A \\ \mu^{\frac{1}{2}} I \end{pmatrix}, \quad y = \begin{pmatrix} r \\ 0 \end{pmatrix}.$$

15. 考虑非线性最小二乘问题

$$\min \ f(x) = \frac{1}{2}\sum_{i=1}^{m} r_i(x)^2,$$

并假定 $r(x)$ 的 Jacobi 矩阵 $A(x)$ 对所有 $x \in \mathbf{R}^n$ 都满秩, 用 δ^G, $\delta^{LM}(\mu)$ 和 δ^S 分别表示在点 x 的 Gauss-Newton 方向, Levenberg-Marquardt 方向和最速下降方向, 即有

$$\begin{aligned} \delta^G &= (A^{\mathrm{T}}A)^{-1}A^{\mathrm{T}}r, \\ \delta^{LM}(\mu) &= (A^{\mathrm{T}}A + \mu I)^{-1}A^{\mathrm{T}}r, \\ \delta^S &= -A^{\mathrm{T}}r. \end{aligned}$$

证明

$$\lim_{\mu\to 0} \delta^{LM}(\mu) = \delta^G,$$

$$\lim_{\mu\to\infty} \frac{\delta^{LM}(\mu)}{\|\delta^{LM}(\mu)\|} = \frac{\delta^S}{\|\delta^S\|}.$$

第六章　二次规划

6.1 二次规划

一个带有二次目标函数和线性约束的最优化问题称为二次规划. 这类问题不仅自身有着重要作用, 而且在通常的约束问题的求解中作为子问题也有着重要应用, 例如序列二次规划方法 (SQP) 和增广 Lagrange 方法等.

通常, 二次规划 (QP) 问题叙述如下:

$$\min \quad q(x)=\frac{1}{2}x^{\mathrm{T}}Gx+g^{\mathrm{T}}x \tag{6.1.1}$$

$$\text{s.t.} \quad a_i^{\mathrm{T}}x=b_i, \qquad i\in\mathcal{E}, \tag{6.1.2}$$

$$a_i^{\mathrm{T}}x\geqslant b_i, \qquad i\in\mathcal{I}, \tag{6.1.3}$$

其中 G 是 $n\times n$ 对称矩阵, $\mathcal{E}$ 与 $\mathcal{I}$ 分别对应等式约束和不等式约束的有限的指标集, g, x 和 $\{a_i\}$, $i\in\mathcal{E}\cup\mathcal{I}$ 都是 n 维向量. 二次规划能在有限次迭代中被求解或者被证明是不可行的, 但寻求解的效果非常依赖于目标函数的特性和不等式约束的个数. 如果 Hesse 矩阵是正半定的, 则称 (6.1.1)—(6.1.3) 是凸二次规划 (QP), 在这种情况下, 此问题有时并不比解线性规划更困难. 非凸二次规划, 即目标函数 Hesse 矩阵 G 是不定的, 因为此规划可能有多个稳定点和局部极小点, 所以此规划更富有挑战性与更为困难.

二次规划问题不仅本身具有相当广泛的实际应用背景, 而且正如我们在下一章中所看到的, 在求解其他类型的约束优化问题时, 常常需要求解一系列作为子问题出现的二次规划问题. 因此, 探讨有效求解问题 (6.1.1)—(6.1.3) 的方法是十分重要的.

作为非线性约束优化问题的特例, 自然可以用一般求解约束非线性规划的某种方法来求解二次规划问题. 但由于其特殊性, 也可以给出一些特殊的更有效的方法. 本章我们将讨论解等式约束二次规划的直接消去法、广义消去法、Lagrange 方法, 以及解不等式约束二次规划的有效集方法.

6.2 等式约束二次规划问题

等式约束二次规划问题可描述成下列形式

$$\min_{x\in\mathbf{R}^n} \quad q(x)=\frac{1}{2}x^{\mathrm{T}}Gx+g^{\mathrm{T}}x \tag{6.2.1}$$

$$\text{s.t.} \quad A^{\mathrm{T}}x=b, \tag{6.2.2}$$

其中 $b \in \mathbf{R}^m$, $A \in \mathbf{R}^{n\times m}$. 不失一般性, 以下假设 A 为列满秩的, 即其秩为 m. 对于问题 (6.2.1)—(6.2.2), 可以应用各种消去法求解. 又由于其特殊性, 还可以给出其解析解. 现在使用经典的直接消去法. 设对等式约束 (6.2.2) 中矩阵 A 分块使得 A_B 为 $m\times m$ 非奇异方阵. 此时等式约束 (6.2.2) 可改写成

$$A_B^{\mathrm{T}}x_B + A_N^{\mathrm{T}}x_N = b, \tag{6.2.3}$$

相关的量 x, g, A 与 G 作如下分块.

$$x = \begin{pmatrix} x_B \\ x_N \end{pmatrix}, \quad A = \begin{pmatrix} A_B \\ A_N \end{pmatrix}, \quad G = \begin{pmatrix} G_{BB} & G_{BN} \\ G_{NB} & G_{NN} \end{pmatrix}, \quad g = \begin{pmatrix} g_B \\ g_N \end{pmatrix},$$

其中 $x_B \in \mathbf{R}^m$, $x_N \in \mathbf{R}^{n-m}$, 其余类似. 该分块使得 A_B 为 $m\times m$ 非奇异方阵. 因 A_B^{-1} 存在, 此时由方程 (6.2.3) 可得

$$x_B = A_B^{-\mathrm{T}}(b - A_N^{\mathrm{T}}x_N). \tag{6.2.4}$$

将此式代入 $q(x)$, 则可使问题 (6.2.1)—(6.2.2) 转化为下列无约束优化问题

$$\min_{x_N\in\mathbf{R}^{n-m}} \frac{1}{2}x_N^{\mathrm{T}}\hat{G}x_N + \hat{g}^{\mathrm{T}}x_N + \hat{c}, \tag{6.2.5}$$

其中

$$\begin{aligned}
\hat{G} &= G_{NN} - G_{NB}A_B^{-\mathrm{T}}A_N^{\mathrm{T}} - A_NA_B^{-1}G_{BN} + A_NA_B^{-1}G_{BB}A_B^{-\mathrm{T}}A_N^{\mathrm{T}},\\
\hat{g} &= g_N - A_NA_B^{-1}g_B + (G_{NB} - A_NA_B^{-1}G_{BB})A_B^{-\mathrm{T}}b,\\
\hat{c} &= \frac{1}{2}b^{\mathrm{T}}A_B^{-1}G_{BB}A_B^{-\mathrm{T}}b + g_B^{\mathrm{T}}A_B^{-\mathrm{T}}b.
\end{aligned}$$

如果 $\hat{G}$ 正定, 则易知问题 (6.2.5) 的最优解为 $x_N^* = -\hat{G}^{-1}\hat{g}$. 代入 (6.2.4) 即可确定对应的 x_B^*, 从而找到问题 (6.2.1)—(6.2.2) 的最优解

$$x^* = \begin{pmatrix} x_B^* \\ x_N^* \end{pmatrix} = \begin{pmatrix} A_B^{-\mathrm{T}}b + A_B^{-\mathrm{T}}A_N^{\mathrm{T}}\hat{G}^{-1}\hat{g} \\ -\hat{G}^{-1}\hat{g} \end{pmatrix}, \tag{6.2.6}$$

相应的最优 Lagrange 乘子 λ^* 可由下式确定

$$A\lambda^* = g + Gx^*. \tag{6.2.7}$$

其实, 只需考虑该方程组的前 m 行即可给出 λ^* 的表达式如下:

$$\lambda^* = A_B^{-1}(g_B + G_{BB}x_B^* + G_{BN}x_N^*).$$

如果 $\hat{G}$ 正半定, 则不难证明当

$$(I - \hat{G}\hat{G}^{\dagger})\hat{g} = 0 \tag{6.2.8}$$

时, 问题 (6.2.5) 有界, 且其最优解为

$$x_N^* = -\hat{G}^\dagger \hat{g} + (I - \hat{G}^\dagger \hat{G})\tilde{x},$$

这里 $\tilde{x} \in \mathbf{R}^{n-m}$ 为任意向量, $\hat{G}^\dagger$ 表示 $\hat{G}$ 的广义逆矩阵. 此时, 原问题 (6.2.1)—(6.2.2) 的最优解与最优乘子则可通过上式与 (6.2.3) 类似地确定. 若 (6.2.8) 不成立, 则可以推出问题 (6.2.5) 无下界, 从而原问题 (6.2.1)—(6.2.2) 亦无下界.

如果 $\hat{G}$ 存在负的特征值, 则问题 (6.2.5) 无下界, 原问题 (6.2.1)—(6.2.2) 不存在有限最优解. 这个结果我们在本节最后还要讨论.

广义消去法

直接消去法简单明了, 但因要计算 A_B 的逆涉及多个矩阵相乘, 在 A_B 近于奇异时可能由于计算误差而不稳定. 消去法的一个直接推广为广义消去法. 基于 A 为列满秩矩阵, 可以将全空间 $\mathbf{R}^n$ 划分成两个互补的子空间: 一个是由 A 的列所生成的像空间, 而另一个是 A^{T} 的零空间. 设 Y 为由 A 的列所生成的像空间的一组基所构成的矩阵, 而 Z 为由 A^{T} 的零空间的一组基所构成的矩阵. A 的秩为 m, 故 Y 和 Z 分别有 m 和 $n-m$ 个列, 即 $Y \in \mathbf{R}^{n\times m}$ 与 $Z \in \mathbf{R}^{n\times(n-m)}$, 并且满足矩阵 $(Y\ Z)$ 是正交矩阵, 而 $A^{\mathrm{T}}Z = O$, $A^{\mathrm{T}}Y$ 为非奇异矩阵. 不失一般性, 选择 Y 满足 $A^{\mathrm{T}}Y = I$, 令

$$x = Y\bar{x} + Z\hat{x}. \tag{6.2.9}$$

由约束条件 $A^{\mathrm{T}}x = b$ 得

$$A^{\mathrm{T}}Y\bar{x} + A^{\mathrm{T}}Z\hat{x} = b,$$

从而 $\bar{x} = b$. 这样分解 (6.2.9) 可以写成

$$x = Yb + Z\hat{x}. \tag{6.2.10}$$

将上式代入 (6.2.1), 则可将原问题转化为如下的 $n-m$ 维无约束优化问题

$$\min \frac{1}{2}\hat{x}^{\mathrm{T}}Z^{\mathrm{T}}GZ\hat{x} + (g + GYb)^{\mathrm{T}}Z\hat{x} + \frac{1}{2}(2g + GYb)^{\mathrm{T}}Yb. \tag{6.2.11}$$

若矩阵 $Z^{\mathrm{T}}GZ$ 正定, 则此问题存在唯一最优解 $\hat{x}^*$, 它是下列方程组的唯一解,

$$(Z^{\mathrm{T}}GZ)\hat{x} = -Z^{\mathrm{T}}(g + GYb), \tag{6.2.12}$$

则

$$\hat{x}^* = -(Z^{\mathrm{T}}GZ)^{-1}Z^{\mathrm{T}}(g + GYb), \tag{6.2.13}$$

代入 (6.2.10) 得问题的最优解为

$$x^* = Yb - Z(Z^{\mathrm{T}}GZ)^{-1}Z^{\mathrm{T}}(g + GYb). \tag{6.2.14}$$

对 (6.2.7) 左乘 Y^{T} 得相应的最优 Lagrange 乘子 λ^* 为

$$\lambda^* = Y^{\mathrm{T}}(Gx^* + g). \tag{6.2.15}$$

实际上, 对于简单的问题我们可以直接利用 (6.2.14) 和 (6.2.15) 来求解. 一般在数值计算中, 为了确定 x^* 与 λ^*, 我们往往通过计算矩阵 $Z^{\mathrm{T}}GZ$ 的 LL^{T} 或 $\mathrm{LDL}^{\mathrm{T}}$ 分解, 用分解法来求方程组 (6.2.12) 的解 $\hat{x}^*$, 然后依 (6.2.10) 和 (6.2.15) 计算 x^* 以及 λ^*. 这样做的好处是, 它不仅可增加方法的数值稳定性, 而且在分解过程中可直接检验 $Z^{\mathrm{T}}GZ$ 是否正定. 为控制误差传播与增大, 可采用 QR 分解法确定所需的矩阵 Z.

通过选取不同的 Y 与 Z, 则可得到计算 x^* 与 λ^* 的不同公式. 可以证明, 上述两种方法都是先确定最优解, 再求出最优 Lagrange 乘子. 其实, 利用问题 (6.2.1)—(6.2.2) 的特殊性, 存在同时确定其最优解与相应乘子的方法. 这就是基于问题 (6.2.1)—(6.2.2) 的 Lagrange 函数而导出的所谓 Lagrange 方法. 问题 (6.2.1)—(6.2.2) 的 Lagrange 函数为

$$L(x,\lambda)=\frac{1}{2}x^{\mathrm{T}}Gx+g^{\mathrm{T}}x-\lambda^{\mathrm{T}}(A^{\mathrm{T}}x-b),$$

二次规划问题的一阶必要条件, 即 KKT 条件为

$$\begin{aligned}\frac{\partial L(x,\lambda)}{\partial x}&=Gx+g-A\lambda=0,\\ \frac{\partial L(x,\lambda)}{\partial \lambda}&=A^{\mathrm{T}}x-b=0.\end{aligned}$$

其矩阵形式为 $(x^*,\ \lambda^*)$ 满足

$$\begin{pmatrix} G & -A \\ -A^{\mathrm{T}} & O \end{pmatrix}\begin{pmatrix} x^* \\ \lambda^* \end{pmatrix}=-\begin{pmatrix} g \\ b \end{pmatrix}. \tag{6.2.16}$$

在上式中, 系数矩阵称为 KKT 矩阵.

若令 $x^*=x+p$, 即 $p=x^*-x$, 则 (6.2.16) 成为

$$\begin{pmatrix} G & -A \\ -A^{\mathrm{T}} & O \end{pmatrix}\begin{pmatrix} p \\ \lambda^* \end{pmatrix}=\begin{pmatrix} -\bar{g} \\ c \end{pmatrix}, \tag{6.2.17}$$

其中,

$$\bar{g}=Gx+g,\ c=A^{\mathrm{T}}x-b. \tag{6.2.18}$$

定理 6.2.1 假设 A 为列满秩矩阵, 其秩为 m, 若投影 Hesse 矩阵 $Z^{\mathrm{T}}GZ$ 正定, 则问题 (6.2.1)—(6.2.2) 的 KKT 矩阵

$$K=\begin{pmatrix} G & -A \\ -A^{\mathrm{T}} & O \end{pmatrix} \tag{6.2.19}$$

是非奇异的, 从而存在唯一的 KKT 对 $(x^*,\ \lambda^*)$ 满足方程组 (6.2.16).

证明 假设矩阵 K 是奇异的, 则存在向量 $(p,v)\neq 0$ 使得

$$\begin{pmatrix} G & -A \\ -A^{\mathrm{T}} & O \end{pmatrix}\begin{pmatrix} p \\ v \end{pmatrix}=0. \tag{6.2.20}$$

因为 $A^{\mathrm{T}}p=0$, 所以对上式左乘 $(p^{\mathrm{T}}\ v^{\mathrm{T}})$ 可得

$$0=(p^{\mathrm{T}}\ v^{\mathrm{T}})\begin{pmatrix} G & -A \\ -A^{\mathrm{T}} & O \end{pmatrix}\begin{pmatrix} p \\ v \end{pmatrix}=p^{\mathrm{T}}Gp.$$

因为 p 在 A^{T} 的零空间, 所以对某个 $u\in\mathbf{R}^{n-m}$, p 可表示成 $p=Zu$. 因此,

$$0=p^{\mathrm{T}}Gp=u^{\mathrm{T}}Z^{\mathrm{T}}GZu.$$

由于矩阵 $Z^{\mathrm{T}}GZ$ 正定, 则 $u=0$, 从而 $p=0$. 将 $p=0$ 代入 (6.2.20) 得 $Av=0$, 再由 A 为列满秩的, 可得 $v=0$. 这与 $(pv)\neq 0$ 矛盾. 由此定理的结论成立. □

上述定理表明, 求解 KKT 方程组 (6.2.16) 即可同时得到最优解 x^* 和最优 Lagrange 乘子 λ^*.

例 6.2.2 解等式约束二次规划问题:

$$\begin{aligned} \min\quad & q(x)=3x_1^2+2x_1x_2+x_1x_3+2.5x_2^2+2x_2x_3+2x_3^2-8x_1-3x_2-3x_3 \\ \text{s.t.}\quad & x_1+x_3=3, \\ & x_2+x_3=0. \end{aligned}$$

解 使用矩阵形式, 有

$$G=\begin{pmatrix} 6 & 2 & 1 \\ 2 & 5 & 2 \\ 1 & 2 & 4 \end{pmatrix},\ g=\begin{pmatrix} -8 \\ -3 \\ -3 \end{pmatrix},\ A^{\mathrm{T}}=\begin{pmatrix} 1 & 0 & 1 \\ 0 & 1 & 1 \end{pmatrix},\ b=\begin{pmatrix} 3 \\ 0 \end{pmatrix},$$

解 (6.2.16) 得最优解 x^* 和相应的 Lagrange 乘子 λ^* 为

$$x^*=\begin{pmatrix} 2 \\ -1 \\ 1 \end{pmatrix},\quad \lambda^*=\begin{pmatrix} 3 \\ -2 \end{pmatrix}.$$ □

在此例中, 矩阵 G 是正定的, 齐次方程组 $A^{\mathrm{T}}x=0$ 的基础解系为

$$\eta_1=(-1,-1,1)^{\mathrm{T}}.$$

所以零空间 $\mathcal{N}(A^{\mathrm{T}})$ 的基向量为

$$Z=(-1,-1,1)^{\mathrm{T}}.$$

调用 MATLAB 和 Python 中二次规划方法的软件

现在我们再给出调用 MATLAB 和 Python 中二次规划方法的软件求解上述二次规划问题的例子.

例 6.2.3 调用 MATLAB 和 Python 中二次规划方法的软件求解例 6.2.2.

解 (1) 调用 MATLAB 函数 quadprog 来求解. quadprog 是用于求解二次规划问题

$$\begin{aligned}\min\quad & \frac{1}{2}x^{\mathrm{T}}Gx+g^{\mathrm{T}}x\\ \text{s.t.}\quad & Ax\leqslant b,\\ & Aeqx=beq,\\ & lb\leqslant x\leqslant ub,\end{aligned}$$

其一般调用格式如下:

$$[x, fval]=\text{quadprog}(G,g,A,b,Aeq,beq,lb,ub,x0)$$

其中 x 是最优解, $fval$ 是最优值, $x0$ 是给定的初始点. 如果参数没有, 可以设其为空即 [ ].

对于例 6.2.2, 其中

$$G=\begin{pmatrix}6&2&1\\2&5&2\\1&2&4\end{pmatrix},\quad g=\begin{pmatrix}-8\\-3\\-3\end{pmatrix},\quad Aeq=\begin{pmatrix}1&0&1\\0&1&1\end{pmatrix},\quad beq=\begin{pmatrix}3\\0\end{pmatrix},$$

其他参数均可以设为 [ ].

把参数输入, 我们可以得到

Optimization terminated: relative (projected) residual of PCG iteration <= OPTIONS.TolPCG.

$x=$

2.000 0

−1.000 0

1.000 0

$fval=$

−3.500 0.

(2) 调用 Python 中 cvxopt 库的 solvers.qp 函数来求解. 首先, 需要使用如下语句安装 cvxopt 库:

```
pip install cvxopt
```

导入 cvxopt 语句如下:

```
import cvxopt
```

solvers.qp 函数用于求解二次规划问题

$$\begin{aligned}\min\quad & c=\frac{1}{2}x^{\mathrm{T}}Px+q^{\mathrm{T}}x\\ \text{s.t.}\quad & Gx\leqslant h,\\ & Ax=b.\end{aligned}$$

solvers.qp 函数的调用格式如下:

$$\text{cvxopt.solvers.qp}(P, q, G, h, A, b)$$

其中如果参数没有, 可以设其为空.

在例 6.2.3 中, G, g, Aeq 和 beq 与 (1) 中一致, 调用 solvers 函数:

$$\text{sol} = \text{solvers.qp}(P = G.T, q = g, A = Aeq.T, b = beq)$$

最后输入:

print("最优解:", sol['x'])

print("最优值:", sol['primal objective'])

得到结果:

最优解: [2.00e+00]

[−1.00e+00]

[1.00e+00]

最优值: −3.5. □

下面, 我们给出矩阵 K 的惯性指数定理, 其证明可参见其他参考书.

定理 6.2.4 假设 A 为列满秩矩阵, 其秩为 m, 若投影 Hesse 矩阵 $Z^{\mathrm{T}}GZ$ 正定, 则问题 (6.2.1)—(6.2.2) 的 KKT 矩阵 K 有 n 个正的特征值, m 个负的特征值, 并且没有零特征值.

因为矩阵 K 是非奇异的, 所以其逆存在, 设

$$K^{-1} = \begin{pmatrix} G & -A \\ -A^{\mathrm{T}} & 0 \end{pmatrix}^{-1} = \begin{pmatrix} H & -T \\ -T^{\mathrm{T}} & U \end{pmatrix}. \tag{6.2.21}$$

方程组 (6.2.16) 的唯一解可写成

$$x^* = -HG + Tb, \tag{6.2.22}$$

$$\lambda^* = T^{\mathrm{T}}g - Ub. \tag{6.2.23}$$

另外, 若已知问题 (6.2.1)—(6.2.2) 的一个可行解 x_k, 则由上述这两个方程可得到

$$x^* = x_k - Hg_k, \quad \lambda^* = T^{\mathrm{T}}g_k, \tag{6.2.24}$$

其中 $g_k = Gx_k + g$. 上式推导留作练习. 这样, 我们唯一地同时确定了问题 (6.2.1)—(6.2.2) 的最优解 x^* 与最优 Lagrange 乘子 λ^*.

由于可用不同的方法给出分块矩阵 H, T, U 的不同表达式, 故 (6.2.22)—(6.2.23) 就有不同形式的计算公式. 下面给出两种不同的形式.

首先, 若 G 可逆, 因 A 列满秩, 则 $(A^{\mathrm{T}}G^{-1}A)^{-1}$ 存在, 这时可给出 H, T 与 U 的表达式如下:

$$H = G^{-1} - G^{-1}A(A^{\mathrm{T}}G^{-1}A)^{-1}A^{\mathrm{T}}G^{-1},$$

$$T = G^{-1}A(A^{\mathrm{T}}G^{-1}A)^{-1}, \tag{6.2.25}$$
$$U = -(A^{\mathrm{T}}G^{-1}A)^{-1}.$$

显然, 应按先 U, 后 T, 再 H 的顺序计算这些矩阵. 由于这些公式中只出现 A, 故常称此方法为像空间方法.

如果我们已确定了矩阵 Y 与 Z, 则不难利用 Y 与 Z 应满足的条件得到 H, T, U 的另一组表达式

$$\begin{aligned} H &= Z(Z^{\mathrm{T}}GZ)^{-1}Z^{\mathrm{T}}, \\ T &= Y - Z(Z^{\mathrm{T}}GZ)^{-1}Z^{\mathrm{T}}GY, \\ U &= Y^{\mathrm{T}}GZ(Z^{\mathrm{T}}GZ)^{-1}Z^{\mathrm{T}}GY - Y^{\mathrm{T}}GY, \end{aligned} \tag{6.2.26}$$

代入 (6.2.22) 与 (6.2.23), 并与 (6.2.14) 和 (6.2.15) 比较可知二者此时是相等的. 与 (6.2.12) 的求解类似, 为避免矩阵直接求逆所具有的潜在不稳定性, 我们也可用分解法来求解 KKT 方程组 (6.2.16). 不过这时可采用逐步分解的方法, 设 G 正定, 先求出矩阵 G 的 LDL^{T} 分解, 再用此分解因子消去 (6.2.16) 中系数矩阵的非对角元 $-A$ 与 $-A^{\mathrm{T}}$, 此时对应的右下角对角块从 O 变为 $-A^{\mathrm{T}}G^{-1}A$, 易知这是一个负定矩阵, 再把它分解成 $\hat{L}\hat{D}\hat{T}^{\mathrm{T}}$ 的形式, 则可得到 (6.2.16) 系数矩阵的分解

$$K = \bar{L}\bar{D}\bar{L}^{\mathrm{T}},$$

其中

$$\bar{L} = \begin{pmatrix} L & 0 \\ B^{\mathrm{T}} & \hat{L} \end{pmatrix}, \quad \bar{D} = \begin{pmatrix} D & \\ & \hat{D} \end{pmatrix},$$

其中 B 由 $LDB = -A$ 定义, 并易于通过回代确定. 为避免形成 $A^{\mathrm{T}}G^{-1}A$ 时引起的计算损失, $\hat{L}$ 与 $\hat{D}$ 的计算最好采用先形成 $D^{-\frac{1}{2}}L^{-1}A$, 再由 QR 方法将其分解成 $Q\hat{D}^{\frac{1}{2}}\hat{L}^{\mathrm{T}}$. 实际结果表明这种逐步分解法相当有效, 且特别适合于 G 有某种特殊结构即当约束个数较少的情形. 下面给出使用这种逐步分解法解 KKT 系统的算法.

算法 6.2.5

步 1. 解 $Ly = \begin{pmatrix} g + Gx \\ A^{\mathrm{T}}x - b \end{pmatrix}$, 得 y;

步 2. 解 $B\hat{y} = y$, 得 $\hat{y}$;

步 3. 解 $L\bar{y} = \hat{y}$, 得 $\bar{y}$;

步 4. 置 $\begin{pmatrix} -p \\ \lambda^* \end{pmatrix} = \bar{y}$, 其中 $p = x^* - x$. □

用以上方法求解问题 (6.2.1)—(6.2.2), 可得整体最优解.

定理 6.2.6 假设 A 为列满秩矩阵, 其秩为 m, 若投影 Hesse 矩阵 $Z^{\mathrm{T}}GZ$ 正定, 则满足方程组 (6.2.16) KKT 对 (x^*, λ^*) 中 x^* 是问题 (6.2.1)—(6.2.2) 的唯一整体最优解.

证明 假设 x 是问题 (6.2.1)—(6.2.2) 的任何可行解, 即 $A^{\mathrm{T}}x=b$. 令 $p=x^*-x$. 因为 $A^{\mathrm{T}}x^*=A^{\mathrm{T}}x=b$, 所以有 $A^{\mathrm{T}}p=0$. 代入 (6.2.1) 式的目标函数, 可得

$$\begin{aligned}q(x)&=\frac{1}{2}(x^*-p)^{\mathrm{T}}G(x^*-p)+g^{\mathrm{T}}(x^*-p)\\&=\frac{1}{2}p^{\mathrm{T}}Gp-p^{\mathrm{T}}Gx^*-g^{\mathrm{T}}p+q(x^*).\end{aligned}$$

由 (6.2.16), KKT 对 $(x^*,\ \lambda^*)$ 满足 $Gx^*=-g+A\lambda^*$, 又由 $A^{\mathrm{T}}p=0$, 得

$$p^{\mathrm{T}}Gx^*=p^{\mathrm{T}}(-g+A\lambda^*)=-g^{\mathrm{T}}p.$$

代入前式可得

$$q(x)=\frac{1}{2}p^{\mathrm{T}}Gp+q(x^*).$$

因为 p 在 A^{T} 的零空间, 所以可表示成 $p=Zu$, 对某个 $u\in\mathbf{R}^{n-m}$. 因此,

$$q(x)=\frac{1}{2}u^{\mathrm{T}}(Z^{\mathrm{T}}GZ)u+q(x^*).$$

因为矩阵 $Z^{\mathrm{T}}GZ$ 正定, 所以当 $p\neq 0$, 即 $x^*\neq x$ 时, 有

$$q(x)>q(x^*).$$

因此, x^* 是问题 (6.2.1)—(6.2.2) 的唯一整体最优解. □

如果矩阵 $Z^{\mathrm{T}}GZ$ 不是正定的, 则方程组 (6.2.1)—(6.2.2) 通常没有有界解. 设 $(x^*,\ \lambda^*)$ 是满足方程组 (6.2.16) 的 KKT 对. 向量 $u\in\mathbf{R}^{n-m}$ 满足 $u^{\mathrm{T}}Z^{\mathrm{T}}GZu\leqslant 0$, 并设 $p=Zu$. 则对任意 α 都有

$$A^{\mathrm{T}}(x^*+\alpha p)=b,$$

所以 $x^*+\alpha p$ 为可行解. 而由 $p^{\mathrm{T}}(Gx^*+g)=p^{\mathrm{T}}(A\lambda^*)=u^{\mathrm{T}}Z^{\mathrm{T}}A\lambda^*=0$, 可得

$$\begin{aligned}q(x^*+\alpha p)&=q(x^*)+\frac{1}{2}\alpha p^{\mathrm{T}}(Gx^*+g)+\frac{1}{2}\alpha^2p^{\mathrm{T}}Gp\\&=q(x^*)+\frac{1}{2}\alpha^2p^{\mathrm{T}}Gp\\&\leqslant q(x^*).\end{aligned}$$

综上所述, 对于满足方程组 (6.2.16) 的 KKT 对 $(x^*,\ \lambda^*)$, 可找到可行方向 $p=Zu$ 使目标函数 $q(x)$ 并不增加. 从而不难证明原问题 (6.2.1)—(6.2.2) 亦无下界.

6.3 凸二次规划的有效集方法

本节讨论解不等式约束凸二次规划 (6.1.1)—(6.1.3) 的有效集方法, 其中 G 是正半定矩阵.

问题 (6.1.1)—(6.1.3) 的 Lagrange 函数为

$$\mathcal{L}(x,\lambda)=\frac{1}{2}x^{\mathrm{T}}Gx+x^{\mathrm{T}}g-\sum_{i\in\mathcal{I}\cup\mathcal{E}}\lambda_i(a_i^{\mathrm{T}}x-b_i). \tag{6.3.1}$$

另外定义在最优点 x^* 的有效约束集 $\mathcal{A}(x^*)$ 为

$$\mathcal{A}(x^*)=\{i\in\mathcal{I}\cup\mathcal{E}\ \mid\ a_i^{\mathrm{T}}x^*=b_i\}. \tag{6.3.2}$$

问题 (6.1.1)—(6.1.3) 的一阶最优性必要条件为

$$Gx^*+g-\sum_{i\in\mathcal{A}(x^*)}\lambda_i^*a_i=0, \tag{6.3.3}$$

$$a_i^{\mathrm{T}}x^*=b_i,\ \forall i\in\mathcal{A}(x^*), \tag{6.3.4}$$

$$a_i^{\mathrm{T}}x^*\geqslant b_i,\ \forall i\in\mathcal{I}\setminus\mathcal{A}(x^*), \tag{6.3.5}$$

$$\lambda_i^*\geqslant 0,\ \forall i\in\mathcal{I}\cap\mathcal{A}(x^*). \tag{6.3.6}$$

当 (6.1.1) 中矩阵 G 是正半定时, 因为由 (6.1.2)—(6.1.3) 所定义的约束可行域是凸集, 所以凸规划的任何局部最优解就是整体最优解.

如果 $\mathcal{A}(x^*)$ 已知, 我们可以通过求解等式约束二次规划问题

$$\min\quad q(x)=\frac{1}{2}x^{\mathrm{T}}Gx+x^{\mathrm{T}}g \tag{6.3.7}$$

$$\text{s.t.}\quad a_i^{\mathrm{T}}x=b_i,\quad i\in\mathcal{A}(x^*) \tag{6.3.8}$$

求出原问题 (6.1.1)—(6.1.3) 的 KKT 点. 有效约束集方法有三种形式, 它们是原始有效集方法, 对偶有效集方法和原始–对偶有效集方法. 这里, 我们只限于原始有效集方法的讨论.

原始有效集方法通常由计算初始可行点 x_0 开始, 并且要求所有的迭代点列是可行的. 通过求解由 (6.1.2)—(6.1.3) 中作为等式约束的二次规划子问题, 获得下一次迭代步. 如果等式约束二次规划问题的解是原问题的可行点, 则判别相应的 Lagrange 乘子 λ^* 是否满足

$$\lambda_i^*\geqslant 0,\ i\in\mathcal{I}\cap\mathcal{A}(x^*), \tag{6.3.9}$$

其中 λ^* 满足

$$Gx^*+g=\sum_{i\in\mathcal{A}(x^*)}a_i\lambda_i^*. \tag{6.3.10}$$

如果满足, 则停止计算; 否则可去掉一个约束重新求解新的等式约束问题. 如果等式约束二次规划问题的解不是原问题的可行点, 则需要增加约束然后重新求解所得到的等式约束二次规划子问题. 设第 k 次迭代点 x_k 处的工作集 (即第 k 次迭代的有效约束指标集) 记为 $\mathcal{W}_k$, 它由所有等式约束和有效不等式约束组成. 特别地, 工作集 $\mathcal{W}_k$ 中所有约束的梯度 a_i 是线性无关的.

给定一个迭代点 x_k 和工作集 $\mathcal{W}_k$, 首先检验 x_k 是不是二次函数 $q(\cdot)$ 在由工作集所定义的子问题中的最优解. 如果不是, 则由等式约束二次规划子问题计算步 p, 其中所有等式约束相应于工作集 $\mathcal{W}_k$. 定义

$$p = x - x_k,\ g_k = Gx_k + g.$$

于是,

$$\begin{aligned} q(x) &= q(x_k + p) \\ &= \frac{1}{2}(x_k + p)^{\mathrm{T}} G(x_k + p) + g^{\mathrm{T}}(x_k + p) \\ &= \frac{1}{2} p^{\mathrm{T}} G p + g_k^{\mathrm{T}} p + c, \end{aligned}$$

这里 $c = \dfrac{1}{2} x_k^{\mathrm{T}} G x_k + g^{\mathrm{T}} x_k$ 是常数项. 因为常数项不影响最优解, 丢掉常数 c, 可得二次规划子问题在第 k 次迭代中的表示为

$$\min \quad \frac{1}{2} p^{\mathrm{T}} G p + g_k^{\mathrm{T}} p \tag{6.3.11}$$

$$\text{s.t.} \quad a_i^{\mathrm{T}} p = 0, \quad \forall i \in \mathcal{W}_k. \tag{6.3.12}$$

设 p_k 为该二次规划子问题的解, 当沿着方向 p_k 运动时, 项 $a_i^{\mathrm{T}} x$ 并不改变, 因为 $a_i^{\mathrm{T}}(x_k + p_k) = a_i^{\mathrm{T}} x_k = b_i, \forall i \in \mathcal{W}_k$. 今设 p_k 是子问题 (6.3.11)—(6.3.12) 的解, $\lambda_k^j (j \in \mathcal{W}_k)$ 是相应的 Lagrange 乘子. 如果 $p_k = 0$, 则知 x_k 是子问题

$$\min \quad \frac{1}{2} x^{\mathrm{T}} G x + g^{\mathrm{T}} x \tag{6.3.13}$$

$$\text{s.t.} \quad a_i^{\mathrm{T}} x = b_i, \quad i \in \mathcal{W}_k \tag{6.3.14}$$

的 KKT 点.

如果 $p_k \neq 0$, 并且如果 $x_k + p_k$ 关于所有的约束是可行的, 那么置 $x_{k+1} = x_k + p_k$, 即在 $x_k + \alpha_k p_k$ 中置 $\alpha_k = 1$. 否则, 置

$$x_{k+1} = x_k + \alpha_k p_k, \tag{6.3.15}$$

即在连接 x_k 和 $x_k + p_k$ 的线段上进行线性搜索确定 α_k. 因目标函数 $q(x)$ 是凸二次函数, 故该线段上最好的可行点必在约束边界上. 因此, 步长参数 α_k 选为在 $[0,1]$ 上使新点 (6.3.15) 满足所有约束的 α 的最大值, 使得 $a_i^{\mathrm{T}}(x_k + \alpha_k p_k) = b_i$.

由于当 $i \in \mathcal{W}_k$ 时, 不管 α_k 取什么值, 相应的约束肯定满足, 我们只要考虑当 $i \notin \mathcal{W}_k$ 时, 约束发生的情况.

对某个 $i \notin \mathcal{W}_k$, 如果 $a_i^{\mathrm{T}} p_k \geqslant 0$, 则对所有 $\alpha_k \geqslant 0$, 我们有

$$a_i^{\mathrm{T}}(x_k + \alpha_k p_k) \geqslant a_i^{\mathrm{T}} x_k \geqslant b_i.$$

这表明在这种情形第 i 个约束对所有非负的 α_k 都满足.

但是, 对某个 $i \notin \mathcal{W}_k$, 当 $a_i^{\mathrm{T}} p_k < 0$ 时, 仅当

$$\alpha_k \leqslant \frac{b_i - a_i^{\mathrm{T}} x_k}{a_i^{\mathrm{T}} p_k} \tag{6.3.16}$$

时, 我们才有

$$a_i^{\mathrm{T}}(x_k + \alpha_k p_k) \geqslant b_i.$$

故取

$$\alpha_k = \min\left\{\frac{b_i - a_i^{\mathrm{T}} x_k}{a_i^{\mathrm{T}} p_k} \mid i \notin \mathcal{W}_k,\ a_i^{\mathrm{T}} p_k < 0\right\}. \tag{6.3.17}$$

并设上式中使极小值达到的指标为 j. 综合上面的讨论, 我们取

$$\alpha_k = \min\left\{1, \min\left\{\frac{b_i - a_i^{\mathrm{T}} x_k}{a_i^{\mathrm{T}} p_k} \mid i \notin \mathcal{W}_k,\ a_i^{\mathrm{T}} p_k < 0\right\}\right\}. \tag{6.3.18}$$

如果 $\alpha_k < 1$, 则表明存在一个新的指标 j 使得 a_j 成为可行, 故将约束 a_j 加入到 $\mathcal{W}_k$ 中, 形成新的工作集 $\mathcal{W}_{k+1} = \mathcal{W}_k \cup \{j\}$. 这样的 a_j 也称为阻挡约束 (blocking constraint), 意思是沿着 p_k 的迭代步被 a_j 阻挡了.

另外, 如果 $\lambda_k^j \geqslant 0$ 对所有 $j \in \mathcal{W}_k \cap \mathcal{I}$ 成立, 则知 x_k 是原问题 (6.1.1)—(6.1.3) 的 KKT 点. 否则, 选取最负的乘子 $\lambda_k^{j_k}(j_k \in \mathcal{W}_k \cap \mathcal{I})$, 去掉相应的第 j_k 个约束, 使目标函数值下降, 这里

$$\lambda_k^{j_k} = \min\{\lambda_k^j \mid \lambda_k^j < 0,\ j \in \mathcal{W}_k \cap \mathcal{I}\}. \tag{6.3.19}$$

然后, 新的工作集为 $\mathcal{W}_{k+1} = \mathcal{W}_k \setminus \{j_k\}$, 并重新求解子问题 (6.3.11)—(6.3.12).

下面, 我们给出有效集方法的主要步骤.

算法 6.3.1

步 0. 计算可行的初始点 x_0. 置 x_0 处的有效约束集 $\mathcal{W}_0$; $k \triangleq 0$.

步 1. 解子问题 (6.3.11)—(6.3.12) 得 p_k.

步 2. 若 $p_k = 0$, 则计算相应的满足 (6.3.10) 式的 Lagrange 乘子 $\hat{\lambda}_i$, 置 $\hat{\mathcal{W}} = \mathcal{W}_k$;
若 $\hat{\lambda}_i \geqslant 0, \forall i \in \mathcal{W}_k \bigcap \mathcal{I}$, 则停止, 即得解 $x^* = x_k$;
否则, 由 (6.3.19) 确定 j_k, 令 $x_{k+1} = x_k$, $\mathcal{W}_{k+1} \leftarrow \mathcal{W}_k \backslash \{j_k\}$; 转步 4.

步 3. 若 $p_k \neq 0$, 由 (6.3.18) 计算 α_k; 置 $x_{k+1} = x_k + \alpha_k p_k$;
若 $\alpha_k < 1$, 由 (6.3.17) 确定 a_j, 并加入阻挡约束 a_j 至 $\mathcal{W}_k$ 得 $\mathcal{W}_{k+1} = \mathcal{W}_k \bigcup \{j\}$; 转步 4.
否则, 置 $\mathcal{W}_{k+1} \leftarrow \mathcal{W}_k$.

步 4. $k \triangleq k+1$, 转步 1. □

各种方法可用于求解初始可行点 x_0, 例如线性规划阶段 I 方法和大 M 方法.

例 6.3.2 应用算法 6.3.1 计算二维问题

$$\min_x \quad q(x) = (x_1 - 1)^2 + (x_2 - 2.5)^2$$

$$
\begin{aligned}
\text{s.t.}\quad & x_1-2x_2+2\geqslant 0,\\
& -x_1-2x_2+6\geqslant 0,\\
& -x_1+2x_2+2\geqslant 0,\\
& x_1\geqslant 0,\\
& x_2\geqslant 0.
\end{aligned}
$$

解 如图 6.3.1 所示,

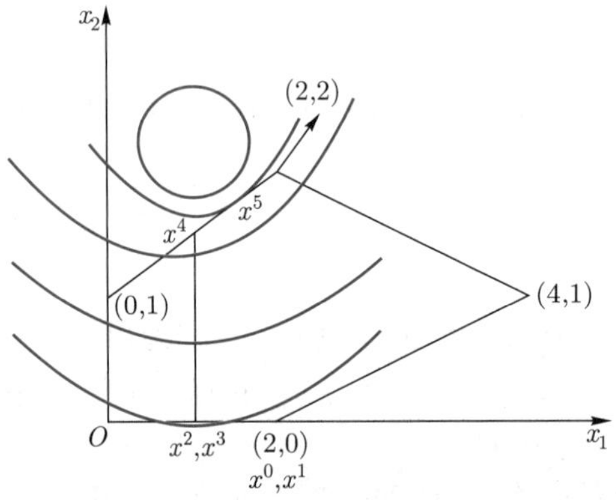

图 6.3.1

记约束为 1 至 5, 容易确定此问题的一个初始可行点, 假设取初始可行点 $x^{(0)}=(2,0)^{\mathrm{T}}$, 这里使用上标表示迭代次数. 那么约束 3 和 5 是有效的, 记工作集 $\mathcal{W}_0=\{3,5\}$. 因为 $x^{(0)}$ 位于可行域的顶点, 所以其为工作集 $\mathcal{W}_0$ 上二次函数 $q(\cdot)$ 的极小点, 即子问题 (6.3.11)—(6.3.12) 当 $k=0$ 时解为 $p^{(0)}=0$. 我们用

$$
\sum_{i\in\hat{\mathcal{W}}} a_i\hat{\lambda}_i=g^{(k)}=G\hat{x}+g \tag{6.3.20}
$$

来计算相应的乘子, 将此例的数据代入 (6.3.20) 式可得方程

$$
\begin{pmatrix}-1\\2\end{pmatrix}\hat{\lambda}_3+\begin{pmatrix}0\\1\end{pmatrix}\hat{\lambda}_5=\begin{pmatrix}2\\-5\end{pmatrix}.
$$

解之得乘子 $(\hat{\lambda}_3,\hat{\lambda}_5)=(-2,-1)$. 因为约束 3 的乘子 $\lambda_3=-2$ 为最负的, 所以从工作集 $\mathcal{W}_0$ 去掉这个约束, 得 $\mathcal{W}_1=\{5\}$. 这样, 我们开始下一次迭代, 对于 $k=1$, 再解子问题 (6.3.11)—(6.3.12) 得 $p^{(1)}=(-1,0)^{\mathrm{T}}$, 由 (6.3.18) 解得 $\alpha_1=1$, 由此产生新的迭代点 $x^{(2)}=(1,0)^{\mathrm{T}}$.

由于 $\alpha_1=1$, 没有阻挡约束, 所以 $\mathcal{W}_2=\mathcal{W}_1=\{5\}$. 这样在第二次迭代解子问题解 (6.3.11)—(6.3.12) 得 $p^{(2)}=0$. 再从 (6.3.20) 得 Lagrange 乘子 $\hat{\lambda}_5=-5<0$, 所以从工作集中去掉约束 5, 得 $\mathcal{W}_3=\varnothing$.

由于 $\mathcal{W}_3=\varnothing$, 第 3 次迭代是解无约束问题, 得 $p^{(3)}=(0,2.5)^{\mathrm{T}}$. 由公式 (6.3.18) 得到步长 $\alpha_3=0.6$, 由此新迭代点 $x^{(4)}=(1,1.5)^{\mathrm{T}}$. 由于 $\alpha_3=0.6<1$, 可知约束 1 是阻挡约

束, 所以得 $\mathcal{W}_4=\{1\}$. 而当 $k=4$ 时, 子问题 (6.3.11)—(6.3.12) 的解为 $p^{(4)}=(0.4,0.2)^{\mathrm{T}}$, 并且产生的步长 $\alpha_4=1$. 在此步仍然没有阻挡约束, 所以新的工作集没有变化, $\mathcal{W}_5=\mathcal{W}_4=\{1\}$. 新迭代点 $x^{(5)}=(1.4,1.7)^{\mathrm{T}}$.

最后, 当 $k=5$ 时, 解子问题 (6.3.11)—(6.3.12) 得解 $p^{(5)}=0$. 公式 (6.3.19) 产生 Lagrange 乘子 $\hat{\lambda}_1=0.8\geqslant 0$, 所以我们得到解 $x^*=(1.4,1.7)^{\mathrm{T}}$, 迭代终止. □

小结

本章主要研究了二次规划问题的理论和算法. 二次规划是一类重要的优化问题, 它在实际中具有广泛的应用背景. 本章讨论了解等式约束二次规划和不等式约束二次规划的基本方法.

在节 6.1 中, 我们介绍了二次规划模型及一些实际应用背景.

接着, 在节 6.2 中, 我们讨论了解等式约束二次规划的直接消去法和广义消去法. 这些方法通过将等式约束转化为无约束优化问题, 从而求解二次规划的最优解. 直接消去法和广义消去法是解等式约束二次规划的最基本和常用的方法之一. 它们利用矩阵分解和线性代数的技术, 将问题转化为更易于求解的形式.

最后, 在节 6.3 中, 我们讨论了解不等式约束二次规划的有效集方法. 不等式约束的存在增加了问题的复杂性, 有效集方法是一种常用的解决方法. 该方法通过定义有效集, 即满足约束条件的可行解集合, 然后迭代搜索最优解. 有效集方法在解不等式约束二次规划时具有较好的收敛性和计算效率. 在附录 Ⅱ—Ⅲ 中, 我们给出了解二次规划的有效集方法的 MATLAB 和 Python 程序.

习题

1. 解下面二次规划问题并且作图解释几何意义.

$$
\begin{aligned}
\max\quad & f(x)=2x_1+3x_2+4x_1^2+2x_1x_2+x_2^2\\
\text{s.t.}\quad & x_1-x_2\geqslant 0,\\
& x_1+x_2\leqslant 4,\\
& x_1\leqslant 3.
\end{aligned}
$$

2. 从一点 x_0 的超平面 $\{x|Ax=b\}$ 寻找最短距离能构成二次规划形式,

$$
\begin{aligned}
\min\quad & f(x)=\frac{1}{2}(x-x_0)^{\mathrm{T}}(x-x_0)\\
\text{s.t.}\quad & Ax=b.
\end{aligned}
$$

这里 A 是行满秩矩阵. 证明最优乘子为

$$
\lambda^*=(AA^{\mathrm{T}})^{-1}(b-Ax_0),
$$

最优解为

$$x^* = x_0 - A^{\mathrm{T}}(AA^{\mathrm{T}})^{-1}(b - Ax_0),$$

并且证明当 A 是行向量时, 从 x_0 至 $Ax = b$ 的可行解集的最短距离为

$$\frac{|b - Ax_0|}{\|A\|}.$$

3. 证明 (6.2.1) 的一阶必要条件是 (6.2.2).

4. 写出下面既有等式约束又有不等式约束的二次凸规划的 KKT 条件

$$\begin{aligned} \min \quad & q(x) = \frac{1}{2}x^{\mathrm{T}}Gx + x^{\mathrm{T}}g \\ \text{s.t.} \quad & Ax \geqslant b, \quad \bar{A}x = \bar{b}. \end{aligned}$$

这里 G 是对称正半定矩阵, 使用这些条件导出类似的原始–对偶步.

5. 考虑二次规划

$$\begin{aligned} \max \quad & q(x) = 6x_1 + 4x_2 - 13 - x_1^2 - x_2^2 \\ \text{s.t.} \quad & x_1 + x_2 \leqslant 3, \\ & x_1, x_2 \geqslant 0. \end{aligned}$$

使用图解法求解, 再使用有效约束集方法求解.

6. 用有效集方法求解二次规划问题

$$\begin{aligned} \min \quad & q(x) = x_1^2 + 2x_2^2 - 2x_1 - 6x_2 - 2x_1x - 2 \\ \text{s.t.} \quad & \frac{1}{2}x_1 + \frac{1}{2}x_2 \leqslant 1, \\ & -x_1 + 2x_2 \leqslant 2, \\ & x_1, x_2 \geqslant 0. \end{aligned}$$

7. 推导 (6.2.24).

第七章　约束最优化的理论与方法

7.1　约束最优化问题与最优性条件

本章中我们讨论解约束最优化问题的理论与方法. 考虑如下一般形式的约束最优化问题:

$$\min \quad f(x) \tag{7.1.1}$$

$$\text{s.t.} \quad c_i(x)=0, \quad i=1,2,\cdots,m', \tag{7.1.2}$$

$$c_i(x)\geqslant 0, \quad i=m'+1,m'+2,\cdots,m, \tag{7.1.3}$$

其中 $x\in\mathbf{R}^n$, $m'\leqslant m$. 记可行域 X 为

$$X=\{x\mid c_i(x)=0,\ \ i=1,2,\cdots,m';\ \ c_i(x)\geqslant 0,\ \ i=m'+1,m'+2,\cdots,m\}. \tag{7.1.4}$$

指标集 $\mathcal{E}=\{1,2,\cdots,m'\},\mathcal{I}=\{m'+1,m'+2,\cdots,m\}$ 分别表示等式约束和不等式约束的指标集. 由可行域的定义可知, 求解约束优化问题 (7.1.1)—(7.1.3) 就是在可行域 X 上寻求一点 x 使得目标函数 $f(x)$ 达到最小. 现在我们给出约束最优化问题解的精确定义.

定义 7.1.1　设 $x^*\in X$, 如果

$$f(x^*)\leqslant f(x), \quad \forall x\in X \tag{7.1.5}$$

成立, 则称 x^* 是问题 (7.1.1)—(7.1.3) 的全局极小点; 进一步, 如果

$$f(x^*)<f(x), \qquad \forall x\in X,\ \ x\neq x^*, \tag{7.1.6}$$

则称 x^* 是严格全局极小点.

定义 7.1.2　设 $x^*\in X$, 如果对于某一 $\delta>0$ 有

$$f(x^*)\leqslant f(x), \qquad \forall x\in\mathcal{N}(x^*,\delta)\cap X \tag{7.1.7}$$

成立, 则称 x^* 是问题 (7.1.1)—(7.1.3) 的局部极小点, 其中 $\mathcal{N}(x^*,\delta)$ 是以 x^* 为中心, 以 δ 为半径的邻域 (或为广义球)

$$\mathcal{N}(x^*,\delta)=\{x\mid \|x-x^*\|_2\leqslant\delta\}. \tag{7.1.8}$$

进一步, 如果

$$f(x^*)<f(x), \qquad \forall x\in\mathcal{N}(x^*,\delta)\cap X,\ \ x\neq x^* \tag{7.1.9}$$

成立, 则称 x^* 是严格局部极小点.

全局极小点通常也可以称为总体极小点. 显然, 一个 (严格) 全局极小点也是一个 (严格) 局部极小点. 假定 x^* 是问题 (7.1.1)—(7.1.3) 的一个局部极小点, 如果存在 $i_0 \in \{m'+1, m'+2, \cdots, m\}$ 使得

$$c_{i_0}(x^*) > 0 \tag{7.1.10}$$

成立, 则我们可将第 i_0 个约束条件去掉, 且 x^* 仍然是去掉第 i_0 个约束条件所得到问题的局部极小点. 由于这一性质, 我们称第 i_0 个约束在 x^* 处是无效约束 (inactive constraint). 下面的定义将有效与非有效的概念推广到任何点处. 记

$$\mathcal{E} = \{1, 2, \cdots, m'\}, \tag{7.1.11}$$

$$\mathcal{I} = \{m'+1, m'+2, \cdots, m\}, \tag{7.1.12}$$

$$\mathcal{I}(x) = \{i \mid c_i(x) = 0,\ i \in \mathcal{I}\}. \tag{7.1.13}$$

定义 7.1.3 对任何 $x \in \mathbf{R}^n$, 我们称集合

$$\mathcal{A}(x) = \mathcal{E} \cup \mathcal{I}(x) \tag{7.1.14}$$

是在 x 点处的有效约束指标集 (或积极约束指标集), 简称有效约束集或有效集. $c_i(x)$ $(i \in \mathcal{A}(x))$ 是在 x 点处的有效约束 (或积极约束), $c_i(x)$ $(i \notin \mathcal{A}(x))$ 是在 x 点处的非有效约束 (或非积极约束).

假定我们已知问题 (7.1.1)—(7.1.3) 在解点处的有效约束集 $\mathcal{A}(x^*)$, 那么, 我们只需求解如下的等式约束优化问题

$$\begin{aligned} \min_{x \in \mathbf{R}^n} \quad & f(x) \\ \text{s.t.} \quad & c_i(x) = 0, \qquad i \in \mathcal{A}(x^*). \end{aligned} \tag{7.1.15}$$

因此, 如何有效地求解上述等式约束问题将是非常重要的, 本章将给出一些有效的算法并进行收敛性分析.

应该指出, 实际上可行的只是求得最优化问题的一个局部 (或严格局部) 极小点, 而非总体极小点. 尽管我们可以考虑求总体极小点的可能性, 但一般来说这是一个相当困难的任务. 同时, 在很多实际应用中, 求局部极小点已能满足问题的要求. 另外, 大部分求总体极小点的算法都是利用求一系列局部极小点的算法来实现的. 因此, 如不作特别说明, 求解一个非线性规划问题的含义是求一个局部最优解向量 x^*, 而不是求可能存在的所有最优解. 一般情况下, 直接利用定义 7.1.2 去判别某一给定点 x^* 是不是局部最优解是办不到的, 一个显然的困难是 $\mathcal{N}(x^*, \delta) \cap X$ 通常有无穷多个点, 从而直接验证条件 (7.1.7) 是不可能的. 因此, 有必要给出只依赖于 x^* 处目标函数和约束函数的信息且与 (7.1.7) 等价的条件. 通常, 我们将这些条件称为最优性条件.

设 $x \in X \subset \mathbf{R}^n$ 并且实值函数 f 在这一点可微. 我们知道如果一个实值函数 f 在内点 $x \in X$ 可微, 则在 x 处存在一阶偏导数; 此外, 如果偏导数在 x 处还是连续, 则称 f 在 x 处连续可微. 同样, 如果 f 在 $x \in X$ 二次可微, 则 f 在 x 处存在二阶偏导数; 如

果它们在 x 处还是连续的, 则称 f 在 x 处是二次连续可微. 由于可行域上的点是不是局部极小点不仅取决于目标函数在该点的值, 还与该点附近其他可行点上的值有关, 因此可行方向在推导最优性条件时将起着十分重要的作用. 下面我们就给出各种可行方向的定义.

定义 7.1.4 设 $x^* \in X$, $0 \neq d \in \mathbf{R}^n$, 如果存在 $\delta > 0$ 使得

$$x^* + td \in X, \qquad \forall t \in [0, \delta], \tag{7.1.16}$$

则称 d 是 X 在 x^* 处的可行方向. X 在 x^* 处的所有可行方向组成的集合记为 $\mathcal{FD}(x^*, X)$.

定义 7.1.5 设 $x^* \in X$, $0 \neq d \in \mathbf{R}^n$, 如果

$$d^{\mathrm{T}} \nabla c_i(x^*) = 0, \qquad i \in \mathcal{E}; \tag{7.1.17}$$

$$d^{\mathrm{T}} \nabla c_i(x^*) \geqslant 0, \qquad i \in \mathcal{I}(x^*), \tag{7.1.18}$$

则称 d 是 X 在 x^* 处的线性化可行方向. X 在 x^* 处的所有线性化可行方向的集合记为 $\mathcal{LFD}(x^*, X)$.

定义 7.1.6 设 $x^* \in X$, $0 \neq d \in \mathbf{R}^n$, 如果存在序列 $\{d_k\}(k = 1, 2, \cdots)$ 和 $\{\delta_k\}(k = 1, 2, \cdots)$ 使得

$$x^* + \delta_k d_k \in X, \quad \forall k$$

具有 $d_k \to d$, $\delta_k > 0$ 和 $\delta_k \to 0$, 则称 d 是 X 在 x^* 处的序列可行方向. X 在 x^* 处的所有序列可行方向的集合记为 $\mathcal{SFD}(x^*, X)$.

在上述定义中, 令 $x_k = x^* + \delta_k d_k \in X$,

$$d_k = \frac{x_k - x^*}{\|x_k - x^*\|} \to d, \tag{7.1.18a}$$

$\delta_k = \|x_k - x^*\|$, 则 $\{x_k\}$ 是 X 在 x^* 处的可行序列, d 是序列 $\{d_k\}$ 的极限方向. 可行序列 $\{x_k\}$ 满足: $x_k \neq x^*, \forall k$; $\lim\limits_{k \to +\infty} x_k = x^*$; 对所有充分大的 k, $x_k \in X$.

根据定义, 可以证明: 如果所有的约束函数都在 $x^* \in X$ 处可微, 则有

$$\mathcal{FD}(x^*, X) \subseteq \mathcal{SFD}(x^*, X) \subseteq \mathcal{LFD}(x^*, X). \tag{7.1.19}$$

下面给出几何一阶最优性条件: 在局部极小点处没有可行下降方向.

先引进下降方向集

$$\mathcal{D}(x) = \{d \mid d^{\mathrm{T}} \nabla f(x) < 0\}. \tag{7.1.20}$$

引理 7.1.7 设 $x^* \in X$ 是问题 (7.1.1)—(7.1.3) 的局部极小点, 如果 $f(x)$ 和 $c_i(x)$ $(i = 1, 2, \cdots, m)$ 都在 x^* 处可微, 则所有可行序列 $\{x_k\}$ 的序列可行方向 d 满足

$$d^{\mathrm{T}} \nabla f(x^*) \geqslant 0, \qquad \forall d \in \mathcal{SFD}(x^*, X). \tag{7.1.21}$$

证明 假定存在可行序列 $\{x_k\}$ 的序列可行方向 d, 使得 $d^{\mathrm{T}}\nabla f(x^*)<0,\ \forall d\in\mathcal{SFD}(x^*,X)$, 并且序列 $\lim\limits_{k\to+\infty}x_k=x^*$. 由 Taylor 展开式, 对充分大的 k, 利用 (7.1.18a) 有

$$\begin{aligned}f(x_k)&=f(x^*)+(x_k-x^*)^{\mathrm{T}}\nabla f(x^*)+o(\|x_k-x^*\|)\\&=f(x^*)+\|x_k-x^*\|d^{\mathrm{T}}\nabla f(x^*)+o(\|x_k-x^*\|).\end{aligned}$$

因为 $d^{\mathrm{T}}\nabla f(x^*)<0$, 所以上式的主部是第二项, 则对充分大的 k, 有

$$f(x_k)<f(x^*)+\frac{1}{2}\|x_k-x^*\|d^{\mathrm{T}}\nabla f(x^*).$$

由此, 给定任意以 x^* 为中心以 δ 为半径的邻域, 都可选取充分大的 k 使得 x_k 在此邻域内, 并且 $f(x_k)$ 有比 $f(x^*)$ 更小的值. 这与 $x^*\in X$ 是问题 (7.1.1)—(7.1.3) 的局部极小点相矛盾. □

这个定理表明: 如果 x^* 是局部极小点, 则

$$\mathcal{SFD}(x^*,X)\cap\mathcal{D}(x^*)=\varnothing. \tag{7.1.22}$$

即, 在局部极小点处没有可行下降方向. 完全类似地, 我们也可以证明

引理 7.1.8 设 $x^*\in X$ 是问题 (7.1.1)—(7.1.3) 的局部极小点, 如果 $f(x)$ 和 $c_i(x)$ $(i=1,2,\cdots,m)$ 都在 x^* 处可微, 则必有

$$d^{\mathrm{T}}\nabla f(x^*)\geqslant 0,\quad \forall d\in\mathcal{FD}(x^*,X). \tag{7.1.23}$$

证明 假定定理不真, 则在 x^* 处存在可行下降方向 d, 使得

$$f(x^*+td)<f(x^*),\quad \forall t\in(0,\delta_1), \tag{7.1.24}$$

其中 $\delta_1>0$. 由可行性可知存在 $\delta_2>0$ 使得

$$x^*+td\in X,\quad \forall t\in(0,\delta_2). \tag{7.1.25}$$

因为 x^* 是局部极小点, 它与 (7.1.24)—(7.1.25) 矛盾. 从而结论成立. □

这个定理表明: 如果 x^* 是局部极小点, 则

$$\mathcal{FD}(x^*,X)\cap\mathcal{D}(x^*)=\varnothing. \tag{7.1.26}$$

为了证明一阶最优性定理, 我们需要 Farkas 引理 1.2.6 的一个推论.

推论 7.1.9 设 d,g,a_i 均为 n 维向量, 则方程组

$$\begin{aligned}&d^{\mathrm{T}}g<0,\\&d^{\mathrm{T}}a_i=0,\quad i\in\mathcal{E},\\&d^{\mathrm{T}}a_i\geqslant 0,\quad i\in\mathcal{I}\end{aligned}$$

无解, 当且仅当存在实数 λ_i $(i\in\mathcal{E})$ 和非负实数 λ_i $(i\in\mathcal{I})$ 使得

$$g=\sum_{i\in\mathcal{E}}\lambda_i a_i+\sum_{i\in\mathcal{I}}\lambda_i a_i. \tag{7.1.27}$$

证明 由 Farkas 引理 1.2.8 立得. □

下面, 我们讨论一阶最优性条件定理, 它称为 KKT 定理.

定理 7.1.10 (KKT 定理) 设 x^* 是问题 (7.1.1)—(7.1.3) 的局部极小点, 设 $f(x)$, $c_i(x)(i=1,2,\cdots,m)$ 在 x^* 的邻域内一阶连续可微. 如果约束规范条件 (CQ)

$$\mathcal{SFD}(x^*,X)=\mathcal{LFD}(x^*,X) \tag{7.1.28}$$

成立, 则存在 λ_i^* $(i=1,2,\cdots,m)$ 使得

$$\nabla f(x^*)=\sum_{i=1}^{m}\lambda_i^*\nabla c_i(x^*), \tag{7.1.29}$$

$$c_i(x^*)=0,\quad i\in\mathcal{E}, \tag{7.1.30}$$

$$c_i(x^*)\geqslant 0,\quad i\in\mathcal{I}, \tag{7.1.31}$$

$$\lambda_i^*\geqslant 0,\quad i\in\mathcal{I}, \tag{7.1.32}$$

$$\lambda_i^*c_i(x^*)=0,\quad i\in\mathcal{I}. \tag{7.1.33}$$

证明 由于 x^* 是一个局部极小点, 故 x^* 可行, 从而 (7.1.30)—(7.1.31) 成立.

设 $d\in\mathcal{SFD}(x^*,X)$, 由于 x^* 是局部极小点, 故从几何最优性条件引理 7.1.7 可得 $d^{\mathrm{T}}\nabla f(x^*)\geqslant 0$, $\forall d\in\mathcal{SFD}(x^*,X)$. 由约束规范条件 (7.1.28) 有 $d\in\mathcal{LFD}(x^*,X)$. 因此, 方程组

$$\begin{aligned}
&d^{\mathrm{T}}\nabla c_i(x^*)=0, && i\in\mathcal{E};\\
&d^{\mathrm{T}}\nabla c_i(x^*)\geqslant 0, && i\in\mathcal{I}(x^*);\\
&d^{\mathrm{T}}\nabla f(x^*)<0
\end{aligned} \tag{7.1.34}$$

无解. 利用 Farkas 引理的推论 7.1.9 可得, 存在 $\lambda_i^*\in\mathbf{R}(i\in\mathcal{E})$ 和 $\lambda_i^*\geqslant 0$ $(i\in\mathcal{I}(x^*))$ 使得

$$\nabla f(x^*)=\sum_{i\in\mathcal{E}}\lambda_i^*\nabla c_i(x^*)+\sum_{i\in\mathcal{I}(x^*)}\lambda_i^*\nabla c_i(x^*).$$

再令 $\lambda_i^*=0$, $i\in\mathcal{I}\backslash\mathcal{I}(x^*)$, 便得

$$\begin{aligned}
\nabla f(x^*)&=\sum_{i\in\mathcal{E}}\lambda_i^*\nabla c_i(x^*)+\sum_{i\in\mathcal{I}(x^*)}\lambda_i^*\nabla c_i(x^*)+\sum_{i\in\mathcal{I}\backslash\mathcal{I}(x^*)}\lambda_i^*\nabla c_i(x^*)\\
&=\sum_{i=1}^{m}\lambda_i^*\nabla c_i(x^*).
\end{aligned}$$

最后, 我们显然有 $\lambda_i^*\geqslant 0$, $\forall i\in\mathcal{I}$ 以及 $\lambda_i^*c_i(x^*)=0$, $\forall i\in\mathcal{I}$. □

定理 7.1.10 是由 Kuhn 和 Tucker (1951) 给出的, 由于 Karush (1939) 也类似地考虑了约束优化的最优性条件, 故它常称为 Karush-Kuhn-Tucker 定理, 简称 KKT 定理. (7.1.29)—(7.1.33) 称为 KKT 条件. 与 KKT 条件有着密切联系的一个函数是

$$L(x,\lambda)=f(x)-\lambda^{\mathrm{T}}c(x)=f(x)-\sum_{i=1}^{m}\lambda_ic_i(x), \tag{7.1.35}$$

其中 $\lambda=(\lambda_1,\lambda_2,\cdots,\lambda_m)^{\mathrm{T}}\in\mathbf{R}^m$, $c(x)=(c_1(x),c_2(x),\cdots,c_m(x))^{\mathrm{T}}$. 由于这一函数的思想可以追溯到 Lagrange, 故称之为 Lagrange 函数, 并称 $\lambda_i(i=1,2,\cdots,m)$ 为 Lagrange 乘子. 在 KKT 条件中, (7.1.29) 称为驻点条件, 它表示 $\nabla_x L(x^*,\lambda^*)=0$; (7.1.30)—(7.1.31) 称为可行性条件; (7.1.32) 称为乘子非负条件; (7.1.33) 称为互补松弛条件. 若约束规范条件 (CQ)(7.1.28) 成立, 则局部极小点必是 KKT 点; 若约束规范条件 (CQ) 不成立, 则局部极小点不一定是 KKT 点.

由此可知, 约束规范条件对于 KKT 定理是很重要的. 但上面的约束规范条件 (7.1.28) 不容易验证, 于是, 我们给出如下容易验证的约束规范条件.

线性函数约束规范条件 (LFCQ): 所有的约束函数 $c_i(x)(i\in\mathcal{E}\cup\mathcal{I}(x^*))$ 都是线性函数.

线性无关约束规范条件 (LICQ): 约束函数的梯度 $\nabla c_i(x^*)(i\in\mathcal{E}\cup\mathcal{I}(x^*))$ 线性无关.

可以证明:

(1) 如果线性函数约束规范条件 (LFCQ) 成立, 则约束规范条件 (CQ)(7.1.28) 成立.

(2) 如果线性无关约束规范条件 (LICQ) 成立, 则约束规范条件 (CQ)(7.1.28) 成立.

这样, 我们得到如下定理:

定理 7.1.11 设 x^* 是问题 (7.1.1)—(7.1.3) 的一个局部极小点, 如果线性函数约束规范条件成立或线性无关约束规范条件成立, 则 KKT 条件 (7.1.29)—(7.1.33) 成立.

下面我们给出一阶最优性充分条件.

定理 7.1.12 设 $x^*\in X$, 如果 $f(x)$ 和 $c_i(x)$ $(i=1,2,\cdots,m)$ 都在 x^* 处可微, 并且有

$$d^{\mathrm{T}}\nabla f(x^*)>0,\qquad \forall 0\neq d\in\mathcal{SFD}(x^*,X) \tag{7.1.36}$$

成立, 则 x^* 是问题 (7.1.1)—(7.1.3) 的一个严格局部极小点.

证明 设 (7.1.36) 成立, 假定 x^* 不是严格局部极小点, 则存在 $x_k\in X$ 使得

$$f(x_k)\leqslant f(x^*), \tag{7.1.37}$$

且有 $x_k\to x^*$, $x_k\neq x^*$ $(k=1,2,\cdots)$. 不失一般性, 我们可假定

$$d_k=\frac{x_k-x^*}{\|x_k-x^*\|_2}\to d. \tag{7.1.38}$$

令 $d_k=\dfrac{x_k-x^*}{\|x_k-x^*\|_2}$, $\delta_k=\|x_k-x^*\|_2$. 根据定义 7.1.6 即知

$$d\in\mathcal{SFD}\ (x^*,X). \tag{7.1.39}$$

从 (7.1.37)—(7.1.38) 有

$$f(x_k)=f(x^*)+\delta_k d_k^{\mathrm{T}}\nabla f(x^*)+o(\delta_k).$$

两边同除以 δ_k, 取极限, 得

$$d^{\mathrm{T}}\nabla f(x^*) \leqslant 0, \tag{7.1.40}$$

从而 (7.1.39)—(7.1.40) 与 (7.1.36) 相矛盾. □

有时利用一阶最优性条件来进行判断难以确定, 这样需要用二阶最优性条件来进行讨论.

定义线性化可行方向集 $\mathcal{LFD}$ 的子集 $\mathcal{F}_2(\lambda^*)$ 为

$$\mathcal{F}_2(\lambda^*) = \{d \in \mathcal{LFD} \mid \nabla c_i(x^*)^{\mathrm{T}} d = 0 \ \ \forall i \in \mathcal{I}(x^*) \ \ \text{且} \ \ \lambda_i^* > 0\}.$$

$\mathcal{F}_2(\lambda^*)$ 也称为线性化零约束方向集. 下面, 我们不加证明地给出二阶最优性条件.

定理 7.1.13 (二阶必要条件) 设 x^* 是问题 (7.1.1)—(7.1.3) 的局部极小点, λ^* 是相应的 Lagrange 乘子. 如果线性无关约束规范条件成立, 则

$$d^{\mathrm{T}}\nabla_{xx}^2 L(x^*,\ \lambda^*)d \geqslant 0, \ \ \forall d \in \mathcal{F}_2(\lambda^*). \tag{7.1.41}$$

定理 7.1.14 (二阶充分条件) 设 x^* 是一个 KKT 点, λ^* 是相应的 Lagrange 乘子. 如果

$$d^{\mathrm{T}}\nabla_{xx}^2 L(x^*,\ \lambda^*)d > 0, \ \ \forall d \in \mathcal{F}_2(\lambda^*), \ \ d \neq 0, \tag{7.1.42}$$

则 x^* 是问题 (7.1.1)—(7.1.3) 的严格局部极小点.

在上面两个定理中,

$$\nabla_{xx}^2 L(x^*,\ \lambda^*) = \nabla^2 f(x^*) - \sum_{i=1}^{m} \lambda_i^* \nabla^2 c_i(x^*). \tag{7.1.43}$$

7.2 二次罚函数方法

对于约束最优化问题, 一类重要的求解方法就是通过解一系列无约束最优化问题来获取原非线性约束优化问题解的罚函数方法. 用无约束最优化方法求解约束最优化问题时, 在考虑使目标函数值下降的同时还要求迭代点的可行性. 罚函数法通过对不可行的迭代点施加惩罚, 并随着迭代的进展, 增大惩罚量, 迫使迭代点逐步向可行域靠近. 一旦迭代点成为一个可行点, 则这个迭代点就是所求的原问题的最优解. 因此, 罚函数法是一类不可行点的方法, 对初始点的选取没有可行性的限制. 对不可行约束采用不同的惩罚函数, 就形成不同的罚函数方法, 其中最简单也经常采用的是二次罚函数方法. 二次罚函数由目标函数加上惩罚项组成, 其中惩罚项是约束违反函数的平方.

对于等式约束问题

$$\begin{aligned} \min_{x} \quad & f(x) \\ \text{s.t.} \quad & c_i(x) = 0, \ i \in \mathcal{E}, \end{aligned} \tag{7.2.1}$$

二次罚函数 $Q(x;\mu)$ 定义为

$$Q(x;\mu) = f(x) + \frac{1}{2\mu}\sum_{i\in\mathcal{E}} c_i^2(x), \tag{7.2.2}$$

这里 $\mu > 0$ 是罚参数, 当 μ 趋于零时, 如果约束不可行, 即 $c_i(x) \neq 0, i \in \mathcal{E}$, 则违反约束的惩罚项剧烈地增大. 可以证明: 当 $\mu_k \downarrow 0$ 时罚函数 $Q(x;\mu_k)$ 的极小点 x_k 就是原问题的极小点. 因为惩罚项是二次的, 所以光滑可微, 这样可以使用无约束优化技术来求解得罚函数 $Q(x;\mu_k)$ 的近似极小点 x_k.

例 7.2.1 考虑问题

$$\begin{aligned} \min \quad & x_1 + x_2 \\ \text{s.t.} \quad & x_1^2 + x_2^2 - 2 = 0. \end{aligned}$$

二次罚函数为

$$Q(x;\mu) = x_1 + x_2 + \frac{1}{2\mu}(x_1^2 + x_2^2 - 2)^2.$$

当 $\mu = 1$ 时, $Q(x;\mu)$ 的极小点为 $(-1.1, -1.1)^{\mathrm{T}}$. 当 $\mu = 0.1$ 时, $Q(x;\mu)$ 的极小点非常接近于解 $(-1, -1)^{\mathrm{T}}$. □

对于一般的约束最优化问题 (7.1.1)—(7.1.3), 既有不等式约束又有等式约束, 我们定义二次罚函数 $Q(x;\mu)$ 为

$$Q(x;\mu) = f(x) + \frac{1}{2\mu}\sum_{i\in\mathcal{E}} c_i^2(x) + \frac{1}{2\mu}\sum_{i\in\mathcal{I}} ([c_i(x)]^-)^2, \tag{7.2.3}$$

这里

$$[c_i(x)]^- = \min(c_i(x), 0), \quad i \in \mathcal{I}.$$

算法 7.2.2 (二次罚函数方法)

步 1. 给定 $\mu_0 > 0$, 允许参数值 $\varepsilon > 0$, 初始点 x_0^s; $k \triangleq 0$.

步 2. 从 x_k^s 开始, 极小化 $Q(x;\mu_k)$ 得近似极小点 x_k;

步 3. 当 $\|\nabla Q(x;\mu_k)\| \leqslant \varepsilon$ 时, 终止, 得近似解 x_k; 否则, 选择新的罚参数 $\mu_{k+1} \in (0, \mu_k)$, 令 $x_{k+1}^s \triangleq x_k$, $k \triangleq k+1$, 转步 2. □

注意, 要合适地选择罚参数序列 $\{\mu_k\}$. 当极小化 $Q(x;\mu_k)$ 的计算量很大时, 可以选择适当缩小 μ_k, 例如 $\mu_{k+1} = 0.7\mu_k$. 如果极小化 $Q(x;\mu_k)$ 计算量不大, 可大大地缩小 μ_k, 例如 $\mu_{k+1} = 0.1\mu_k$. 另外, 终止条件 $\|\nabla Q(x;\mu_k)\| \leqslant \varepsilon$ 也可采用 $\|c(x_k)\| \leqslant \varepsilon$.

现在讨论二次罚函数方法的收敛性.

定理 7.2.3 假设每个 x_k 都是罚函数算法 7.2.2 得到的 $Q(x;\mu_k)$ 的精确总体极小点, 并且 $\mu_k \downarrow 0$, 则序列 $\{x_k\}$ 的每个极限点都是等式约束优化问题 (7.2.1) 的最优解.

证明 设 $\bar{x}$ 是问题 (7.2.1) 的总体极小点, 即

$$f(\bar{x}) \leqslant f(x), \quad \forall x \in \{x \mid c_i(x) = 0,\ i \in \mathcal{E}\}.$$

因为 x_k 是第 k 次迭代 $Q(x;\mu_k)$ 的极小点, 则有 $Q(x_k;\mu_k) \leqslant Q(\bar{x};\mu_k)$, 从而有

$$f(x_k) + \frac{1}{2\mu_k}\sum_{i\in\mathcal{E}} c_i^2(x_k) \leqslant f(\bar{x}) + \frac{1}{2\mu_k}\sum_{i\in\mathcal{E}} c_i^2(\bar{x}) = f(\bar{x}). \tag{7.2.4}$$

整理得

$$\sum_{i\in\mathcal{E}} c_i^2(x_k) \leqslant 2\mu_k[f(\bar{x}) - f(x_k)]. \tag{7.2.5}$$

假设 x^* 是 $\{x_k\}$ 的极限点, 使得存在一个无限子集 $\mathcal{K}$ 满足

$$\lim_{k\to\infty,\ k\in\mathcal{K}} x_k = x^*.$$

对 (7.2.5) 两边取极限, $k \to \infty$, $k \in \mathcal{K}$, 可得

$$\sum_{i\in\mathcal{E}} c_i^2(x^*) = \lim_{k\to\infty,\ k\in\mathcal{K}} \sum_{i\in\mathcal{E}} c_i^2(x_k) \leqslant \lim_{k\to\infty,\ k\in\mathcal{K}} 2\mu_k[f(\bar{x}) - f(x_k)] = 0,$$

这里最后的等式由 $\mu_k \downarrow 0$ 得到. 因此有

$$c_i(x^*) = 0, \forall i \in \mathcal{E}. \tag{7.2.6}$$

所以 x^* 是可行点. 进一步, 在 (7.2.4) 式中取极限 $k \to \infty$, $k \in \mathcal{K}$, 由 μ_k 的非负性和 $c_i(x_k)^2$ 的非负性, 有

$$f(x^*) \leqslant f(x^*) + \lim_{k\to\infty,\ k\in\mathcal{K}} \frac{1}{2\mu_k}\sum_{i\in\mathcal{E}} c_i^2(x_k) \leqslant f(\bar{x}). \tag{7.2.7}$$

从而由 x^* 的可行性和 $\bar{x}$ 是问题 (7.2.1) 的总体极小点可知 x^* 也是问题 (7.2.1) 的总体极小点. □

上述结果要求我们求每个子问题的精确总体极小点, 这是非常困难的. 事实上, 如果我们每一步都求 $Q(x;\mu_k)$ 的局部近似极小点, 可以证明序列 $\{x_k\}$ 的极限点 x^* 是问题 (7.2.1) 的 KKT 点.

二次罚函数方法的特点是简单直观, 但由于罚参数 $\mu_k \downarrow 0$ 时导致罚函数条件很坏, 方法的数值性能不好. 尽管如此, 该方法还是常常使用的, 并由此发展产生了乘子法和增广 Lagrange 方法.

*7.3 内点障碍函数法

本节我们考虑另一类称为内点障碍函数的罚函数方法, 同上一节的罚函数方法不同, 内点障碍函数法是一类保持严格可行性的方法, 即迭代点序列是严格可行内点, 因此这类方法只适用于只有不等式约束的非线性最优化问题. 内点障碍函数法通过在目标函数上引入一个关于约束的障碍项, 当迭代点由可行域的内部接近可行域的边界时, 障碍项将趋于无穷大来迫使迭代点返回可行域的内部, 从而保持迭代点的严格可行性.

考虑不等式约束最优化问题

$$\begin{aligned} \min_{x} \quad & f(x) \\ \text{s.t.} \quad & c_i(x) \geqslant 0,\ i \in \mathcal{I}. \end{aligned} \tag{7.3.1}$$

定义严格可行内点区域为

$$\mathcal{F}^o=\{x\in\mathbf{R}^n \mid c_i(x)>0,\ \forall i\in\mathcal{I}\}, \tag{7.3.2}$$

并假设 $\mathcal{F}^o$ 是非空的. 对问题 (7.3.1), 障碍函数具有如下性质:

(1) 在 $\mathcal{F}^o$ 外部的值或者无定义或者是无穷的;

(2) 在 $\mathcal{F}^o$ 内部都是连续可微的;

(3) 当 x 趋于 $\mathcal{F}^o$ 的边界, 其值趋于 ∞.

常用的障碍函数是对数障碍函数

$$P(x;\mu)=f(x)-\mu\sum_{i\in\mathcal{I}}\log c_i(x) \tag{7.3.3}$$

和分数障碍罚函数

$$P(x;\mu)=f(x)+\mu\sum_{i\in\mathcal{I}}\frac{1}{c_i(x)}, \tag{7.3.4}$$

其中 $\log(\cdot)$ 为自然对数, $\mu>0$ 为障碍参数. 下面的讨论限于对数障碍函数, 有关的结果和分析同样适用于分数障碍函数.

例 7.3.1 考虑非线性约束最优化问题

$$\begin{aligned}\min\quad & f(x)=x_1-2x_2\\ \text{s.t.}\quad & 1+x_1-x_2^2\geqslant 0,\\ & x_2\geqslant 0.\end{aligned}$$

该问题的最优解为 $x^*=(0,1)^{\mathrm{T}}$, 对数障碍函数为

$$P(x;\mu)=x_1-2x_2-\mu[\log(1+x_1-x_2^2)+\log(x_2)].$$

对给定的 $\mu>0$, 为确定 $P(x;\mu)$ 的无约束最优解, 考察一阶最优性条件

$$\begin{cases}1-\dfrac{\mu}{1+x_1-x_2^2}=0,\\ -2+\dfrac{2\mu x_2}{1+x_1-x_2^2}-\dfrac{\mu}{x_2}=0.\end{cases} \tag{7.3.5}$$

求解这个方程组, 得

$$x_1(\mu)=\frac{\sqrt{1+2\mu}+3\mu-1}{2},\quad x_2(\mu)=\frac{\sqrt{1+2\mu}+1}{2}.$$

关于障碍参数 $\mu\to 0$ 取极限, 得

$$\lim_{\mu\to 0}x_1(\mu)=\lim_{\mu\to 0}\frac{\sqrt{1+2\mu}+3\mu-1}{2}=0,$$

$$\lim_{\mu\to 0}x_2(\mu)=\lim_{\mu\to 0}\frac{\sqrt{1+2\mu}+1}{2}=1.$$

即有 $\lim_{\mu\to 0} x(\mu) = x^*$. □

上述例子很好地说明了对数障碍函数的一些有用的特征. 首先, $P(x;\mu)$ 的无约束最优解 $x(\mu)$ 如果存在, 那么在 $\mu \to 0$ 时 $x(\mu)$ 收敛于原不等式约束问题的最优解; 其次, $x(\mu)$ 关于 μ 连续可微, 因而 $x(\mu)$ 在问题的可行域内部定义了一条以 μ 为参数的光滑曲线 (通常称为障碍轨迹 (barrier trajectory)), 这条曲线在 $\mu \to 0$ 时的极限点即为问题的最优解. 事实上, 对数障碍函数法就是沿着这条轨迹确定问题的最优解.

现在来计算对数障碍函数的梯度与 Hesse 矩阵:

$$\nabla_x P(x;\mu) = \nabla f(x) - \sum_{i\in\mathcal{I}} \frac{\mu}{c_i(x)} \nabla c_i(x), \tag{7.3.6}$$

$$\nabla_{xx}^2 P(x;\mu) = \nabla^2 f(x) - \sum_{i\in\mathcal{I}} \frac{\mu}{c_i(x)} \nabla^2 c_i(x) + \sum_{i\in\mathcal{I}} \frac{\mu}{c_i^2(x)} \nabla c_i(x) \nabla c_i(x)^{\mathrm{T}}. \tag{7.3.7}$$

在 (7.3.6) 中, 令

$$\lambda_i^* \approx \frac{\mu}{c_i(x)}, \quad i \in \mathcal{I},$$

并将其代入 (7.3.7) 式, 利用 Lagrange 函数, 有

$$\nabla_{xx}^2 P(x;\mu) \approx \nabla_{xx}^2 L(x,\lambda^*) + \sum_{i\in\mathcal{I}} \frac{1}{\mu} (\lambda_i^*)^2 \nabla c_i(x) \nabla c_i(x)^{\mathrm{T}}. \tag{7.3.8}$$

与二次罚函数情形类似, 可以使用牛顿法求解, 其牛顿步方程为

$$\nabla_{xx}^2 P(x;\mu) p = -\nabla_x P(x;\mu). \tag{7.3.9}$$

下面给出对数障碍函数法的算法.

算法 7.3.2 (对数障碍函数法)

步 1. 给定 $\mu_0 > 0$, 允许值 $\tau_0 > 0$, 初始点 $x_0^s, k \triangleq 0$.

步 2. 从 x_k^s 出发, 求 $P(x;\mu_k)$ 的近似最优解 x_k;

步 3. 如果收敛准则满足, 停止迭代, 并取 x_k 为最优解的近似.

步 4. 选择新的障碍参数 $\mu_{k+1} \in (0, \mu_k)$;

令 $x_{k+1}^s \triangleq x_k$, $k \triangleq k+1$, 转步 2. □

一个好的初始点 x_k^s, 也可以从以前的近似最优点 $x_{k-1}, x_{k-2}, \cdots$ 进行外推得到. 另一种方法是微分 $\nabla_x P(x;\mu)$ 得

$$\nabla_{xx}^2 P(x;\mu)\dot{x} + \frac{\partial}{\partial\mu} \nabla_x P(x;\mu) = 0. \tag{7.3.10}$$

由计算第二项, 可得

$$\nabla_{xx}^2 P(x;\mu)\dot{x} - \sum_{i\in\mathcal{I}} \frac{1}{c_i(x)} \nabla c_i(x) = 0. \tag{7.3.11}$$

用 $x = x_{k-1}$ 和 $\mu = \mu_{k-1}$ 代入上式, 得近似切线 $\dot{x}$, 利用 $\dot{x}$ 可产生第 k 次迭代初始点 x_k^s 如下:

$$x_k^s = x_{k-1} + (\mu_k - \mu_{k-1})\dot{x}. \tag{7.3.12}$$

和前面选择罚参数的情形一样, 可按以下方法选择新的障碍参数 μ_{k+1}: 如果求 $P(x;\mu_k)$ 的极小点不是太困难, 以及初始点 x_k^s 比较可靠, 那么可以大胆减小 μ_{k+1}, 如取 $\mu_{k+1} = 0.1\mu_k$. 否则, 取 $\mu_{k+1} = 0.7\mu_k$.

关于对数障碍函数法的收敛性, 我们有下面的定理, 证明省略.

定理 7.3.3 假设 $\mathcal{F}^o$ 非空, x^* 是问题 (7.3.1) 的局部极小点, 相应的 Lagrange 乘子 λ^* 满足 KKT 条件. 进一步假设线性无关约束规范条件, 严格互补性条件及二阶充分最优性条件在点 (x^*, λ^*) 成立, 那么下列结论成立:

(1) 对充分小的 μ, 如果 $x(\mu)$ 是 x^* 邻域内 $P(x;\mu)$ 的局部极小点, 则存在连续可微的向量函数 $x(\mu)$, 使得

$$\lim_{\mu \downarrow 0} x(\mu) = x^*. \tag{7.3.13}$$

(2) 对 (1) 中定义的函数 $x(\mu)$, 当 $\mu \downarrow 0$ 时, 相应的 Lagrange 乘子估计 $\lambda_i(\mu) = \dfrac{\mu}{c_i(x(\mu))}$ 收敛到 λ^*.

(3) 对所有充分小的 μ, Hesse 矩阵 $\nabla_{xx}^2 P(x;\mu)$ 是正定的.

此定理的证明见 Fiacco 和 McCormick (1968) (1990).

*7.4 序列二次规划方法

本节介绍求解约束最优化问题最有效的方法之一: 序列二次规划方法, 它是求解无约束最优化问题的牛顿法和拟牛顿方法对约束最优化问题的推广. 我们知道无约束最优化的牛顿法是通过求解最优性的一阶必要条件方程组推导得出的. 考虑求光滑函数 $f(x)$ 的无约束最优解 x^*, 根据一阶最优性条件, x^* 是方程组

$$g(x) = 0$$

的解, 为得到这样的解, 用牛顿法解这个方程组, 得迭代格式

$$G_k d_k = -g_k, \qquad x_{k+1} = x_k + d_k,$$

其中 $g_k = g(x_k) = \nabla f(x_k)$, $G_k = G(x_k) = \nabla^2 f(x_k)$. 当 G_k 正定, d_k 是下降方向时, 沿方向 d_k 进行线性搜索, 确定一个步长 α_k 使 $f(x_k + \alpha_k d_k) < f(x_k)$, 并取 $x_{k+1} = x_k + \alpha_k d_k$ 以增大牛顿法的收敛域, 由此形成线性搜索方法. 当 G_k 不定, d_k 不一定是下降方向时, 在 G_k 上增加一个矩阵 $\mu_k I$, 使 $G_k + \mu_k I$ 正定, 再取 $x_{k+1} = x_k + d_k$, 这里 d_k 是方程组

$$(G_k + \mu_k I)d = -g_k \tag{7.4.1}$$

的解, μ_k 的选取同样要求 $f(x_k+d_k)<f(x_k)$ 以确保算法的收敛性. 由于方程组 (7.4.1) 的求解等价于下述问题的求解

$$\begin{aligned} \min \quad & q(d)=f(x_k)+g_k^{\mathrm{T}}d+\frac{1}{2}d^{\mathrm{T}}G_kd \\ \text{s.t.} \quad & \|d\| \leqslant \Delta_k, \end{aligned} \tag{7.4.2}$$

且后者更易于通过控制 Δ_k 的值来确定 (7.4.1) 中的 μ_k 的大小, 因此目前都是通过解问题 (7.4.2) 来确定 d_k, 由此形成的算法称为信赖域方法, Δ_k 称为信赖域半径, $d=x-x_k$. 而所谓的拟牛顿方法只是用拟牛顿修正公式产生矩阵 G_k 的近似 B_k 代替上述问题中的矩阵 G_k, 以减少计算矩阵 G_k 的工作量.

把上述思想推广到非线性约束最优化问题, 就可以得到目前广泛使用的序列二次规划方法. 为简单起见, 还是先从等式约束最优化问题开始. 考虑

$$\begin{aligned} \min_x \quad & f(x) \\ \text{s.t.} \quad & c_i(x)=0,\ i\in\mathcal{E}=\{1,2,\cdots,m\}, \end{aligned} \tag{7.4.3}$$

其 Lagrange 函数为

$$L(x,\lambda)=f(x)-\lambda^{\mathrm{T}}c(x). \tag{7.4.4}$$

一阶最优性必要条件为

$$\nabla L(x,\lambda)=0, \tag{7.4.5}$$

或者为

$$\begin{cases} \nabla_x L(x,\lambda)=g(x)-A(x)^{\mathrm{T}}\lambda=0, \\ \nabla_\lambda L(x,\lambda)=-c(x)=0, \end{cases} \tag{7.4.6}$$

其中 $A(x)\in\mathbf{R}^{m\times n}$ 表示约束的 Jacobi 矩阵,

$$A(x)^{\mathrm{T}}=(\nabla c_1(x),\nabla c_2(x),\cdots,\nabla c_m(x)).$$

(7.4.6) 是含有 $n+m$ 个未知量 x 和 λ 的 $n+m$ 个方程组成的非线性方程组. 用牛顿法解这个方程组可以得到迭代格式

$$\begin{pmatrix} x_{k+1} \\ \lambda_{k+1} \end{pmatrix}=\begin{pmatrix} x_k \\ \lambda_k \end{pmatrix}+\begin{pmatrix} dx_k \\ d\lambda_k \end{pmatrix},$$

其中 dx_k 和 $d\lambda_k$ 是下述牛顿方程组的解

$$\nabla^2 L(x_k,\lambda_k)\begin{pmatrix} dx \\ d\lambda \end{pmatrix}=-\nabla L(x_k,\lambda_k).$$

把这个方程组展开得

$$\begin{pmatrix} \nabla_{xx}^2 L(x_k,\lambda_k) & -A(x_k)^{\mathrm{T}} \\ -A(x_k) & 0 \end{pmatrix}\begin{pmatrix} dx \\ d\lambda \end{pmatrix}=\begin{pmatrix} -\nabla_x L(x_k,\lambda_k) \\ c(x_k) \end{pmatrix}.$$

考虑到 $\lambda_{k+1} = \lambda_k + d\lambda_k$ 以及

$$\nabla_x L(x_k, \lambda_k) = g(x_k) - A(x_k)^{\mathrm{T}} \lambda_k,$$

可以将上述方程组改写成

$$\begin{pmatrix} \nabla_{xx}^2 L(x_k, \lambda_k) & -A(x_k)^{\mathrm{T}} \\ -A(x_k) & 0 \end{pmatrix} \begin{pmatrix} dx \\ \lambda \end{pmatrix} = \begin{pmatrix} -g(x_k) \\ c(x_k) \end{pmatrix}. \tag{7.4.7}$$

所得的解为 dx_k 和 λ_{k+1}. 而这样一个方程组恰好是下述二次规划问题

$$\begin{aligned} \min \quad & q(dx) = (dx)^{\mathrm{T}} g(x_k) + \frac{1}{2}(dx)^{\mathrm{T}} \nabla_{xx}^2 L(x_k, \lambda_k) dx \\ \text{s.t.} \quad & A(x_k) dx + c(x_k) = 0 \end{aligned} \tag{7.4.8}$$

的一阶必要条件, λ_{k+1} 是其最优 Lagrange 乘子. 序列二次规划法就是通过解一系列这样的二次规划问题产生收敛于问题最优解和 Lagrange 乘子的迭代序列 $\{x_k\}$ 和 $\{\lambda_k\}$. 需要注意的是, 在上述二次规划问题中, 约束是问题 (7.4.3) 中约束的线性近似, 但目标函数却不是问题 (7.4.3) 中目标函数的二次近似. 在这个二次函数中其 Hesse 矩阵为 $\nabla_{xx}^2 L(x_k, \lambda_k)$, 它不仅包含目标函数 $f(x)$ 的二阶导数信息, 而且还包含了所有约束函数的二阶导数的信息. 下面为方便表示, 我们用 d 代替 dx.

例 7.4.1 考虑非线性约束最优化问题

$$\begin{aligned} \min \quad & f(x) = \mathrm{e}^{3x_1 + 4x_2} \\ \text{s.t.} \quad & c_1(x) = x_1^2 + x_2^2 = 1. \end{aligned}$$

上述问题的最优解为 $x^* = (-0.6, -0.8)^{\mathrm{T}}$, 相应的 Lagrange 乘子为 $\lambda_1^* = \dfrac{-5\mathrm{e}^{-5}}{2} \approx -0.016\,845$. 以点 $x_0 = (-0.7, -0.7)$ 为初始点, 逐次求下列二次规划问题

$$\begin{aligned} \min \quad & q(d) = \frac{1}{2} d^{\mathrm{T}} (G(x_k) - \lambda_k \nabla^2 c_1(x_k)) d + g_k^{\mathrm{T}} d \\ \text{s.t.} \quad & \nabla c_1(x_k)^{\mathrm{T}} d + c_1(x_k) = 0 \end{aligned}$$

的最优解及相应的 Lagrange 乘子, 其中

$$g(x) = \mathrm{e}^{3x_1 + 4x_2} \begin{pmatrix} 3 \\ 4 \end{pmatrix}, \quad \nabla c_1(x) = 2 \begin{pmatrix} x_1 \\ x_2 \end{pmatrix},$$

$$G(x) = \mathrm{e}^{3x_1 + 4x_2} \begin{pmatrix} 9 & 12 \\ 12 & 16 \end{pmatrix}, \quad \nabla^2 c_1(x) = \begin{pmatrix} 2 & 0 \\ 0 & 2 \end{pmatrix}.$$

在初始点, 解得

$$d_1 = \begin{pmatrix} 0.141\,96 \\ -0.156\,24 \end{pmatrix}, \quad \lambda_1^{(1)} = -0.014\,808.$$

由此得

$$x^{(1)} = \begin{pmatrix} -0.7 \\ -0.7 \end{pmatrix} + \begin{pmatrix} 0.141\,96 \\ -0.156\,24 \end{pmatrix} = \begin{pmatrix} -0.558\,04 \\ -0.856\,24 \end{pmatrix}.$$

经过五次迭代所得的迭代点为 $x^{(5)} = (-0.6, -0.8)^{\mathrm{T}}$, Lagrange 乘子为 $\lambda_1^{(5)} = -0.016\,845$. □

从这个例子可以看到序列二次规划方法具有很好的收敛性. 下述定理则从理论上阐明了方法的收敛性.

定理 7.4.2 假设 f, $c_i, i \in \mathcal{E}$ 二阶连续可微, 问题 (7.4.3) 的最优解 x^* 存在, Jacobi 矩阵 $A(x^*)$ 满秩, 存在 λ^* 使一阶必要条件和二阶充分条件成立, 如果点 x_0 充分接近 x^*, 则每次迭代二次规划子问题的最优解存在, 迭代序列 $\{x_k\}$ 和 $\{\lambda_k\}$ 分别收敛于 x^* 和最优的 Lagrange 乘子 λ^*, 且收敛速度是二次的 (证明略).

同无约束最优化的牛顿法相同, 在这个收敛性定理中同样要求 x_0 充分接近 x^* 以确保矩阵 $\nabla_{xx}^2 L(x, \lambda)$ 的正定性. 在初始点离 x^* 较远的时候, 同样的问题 (方法不收敛, 矩阵 $\nabla_{xx}^2 L(x, \lambda)$ 不正定) 会出现, 克服这些问题的方法还是引入线性搜索或信赖域技术以扩大方法的收敛域.

在引入线性搜索时, 约束最优化问题同无约束最优化问题有明显的不同. 对无约束最优化, 沿一个下降方向 d_k 确定步长 α_k, 只要求使目标函数在点 $x_k + \alpha_k d_k$ 有明显的下降. 对于约束最优化问题则不能同样地只要求目标函数下降, 从上面的例子我们看到, 序列二次规划方法不是一个可行点方法, 它每次迭代产生的点不一定可行. 对于一个迭代点, 衡量其好坏, 在考量其目标函数值的同时, 还要考量点的可行程度. 所谓的评价函数 (又称势函数) 就是为此而引入的用以衡量迭代点好坏的辅助函数, 它同前面两节的罚函数类似, 是把目标函数和约束函数结合在一起形成的. 一个常用的评价函数为 ℓ_1 精确罚函数

$$\phi(x, \mu) = f(x) + \frac{1}{\mu}\|c(x)\|_1, \tag{7.4.9}$$

这里 $\|c(x)\|_1$ 是向量函数 $c(x)$ 的 ℓ_1 范数. 对于这样的评价函数可以证明, 只要 $\nabla_{xx}^2 L(x_k, \lambda_k)$ 正定, μ 充分小, 则问题 (7.4.8) 的解 d_k 是函数 $\phi(x, \mu)$ 在点 x_k 的一个下降方向. 沿方向 d_k 进行线性搜索确定步长 α_k 使得 $\phi(x_k + \alpha_k d_k, \mu) < \phi(x_k, \mu)$, 且有

$$\liminf_{k\to\infty}(\|g_k - A_k^{\mathrm{T}}\lambda_k\| + \|c_k\|) = 0. \tag{7.4.10}$$

算法 7.4.3 (线性搜索序列二次规划方法)

步 1. 给定 $\mu_1 > 0$, 允许值 $\varepsilon_0 > 0$, 初始点 x_0, 置 $k = 1$;

步 2. 解二次规划问题 (7.4.8) 得 d_k;

步 3. 调整 μ_k 的值, 使得 d_k 是函数 $\phi(x, \mu_k)$ 在点 x_k 的下降方向, 再沿方向 d_k 作线性搜索确定步长 α_k;

步 4. 置 $x_{k+1} = x_x + \alpha_k d_k$, 解方程组 $A_{k+1}^{\mathrm{T}}\lambda = g_{k+1}$ 得 Lagrange 乘子 λ_{k+1};

步 5. 收敛性检验: 如果最后终止准则得到满足, 停止迭代, 取 x_{k+1} 和 λ_{k+1} 为最优解和 Lagrange 乘子的近似; 否则, 置 $k \triangleq k+1$ 后转步 2.

□

第三章中有关的线性搜索方法可以用来确定步长. 迭代的终止准则可以用

$$||c_k|| + ||g_k - A_k^{\mathrm{T}}\lambda_k|| \leqslant \varepsilon \tag{7.4.11}$$

来判定点 x_k 和 λ_k 对最优解和相应的 Lagrange 乘子的接近程度.

需要注意的是上述的 ℓ_1 精确罚函数并不处处可微, 它在所有使至少有一个约束成等式的点不可微. 由此产生的一个后果就是所谓的 Maratos 效应, 也就是不管迭代点 x_k 离最优解 x^* 有多靠近, 步长 $\alpha = 1$ (即牛顿步) 是不可接受的, 从而影响了方法的快速收敛的特性. 为克服这一困难, 可以使用 Fletcher 的可微精确罚函数

$$\phi(x,\mu) = f(x) - \lambda(x)^{\mathrm{T}}c(x) + \frac{1}{2\mu}\sum_{i\in\mathcal{E}} c_i^2(x), \tag{7.4.12}$$

其中

$$\lambda(x) = [A(x)A(x)^{\mathrm{T}}]^{-1}A(x)g(x). \tag{7.4.13}$$

同样可以证明当 $\nabla_{xx}^2 L(x_k,\lambda_k)$ 正定, 对适当的 μ_k 值, 方向 d_k 是 $\phi(x,\mu_k)$ 在点 x_k 的下降方向.

上述方法中要求矩阵 $\nabla_{xx}^2 L(x_k,\lambda_k)$ 正定以确保搜索方向 d_k 的下降性, 当 $\nabla_{xx}^2 L(x_k,\lambda_k)$ 非正定时, 搜索方向的下降性得不到保证, 乃至问题 (7.4.8) 无解. 在这种情况下, 如同无约束最优化的情形一样可以采用信赖域技术. 然而对于问题 (7.4.8), 我们不能像无约束优化那样简单地加一个信赖域约束 $\|d\| \leqslant \Delta_k$, 这是因为简单地加一个信赖域约束所形成的问题

$$\begin{aligned} \min\quad & q(d) = d^{\mathrm{T}}g(x_k) + \frac{1}{2}d^{\mathrm{T}}\nabla_{xx}^2 L(x_k,\lambda_k)d \\ \text{s.t.}\quad & A(x_k)d + c(x_k) = 0, \\ & \|d\| \leqslant \Delta_k \end{aligned} \tag{7.4.14}$$

有可能由于两组约束构成的可行域是空集而使得上述问题无解. 为此我们考虑问题 (7.4.14) 的一个变形

$$\begin{aligned} \min\quad & q(d) = d^{\mathrm{T}}g_k + \frac{1}{2}d^{\mathrm{T}}W_k d \\ \text{s.t.}\quad & A_k d + \theta c_k = 0, \\ & \|d\| \leqslant \Delta_k, \end{aligned} \tag{7.4.15}$$

其中 $\theta \in (0,1], g_k = g(x_k), W_k = \nabla_{xx}^2 L(x_k,\lambda_k), A_k = A(x_k), c_k = c(x_k)$. 如果 θ 充分小, 则 (7.4.15) 的约束集有可行点 (见图 7.4.1). 可以看出, 在 $c(x_k)$ 上乘因子 θ 的作用就是将该线性化约束对应的直线向原点平行移动, 从而使得移动后的直线与信赖域相交.

今考虑将方向向量 d 作直交分解

$$d = h + v_k, \quad h = Z_k u, \tag{7.4.16}$$

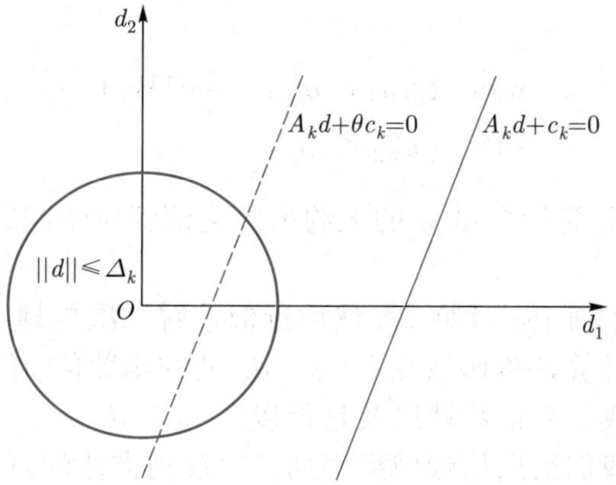

图 7.4.1 平移约束使可行域非空

其中, $h \in \mathcal{N}(A_k)$ (矩阵 A_k 的零空间), $v_k \in \mathcal{R}(A_k^{\mathrm{T}})$ (矩阵 A_k^{T} 的像空间), Z_k 的列是零空间 $\mathcal{N}(A_k)$ 的基, $u \in \mathbf{R}^{n-m}$. 于是,

$$0 = A_k d + \theta c_k = A_k(h + v_k) + \theta c_k = A_k v_k + \theta c_k. \tag{7.4.17}$$

于是, 有

$$v_k = -\theta A_k^{+} c_k. \tag{7.4.18}$$

注意到 $\theta c_k = -A_k v_k$, 于是 (7.4.15) 中的等式约束可写成

$$A_k(d - v_k) = 0 \quad \text{或} \quad A_k h = 0. \tag{7.4.19}$$

因为 (7.4.16) 是直交分解, 故有

$$\|h\|_2^2 + \|v_k\|_2^2 = \|h + v_k\|_2^2 = \|d\|_2^2 \leqslant \Delta_k^2,$$

即

$$\|h\|_2^2 \leqslant \Delta_k^2 - \|v_k\|_2^2. \tag{7.4.20}$$

这样, 利用 (7.4.19)—(7.4.20), 问题 (7.4.15) 可写成

$$\begin{aligned} \min \quad & q(d) = d^{\mathrm{T}} g_k + \frac{1}{2} d^{\mathrm{T}} W_k d \\ \text{s.t.} \quad & A_k(d - v_k) = 0, \\ & \|d - v_k\|_2 \leqslant \sqrt{\Delta_k^2 - \|v_k\|_2^2}. \end{aligned} \tag{7.4.21}$$

进一步, 利用分解 (7.4.16), 上式可写成

$$\begin{aligned} \min \quad & (g_k + W_k v_k)^{\mathrm{T}} Z_k u + \frac{1}{2} u^{\mathrm{T}} Z_k^{\mathrm{T}} W_k Z_k u \\ \text{s.t.} \quad & \|Z_k u\|_2 \leqslant \sqrt{\Delta_k^2 - \|v_k\|_2^2}. \end{aligned} \tag{7.4.22}$$

令

$$\tilde{g}_k = Z_k^{\mathrm{T}}(g_k + W_k v_k), \quad \tilde{W}_k = Z_k^{\mathrm{T}} W_k Z_k, \quad \tilde{\Delta}_k = \sqrt{\Delta_k^2 - \|v_k\|_2^2}, \tag{7.4.23}$$

则 (7.4.22) 成为

$$\begin{aligned} \min \quad & Q(u) = \tilde{g}_k^{\mathrm{T}} u + \frac{1}{2} u^{\mathrm{T}} \tilde{W}_k u \\ \text{s.t.} \quad & \|u\|_2 \leqslant \tilde{\Delta}_k. \end{aligned} \tag{7.4.24}$$

(7.4.22) 和 (7.4.24) 都是简约变量 u 的无约束优化信赖域子问题, 我们可以利用信赖域方法直接求解.

因此, 我们可先由 (7.4.18) 计算 v_k, 然后近似求解二次规划子问题 (7.4.24) 得到 u_k, 再令 $d_k = v_k + Z_k u_k$. 计算评价函数在点 $x_k + d_k$ 处的函数值, 给出实际下降量与预测下降量的比值, 确定缩小或扩大信赖域以及是否接受 $x_k + d_k$.

根据上面的讨论, 我们给出信赖域型序列二次规划方法的算法如下.

算法 7.4.4 (信赖域型序列二次规划方法)

步 1. 给定 $\Delta_1 > 0$, 控制参数 $\eta \in \left(0, \frac{1}{2}\right)$, 初始点 x_1, 置 $k = 1$;

步 2. 由 (7.4.18) 计算 v_k;

步 3. 解二次规划问题 (7.4.24) 得 u_k, 置 $d_k = v_k + Z_k u_k$;

步 4. 调整 μ_k 的值, 计算 $\Delta\phi_k = \phi(x_k, \mu_k) - \phi(x_k + d_k, \mu_k)$, $\Delta\psi_k = -Q(u_k)$;

步 5. 如果 $r_k = \dfrac{\Delta\phi_k}{\Delta\psi_k} < \eta$, 减小 Δ_k 并转步 3;

步 6. 置 $x_{k+1} = x_k + d_k$, 计算 λ_{k+1};

步 7. 收敛性检验: 如果最后终止准则得到满足, 停止迭代, 取 x_{k+1} 和 λ_{k+1} 为最优解和 Lagrange 乘子的近似; 否则, 取 $\Delta_{k+1} \geqslant \Delta_k$, 置 $k \triangleq k+1$, 转步 2.

□

该算法步 5 中 $r_k < \eta$ 表明 (7.4.24) 中的目标函数在给定的信赖域内不是原问题的一个好的近似, 需要减小信赖域来改善近似的程度, 并对减小的 Δ_k 重新解问题 (7.4.24) 得新的解 u_k 和 d_k.

在上述无论是线性搜索序列二次规划方法还是信赖域型序列二次规划方法中, 都要涉及 Lagrange 函数 $L(x, \lambda)$ 的 Hesse 矩阵的计算, 这不仅包含目标函数的 Hesse 矩阵, 还包含各约束函数的 Hesse 矩阵, 对规模稍微大一点的问题, 其计算工作量是相当大的. 一个有效的办法还是利用拟牛顿修正公式来产生 $\nabla_{xx}^2 L(x, \lambda)$ 的近似. 在利用相关的拟牛顿修正公式, 如 BFGS 公式产生 $\nabla_{xx}^2 L(x, \lambda)$ 的近似时, 公式中向量 y_k 的定义取为

$$y_k = \nabla_x L(x_{k+1}, \lambda_k) - \nabla_x L(x_k, \lambda_k).$$

这时在采用线性搜索的序列二次规划算法中, 线性搜索的准则并不能保证条件 $s_k^{\mathrm{T}} y_k > 0$ 成立, 从而不能保证有关修正矩阵的正定性, 这里 $s_k = x_{k+1} - x_k$. 一个值得推荐保证修正矩阵正定的替代方案为: 如果有 $s_k^{\mathrm{T}} y_k \geqslant \varepsilon s_k^{\mathrm{T}} B_k s_k$, 就用 y_k 进行修正; 而在 $s_k^{\mathrm{T}} y_k < \varepsilon s_k^{\mathrm{T}} B_k s_k$ 时, 取 $\theta_k y_k + (1 - \theta_k) B_k s_k$ 作为 y_k 来进行矩阵的修正, 其中

$$\theta_k = \frac{(1 - \varepsilon) s_k^{\mathrm{T}} B_k s_k}{s_k^{\mathrm{T}} B_k s_k - s_k^{\mathrm{T}} y_k}.$$

可以看到对于如此选取的向量 y_k 有 $s_k^{\mathrm{T}} y_k \geqslant \varepsilon s_k^{\mathrm{T}} B_k s_k$, ε 可取为 (0, 0.5) 中的某一个值, 如 $\varepsilon = 0.2$. 对于问题 (7.4.24) 中采用矩阵修正公式时, 有两种方案可供选择, 一是上述办法用修正公式直接产生 $\nabla_{xx}^2 L(x,\lambda)$ 的近似; 另一个方案是用修正公式产生 $t \times t$ 矩阵 $Z^{\mathrm{T}} \nabla_{xx}^2 L(x,\lambda) Z$ 的近似, 其中 $t = n - m$, 称此矩阵为简约 Hesse 矩阵 (reduced Hessian matrix). 这时有关修正公式中的向量 y_k 的定义为

$$y_k = Z_k^{\mathrm{T}} [\nabla_x L(x_{k+1}, \lambda_k) - \nabla_x L(x_k, \lambda_k)].$$

当把序列二次规划方法推广到一般的带有等式和不等式约束的最优化问题

$$\begin{aligned} \min \quad & f(x) \\ \text{s.t.} \quad & c_i(x) = 0, \quad i \in \mathcal{E}, \\ & c_i(x) \geqslant 0, \quad i \in \mathcal{I} \end{aligned}$$

时, 其推广是直接的, 每次迭代所要求解的二次规划子问题为

$$\begin{aligned} \min \quad & q(d) = d^{\mathrm{T}} g(x_k) + \frac{1}{2} d^{\mathrm{T}} W_k d \\ \text{s.t.} \quad & \nabla c_i(x_k)^{\mathrm{T}} d + c_i(x_k) = 0, \ i \in \mathcal{E}, \\ & \nabla c_i(x_k)^{\mathrm{T}} d + c_i(x_k) \geqslant 0, \ i \in \mathcal{I}, \end{aligned} \tag{7.4.25}$$

其中 W_k 或为 $\nabla_{xx}^2 L(x_k, \lambda_k)$(牛顿法) 或为其近似 (拟牛顿法), Lagrange 函数为

$$L(x,\lambda) = f(x) - \sum_{i \in \mathcal{E}} \lambda_i c_i(x) - \sum_{i \in \mathcal{I}} \lambda_i c_i(x).$$

在进行线性搜索确定步长时所用的 ℓ_1 精确罚函数为

$$\psi(x,\mu) = f(x) + \frac{1}{\mu} \left[\sum_{i \in \mathcal{E}} |c_i(x)| + \sum_{i \in \mathcal{I}} \max\{0, -c_i(x)\} \right].$$

其他做法是类似的.

小结

本章主要研究了约束最优化问题的理论和求解方法. 约束最优化问题的理论在许多数值最优化的书籍中都有详细的讨论. 在节 7.1 中, 我们介绍了约束最优化问题的定义及其最优性条件. KKT 条件是在 1951 年由 Kuhn 和 Tucker 提出的, 然而早在 1939 年 Karush 也提出了类似的约束优化最优性条件, 因此这些条件被称为 KKT 条件. 理解约束最优化问题的最优性条件对于我们解决这类问题非常重要.

接下来, 在节 7.2—7.4 中, 分别介绍了几种常见的解决约束最优化问题的方法, 包括二次罚函数方法、内点障碍函数法和序列二次规划方法等. 这些方法在实际中具有广泛的应用和高效的求解能力.

二次罚函数方法是一种常用的约束最优化求解方法. 它通过将约束条件引入目标函数, 构建一个带有罚项的目标函数, 然后将约束最优化问题转化为无约束最优化问题. 通过调节罚项的系数, 可以逐步逼近原问题的最优解.

内点障碍函数法是另一种常见的约束最优化求解方法. 它通过引入障碍函数, 将约束条件纳入目标函数中, 从而将约束最优化问题转化为无约束优化问题. 内点障碍函数法通过迭代的方式, 在可行域内搜索最优解, 并逐步逼近原问题的最优解.

序列二次规划方法是一种迭代求解约束最优化问题的方法. 它将原问题分解为一系列的二次规划子问题. 通过求解这些子问题, 逐步逼近原问题的最优解. 序列二次规划方法在实际应用中具有较好的收敛性和计算效率. 在附录 II—III 中, 我们给出了序列二次规划方法的 MATLAB 和 Python 程序.

习 题

1. 对于 $x \in \mathbf{R}$, 证明函数 $\min(z,0)^2$ 在 $z=0$ 处有二阶不连续导数.

2. 考虑约束最优化问题

$$\begin{aligned} \min \quad & -x_1+x_2 \\ \text{s.t.} \quad & x_1+2x_2 \leqslant 2, \\ & x_1 \geqslant 0, x_2 \geqslant 0, \end{aligned}$$

(1) 确定在点 $x^{(1)}=(0,0)^{\mathrm{T}}, x^{(2)}=(0,1)^{\mathrm{T}}, x^{(3)}=\left(1,\dfrac{1}{2}\right)^{\mathrm{T}}$ 和 $x^{(4)}=(2,0)^{\mathrm{T}}$ 处的可行方向.

(2) 在这些点是否存在可行的下降方向, 并由此从中确定最优解.

3. 叙述 KKT 条件和本书介绍的三个约束规范条件.

4. 考虑问题

$$\begin{aligned} \min \quad & \frac{1}{1+x^2} \\ \text{s.t.} \quad & x \geqslant 1, \end{aligned}$$

写出 $P(x;\mu)$.

5. 考虑问题

$$\begin{aligned} \min \quad & x \\ \text{s.t.} \quad & x^2 \geqslant 0, \\ & x+1 \geqslant 0, \end{aligned}$$

解为 $x^*=-1$, 写出此问题的 $P(x;\mu)$, 寻找局部极小点.

6. 假设当前点 x_k 是 $P(x;\mu_k)$ 的精确极小点, 写出关于当前点 x_k 对于 $P(x;\mu_{k+1})$ 的牛顿步.

7. 试推导 (7.4.24).

8. 对附录 I 中试验函数 2.1—2.3 分别用罚函数法和序列二次规划方法求解 (用 C, MATLAB 或 FORTRAN 或 Python 等语言编制程序).

附录I　试验函数

1　无约束最优化问题的试验函数

问题 1.1　Rosenbrock 函数:

$$f(x) = 100(x_2 - x_1^2)^2 + (1 - x_1)^2, \tag{f1.1}$$

$$x_0 = (-1.2, 1)^{\mathrm{T}},\ x^* = (1, 1)^{\mathrm{T}},\ f(x^*) = 0.$$

问题 1.2　广义 Rosenbrock 函数:

$$f(x) = \sum_{i=1}^{n-1}[100(x_{i+1} - x_i^2)^2 + (1 - x_i)^2], \tag{f1.2}$$

$$x_0 = (-1.2, 1, \cdots, -1.2, 1)^{\mathrm{T}},\ x^* = (1, 1, \cdots, 1, 1)^{\mathrm{T}},\ f(x^*) = 0.$$

问题 1.3　Wood 函数:

$$\begin{aligned} f(x) = {} & 100(x_1^2 - x_2)^2 + (x_1 - 1)^2 + (x_3 - 1)^2 + 90(x_3^2 - x_4)^2 + \\ & 10.1[(x_2 - 1)^2 + (x_4 - 1)^2] + 19.8(x_2 - 1)(x_4 - 1), \end{aligned} \tag{f1.3}$$

$$x_0 = (-3, -1, -3, -1)^{\mathrm{T}},\ x^* = (1, 1, 1, 1)^{\mathrm{T}}, f(x^*) = 0.$$

问题 1.4　Powell 奇异函数:

$$f(x) = (x_1 + 10x_2)^2 + 5(x_3 - x_4)^2 + (x_2 - 2x_3)^4 + 10(x_1 - x_4)^4, \tag{f1.4}$$

$$x_0 = (3, -1, 0, 1)^{\mathrm{T}},\ x^* = (0, 0, 0, 0)^{\mathrm{T}},\ f(x^*) = 0.$$

问题 1.5　立方体函数

$$f(x) = 100(x_2 - x_1^3)^2 + (1 - x_1)^2, \tag{f1.5}$$

$$x_0 = (-1.2, -1)^{\mathrm{T}},\ x^* = (1, 1)^{\mathrm{T}},\ f(x^*) = 0.$$

问题 1.6　三角函数

$$f(x) = \sum_{i=1}^{n}\left[n + i(1 - \cos x_i) - \sin x_i - \sum_{j=1}^{n}\cos x_j\right]^2, \tag{f1.6}$$

$$x_0 = \left(\frac{1}{5n}, \frac{1}{5n}, \cdots, \frac{1}{5n}\right)^{\mathrm{T}}, \ x^* = (0,0,\cdots,0)^{\mathrm{T}}, \ f(x^*) = 0.$$

问题 **1.7** 螺旋形凹谷函数

$$f(x) = 100\left[(x_3 - 10\theta)^2 + \left(\sqrt{x_1^2 + x_2^2} - 1\right)^2\right] + x_3^2, \tag{f1.7}$$

其中

$$2\pi\theta = \begin{cases} \arctan\left(\dfrac{x_2}{x_1}\right), & x_1 \geqslant 0, \\ \pi + \arctan\left(\dfrac{x_2}{x_1}\right), & x_1 < 0, \end{cases}$$

$$x_0 = (-1,0,0)^{\mathrm{T}}, \ x^* = (1,0,0)^{\mathrm{T}}, \ f(x^*) = 0.$$

2 约束最优化问题的试验函数

下面的约束最优化问题试验函数选自 Hock and Schittkowski (1981).

问题 **2.1**
变量个数: $n = 2$.
目标函数:

$$f(x) = (x_1 - 2)^2 + (x_2 - 1)^2.$$

约束:

$$-0.25x_1^2 - x_2^2 + 1 \geqslant 0,$$
$$x_1 - 2x_2 + 1 = 0.$$

初始点: $x_0 = (2,2), \ f(x_0) = 1$.
解 $x^* = (0.5(\sqrt{7} - 1), \ 0.25(\sqrt{7} + 1)), f(x^*) = 9 - 2.875\sqrt{7}$.

问题 **2.2**
变量个数: $n = 2$.
目标函数:

$$f(x) = (x_1 - 2)^2 + (x_2 - 1)^2.$$

约束:

$$-x_1 - x_2 + 2 \geqslant 0,$$
$$-x_1^2 + x_2 \geqslant 0.$$

初始点: $x_0 = (2,2), \ f(x_0) = 1$.
解 $x^* = (1,1), \ f(x^*) = 1$.

问题 2.3
变量个数: $n = 2$.
目标函数:

$$\begin{aligned}f(x) = &-75.196 + 3.811\,2x_1 + 0.002\,056\,7x_1^3 - 1.034\,5\text{E-}5x_1^4 + \\ &6.830\,6x_2 - 0.030\,234x_1x_2 + 1.281\,34\text{E-}3x_2x_1^2 + \\ &2.266\text{E-}7x_1^4x_2 - 0.256\,45x_2^2 + 0.003\,460\,4x_2^3 - 1.351\,4\text{E-}5x_2^4 + \\ &\frac{28.106}{x_2+1} + 5.237\,5\text{E-}6x_1^2x_2^2 + 6.3\text{E-}8x_1^3x_2^2 - \\ &7\text{E-}10x_1^3x_2^3 - 3.405\text{E-}4x_1x_2^2 + 1.663\,8\text{E-}6x_1x_2^3 + \\ &2.867\,3\exp(0.000\,5x_1x_2) - 3.525\,6\text{E-}5x_1^3x_2.\end{aligned}$$

约束:

$$\begin{aligned}&x_1x_2 - 700 \geqslant 0, \\ &x_2 - \frac{x_1^2}{125} \geqslant 0, \\ &(x_2-50)^2 - 5(x_1-55) \geqslant 0, \\ &0 \leqslant x_1 \leqslant 75, \\ &0 \leqslant x_2 \leqslant 65.\end{aligned}$$

初始点: $x_0 = (90, 10)$, $f(x_0) = 86.878\,639$.
解 $x^* = (13.550\,104\,24,\ 51.660\,181\,29)$, $f(x^*) = -7.804\,226\,324$.

问题 2.4
变量个数: $n = 3$.
目标函数:

$$f(x) = 1\,000 - x_1^2 - 2x_2^2 - x_3^2 - x_1x_2 - x_1x_3.$$

约束:

$$\begin{aligned}&8x_1 + 14x_2 + 7x_3 - 56 = 0, \\ &x_1^2 + x_2^2 + x_3^2 - 25 = 0, \\ &0 \leqslant x_i,\ i = 1, 2, 3.\end{aligned}$$

初始点: $x_0 = (2, 2, 2)$, $f(x_0) = 976$.
解 $x^* = (3.512\,118\,414,\ 0.216\,988\,174\,1,\ 3.552\,174\,034)$, $f(x^*) = 961.715\,172\,1$.

问题 2.5
变量个数: $n = 3$.
目标函数:

$$f(x) = 9 - 8x_1 - 6x_2 - 4x_3 + 2x_1^2 + 2x_2^2 + x_3^2 +$$

$$2x_1x_2 + 2x_1x_3.$$

约束:

$$3 - x_1 - x_2 - 2x_3 \geqslant 0,$$
$$0 \leqslant x_i,\ i = 1, 2, 3.$$

初始点: $x_0 = (0.5, 0.5, 0.5)$, $f(x_0) = 2.25$.

解 $x^* = \left(\frac{4}{3}, \frac{7}{9}, \frac{4}{9}\right)$, $f(x^*) = \frac{1}{9}$.

问题 **2.6**

变量个数: $n = 6$

目标函数:

$$\begin{aligned} f(x) = {} & 0.020\,4x_1x_4(x_1 + x_2 + x_3) + 0.018\,7x_2x_3(x_1 + 1.57x_2 + x_4) + \\ & 0.060\,7x_1x_4x_5^2(x_1 + x_2 + x_3) + \\ & 0.043\,7x_2x_3x_6^2(x_1 + 1.57x_2 + x_4) \end{aligned}$$

约束:

$$\begin{aligned} & 0.001x_1x_2x_3x_4x_5x_6 - 2.07 \geqslant 0, \\ & 1 - 0.000\,62x_1x_4x_5^2(x_1 + x_2 + x_3) - \\ & 0.000\,58x_2x_3x_6^2(x_1 + 1.57x_2 + x_4) \geqslant 0, \\ & 0 \leqslant x_i,\ i = 1, 2, \cdots, 6. \end{aligned}$$

初始点: $x_0 = (5.54, 4.4, 12.02, 11.82, 0.702, 0.852)$, $f(x_0) = 137.066$.

解

$$\begin{aligned} & x^* = (5.332\,666, 4.656\,744, 10.432\,99, 12.082\,30, 0.752\,607\,4, 0.878\,650\,84), \\ & f(x^*) = 135.075\,961. \end{aligned}$$

问题 **2.7**

变量个数: $n = 10$.

目标函数:

$$f(x) = \sum_{i=1}^{10} \left[(\ln(x_i - 2))^2 + (\ln(10 - x_i))^2 - \left(\prod_{i=1}^{10} x_i \right)^2 \right].$$

约束:

$$2.001 \leqslant x_i \leqslant 9.999,\ i = 1, 2, \cdots, 10.$$

初始点: $x_0 = (9, 9, \cdots, 9)$, $f(x_0) = -43.134\,337$.

解 $x^* = (9.350\,256\,55, 9.350\,256\,55, \cdots, 9.350\,256\,55)$, $f(x^*) = -45.778\,469\,71$

问题 **2.8**
变量个数: $n = 10$.
目标函数:

$$f(x) = \sum_{j=1}^{10} \exp(x_j) \left(c_j + x_j - \ln \left(\sum_{k=1}^{10} \exp(x_k) \right) \right),$$

其中,

$$c_1 = -6.089,\ c_2 = -17.164,\ c_3 = -34.054,$$

$$c_4 = -5.914,\ c_5 = -24.721,\ c_6 = -14.986,$$

$$c_7 = -24.100,\ c_8 = -10.708,\ c_9 = -26.662,\ c_{10} = -22.179.$$

约束:

$$\begin{aligned}
&\exp(x_1) + 2\exp(x_2) + 2\exp(x_3) + \exp(x_6) + \exp(x_{10}) - 2 = 0,\\
&\exp(x_4) + 2\exp(x_5) + \exp(x_6) + \exp(x_7) - 1 = 0,\\
&\exp(x_3) + \exp(x_7) + \exp(x_8) + 2\exp(x_9) + \exp(x_{10}) - 1 = 0,\\
&-100 \leqslant x_i \leqslant 100,\ i = 1, 2, \cdots, 10.
\end{aligned}$$

初始点: $x_0 = (-2.3, -2.3, \cdots, -2.3)$, $f(x_0) = -21.015$.
解

$$\begin{aligned}
x^* = (&-3.201\,212, -1.912\,060, -0.244\,441\,3, -6.537\,489,\\
&-0.723\,152\,4, -7.267\,738, -3.596\,711, -4.017\,769,\\
&-3.287\,462, -2.335\,582),\\
f(x^*) = &-47.761\,090\,26
\end{aligned}$$

附录II　MATLAB 程序

1　共轭梯度法

1.1　算例

$$\min_{x\in\mathbf{R}^5} f(x)=\frac{1}{2}x^{\mathrm{T}}Gx-b^{\mathrm{T}}x,$$

其中

$$G=\begin{pmatrix}10&1&2&3&4\\1&9&-1&2&-3\\2&-1&7&3&-5\\3&2&3&12&-1\\4&-3&-5&-1&15\end{pmatrix},\quad b=\begin{pmatrix}12\\-27\\14\\-17\\12\end{pmatrix}.$$

1.2　程序

```
function [x, iter] = cg(G, b, x0, max_iter)
% Conjugate gradient method for the following positive definite quadratic
% function          f(x) = x'Gx/2 - b'x
%==========================================================================
% x0      : Starting point.
% max_iter: Maximum number of iterations.
%----------------------------------------
x = x0;
tolerance = 1.0e-6;
fprintf('\n  x0 = ');
fprintf('    %10.6f', x0);
r = G*x-b; d = -r;
for k = 1:max_iter
    if  norm(r,2) <= tolerance
        iter = k-1;
        fprintf('\n Algorithm finds a solution!');
        return
    end
    alpha = (r'*r)/(d'*G*d);
    xx = x+alpha*d;
    rr = r+alpha*G*d;
    beta = (rr'*rr)/(r'*r);
    d = -rr+beta*d;
    x = xx;  r = rr;
    fprintf('\n  x%d = ', k);
```

```
    fprintf('    %10.6f', x);
end
iter = max_iter;
return
function CG_main()
G = [10 1 2 3 4;...
    1 9 -1 2 -3;...
    2 -1 7 3 -5;...
    3 2 3 12 -1;...
    4 -3 -5 -1 15];
b = [12 -27 14 -17 12]';
x0 = [0 0 0 0 0]';
max_iter = 1000;
fprintf('\n');
fprintf(' Conjugate Gradient Method: \n');
fprintf(' ========================== \n');
[y, iter] = cg(G, b, x0, max_iter);
fprintf('\n');
fprintf(' Iterative number: \n      %d \n', iter);
fprintf(' Solution: \n ');
fprintf('  %10.6f', y);
fprintf('\n\n  ========================= \n\n');
```

1.3 运行结果

```
Conjugate Gradient Method:
 ==========================
  x0 =    0.000000     0.000000     0.000000     0.000000     0.000000
  x1 =    1.073560    -2.415510     1.252487    -1.520877     1.073560
  x2 =    1.305605    -2.627981     2.146636    -1.694270     0.442393
  x3 =    1.446618    -2.225384     2.448048    -1.970691     0.620722
  x4 =    1.086550    -2.063574     2.792911    -2.101645     0.836386
  x5 =    1.000000    -2.000000     3.000000    -2.000000     1.000000
 Algorithm finds a solution!
 Iterative number:
      5
 Solution:
      1.000000    -2.000000     3.000000    -2.000000     1.000000
  =========================
```

2 BFGS 算法

2.1 算例

$$\min f(x_1, x_2) = (x_1 - 2)^4 + (x_1 - 2)^2 x_2^2 + (x_2 + 1)^2,$$
$$x_0 = (1, 1)^{\mathrm{T}}, \quad x^* = (2, -1)^{\mathrm{T}}.$$

2.2 程序

```
function f = fun(x)
% Get the objective function value at the current point x
```

```
%=========================================================
f = (x(1)-2)^4 + (x(1)-2)^2*x(2)^2 + (x(2)+1)^2;
% Rosenbrock function
% f = 100*(x(2)-x(1)^2)^2 + (1-x(1))^2;
function g = gradient(x)
% Get the objective function gradient at the current point x
%============================================================
g = [4*(x(1)-2)^3 + 2*(x(1)-2)*x(2)^2;
     2*(x(1)-2)^2*x(2) + 2*(x(2)+1)];
% The gradient of Rosenbrock function
%g = [-400*x(1)*(x(2)-x(1)^2)-2*(1-x(1));
%      200*(x(2)-x(1)^2)];
function alphak = wolfe_search(x, g, d)
% Find a step length which satisfies Wolfe conditions
%=====================================================
% x : Current iterate point.
% g : Objective function gradient.
% d : Search direction.
%----------------------------------
alphamax = inf;
ruo = 0.1;
sigma = 0.6;
alpha1 = 0;
alpha2 = alphamax;
fai1 = fun(x);
dfai1 = g'*d;
alpha = 1;
faialpha = fun(x+alpha*d);
dfai = gradient(x + alpha*d)'*d;
% If one expression of Wolfe conditions doesn't hold, continue the cycle.
while 1
    if faialpha - fai1 > ruo*alpha*dfai1
        while faialpha - fai1 > ruo*alpha*dfai1
            alphaba = alpha1 + (alpha - alpha1)/...
                (2*(1 + (fai1 - faialpha)/((alpha - alpha1)*dfai1)));
            alpha2 = alpha;
            alpha = alphaba;
            faialpha = fun(x + alpha*d);
        end
        dfai = gradient(x + alpha*d)'*d;
    end
    if dfai >= sigma*dfai1
        alphak = alpha;
        return
    else
        alphaba = alpha + ((alpha - alpha1)*dfai)/(dfai1 - dfai);
        alpha1 = alpha;
        fai1 = faialpha;
        dfai1 = dfai;
        alpha = alphaba;
        faialpha = fun(x + alpha*d);
        dfai = gradient(x + alpha*d)'*d;
    end
end
function [x, iter] = bfgs(H, x0, max_iter, TOL)
```

```
% Performs the quasi-Newton BFGS method for an unconstrained problem
% Line search termination criteria are the Wolfe conditons
%=================================================================
%H        : Initial inverse Hessian estimate (must be symmetric
%           positive definite, recommended initial value:
%           eye(n) == identity  matrix).
%x0       : Starting point.
%max_iter: Maximum number of iterations.
%TOL      : Tolerance for the gradient.
%-----------------------------------------------------------------
k = 0;
fprintf('\n  x0 = ');
fprintf('    %10.6f', x0);
x = x0;
g = gradient(x);
while norm(g) > TOL & k <= max_iter
    d = -H*g;
    afa = wolfe_search(x,g,d);
    s = afa*d;
    x = x +s;
    fprintf('\n  x%2d = ', k+1);
    fprintf('   %10.6f ', x);
    gnew = gradient(x);
    y = gnew - g;
    H = H + ((s - H*g)*s' + s*(s - H*y)')/(s'*y) - (s - H*y)'*y*s*s'/((s'*y)^2);
    g = gnew;
    k = k+1;
end
if norm(g) <= TOL
    fprintf('\n Algorithm finds a solution!  \n');
else
    fprintf('\n  Number of iterations exceeds max_iter.  \n');
end
iter = k;
function bfgs_main()
x0 = [1 1]';
%x0 = [-1.2, 1]';
n = length(x0);
H = eye(n);
max_iter = 1000;
tolerance = 1.0e-6;
fprintf('\n');
fprintf(' BFGS Method: \n');
fprintf(' ============ \n');
[x, iter] = bfgs(H, x0, max_iter, tolerance);
fprintf(' Iterative number: \n      %d \n', iter);
fprintf(' Solution: \n ');
fprintf('   %10.6f', x);
fprintf(' \n  Optimal objective function value: \n');
fprintf('      %10.6f \n', fun(x));
fprintf('\n  ===========  \n');
```

2.3 运行结果

```
BFGS Method:
```

```
============

 x0 =        1.000000       1.000000
 x 1 =       1.537671       0.462329
 x 2 =       2.048887      -0.365505
 x 3 =       2.373703      -0.935224
 x 4 =       2.272120      -0.809535
 x 5 =       2.111778      -0.743933
 x 6 =       2.084069      -0.856273
 x 7 =       2.022336      -1.015933
 x 8 =       2.009041      -0.993005
 x 9 =       2.005464      -0.996029
 x10 =       2.000227      -1.000342
 x11 =       2.000213      -0.999991
 x12 =       2.000001      -0.999987
 x13 =       1.999995      -0.999996
 x14 =       1.999997      -1.000001
 x15 =       2.000000      -1.000001
 x16 =       2.000001      -1.000001
 x17 =       2.000001      -1.000000
 x18 =       2.000000      -1.000000
Algorithm finds a solution!
Iterative number:
     18
Solution:
     2.000000    -1.000000
 Optimal objective function value:
       0.000000

 ===========
```

3 解二次规划的有效集方法

3.1 算例

$$
\begin{aligned}
\min_x \quad & q(x)=(x_1-1)^2+(x_2-2.5)^2\\
\text{s.t.} \quad & x_1-2x_2+2\geqslant 0,\\
& -x_1-2x_2+6\geqslant 0,\\
& -x_1+2x_2+2\geqslant 0,\\
& x_1\geqslant 0,\\
& x_2\geqslant 0.
\end{aligned}
$$

3.2 程序

```
function p=ecqp(G,d,A,b)
%Solve equality constrained quadratic programming using null space method
%=========================================================================
[m,n]=size(A);
[Q,R]=qr(A');
```

```
Z=Q(:,m+1:n);
Y=A';
py=(A*Y)\b;
pz=-(Z'*G*Z)\(Z'*G*Y*py+Z'*d);
p=Y*py+Z*pz;
return;
function [feap]=lp4fp(jaco,vecb,mark,xsta)
% Phase I of linear programming (LP): Find a new initial feasible point
% ======================================================================
[m,n]=size(jaco);
f(1:n)=0;
f(n+1:n+m)=1;
kieq=0;
keq=0;
for i=1:m
    if mark(i)==0
        kieq=kieq+1;
        Aieq(kieq,1:n)=-jaco(i,1:n);
        Aieq(kieq,n+1:n+m)=0;
        Aieq(kieq,n+i)=-1;
        bieq(kieq)=-vecb(i);
    else
        keq=keq+1;
        Aeq(keq,1:n)=jaco(i,1:n);
        Aeq(keq,n+1:n+m)=0;
        Aeq(keq,n+i)=-sign(jaco(i,:)*xsta-vecb(i));
        beq(keq)=vecb(i);
    end
end
if kieq==0
    Aieq=[];
    bieq=[];
end
if keq==0
    Aeq=[];
    beq=[];
end
lb(1:n)=-inf;
lb(n+1:n+m)=0;
vecx=linprog(f,Aieq,bieq,Aeq,beq,lb,[]);
feap(1:n)=vecx(1:n);
feaq=feap';
return;
function [xsol]=asm4qp(hess,grad,jaco,vecb,mark,xsta,wset,stat)
% Active Set Method for Convex Quadratic Programming
% ============================================================
% hess:     Hessian of objective function.
% grad:     Gradient of objective function.
% jaco:     Jacobi matrix of constraint(s).
% vecb:     Right side vector of constraint(s).
% mark:     Mark equality(1) or inequality(0) constraint(s).
% xsta:     Starting point.
% wset:     Work set [in working set(1) or not (0)].
% stat:     Output some useful message(1) or not(0).
% ------------------------------------------------------------
```

```
tol=1.0e-6;
[m,n]=size(jaco);
[n1,n2]=size(hess);
n3=length(grad);
n4=length(xsta);
m1=length(vecb);
m2=length(mark);
m3=length(wset);
if (n~=n1)|(n~=n2)|(n~=n3)|(n~=n4)
    fprintf('error: The number of variable(s) is not idential.\n');
    fprintf('please chech the input data and try again.\n\n');
    error('');
end
if (m~=m1)|(m~=m2)|(m~=m3)
    fprintf('error: The number of constraints is not idential.\n');
    fprintf('please check the input data and try again.\n\n');
    error('');
end
% Check that whether xsta is feasible point.
feasible=1;
for i=1:m
    temp=jaco(i,:)*xsta-vecb(i);
    if mark(i)~=0
        if abs(temp)>=tol
            feasible=0;
            break;
        end
    else
        if temp<-tol
            feasible=0;
            break;
        end
    end
end
if feasible~=0
    vecx=xsta;
    if stat~=0
        fprintf('\n Program use the user specified starting point.\n');
    end
else
    vecx=lp4fp(jaco,vecb,mark,xsta);
    if stat~=0
        fprintf('\n Program use a build-in starting point .\n');
    end
end
% Make all equality constraints in working set.
meq=0;
for i=1:m
    if mark(i)&(wset(i)==0)
        wset(i)=1;
        if mark(i)
            meq=meq+1;
        end
    end
end
```

```
if meq>n
    fprintf('error: Number of equality constraints is greater than that of
            variables.\n');
    fprintf('so,this quadratic programming is inconsistent.\n');
    fprintf('please change the working set and try again.\n\n');
    error('');
end
%Check whether the starting point satisfies all the equality systems in the working
        set.
for i=1:m
    if (mark(i)==0)&(wset~=0)
        temp=jaco(i,:)*vecx-vecb(i);
        if abs(temp)>=tol
            wset(i)=0;
        end
    end
end
if stat~=0
    fprintf('\n x0= ');
    fprintf('%10.6f',vecx);
end
k=0;
while 1
    k=k+1;
    if stat~=0
        fprintf('\n\n  ---- ---- iter %d ---- ---- ',k);
        fprintf('\n Working set = ');
        fprintf('  %d ',wset);
    end
    vecg=hess*vecx+grad;
    j=0;
    for i=1:m
        if wset(i)
            j=j+1;
            wjaco(j,:)=jaco(i,:);
            wvecb(j)=0;
        end
    end
    if j==0
        vecp=-hess\vecg;
    else
        vecp=ecqp(hess,vecg,wjaco,wvecb');
    end
    if stat~=0
        fprintf('\n Direction p= ');
        fprintf('  %10.6f ',vecp);
    end
    normp=norm(vecp,2);
    if normp<tol
        lambda=(wjaco*wjaco')\(wjaco*vecg);
        if stat~=0
            fprintf('\n  Lambda = ');
            fprintf('   %10.6f',lambda);
        end
        minlambda=0;
```

```
        j=0;
        for i=1:m
            if wset(i);
                j=j+1;
                if mark(i)==0
                    if lambda(j)<minlambda
                        minlambda=lambda(j);
                        minindex=i;
                    end
                end
            end
        end
        if minlambda >-tol
            xsol=vecx;
            if stat~=0
               fprintf('\n  Algorithm finds a solution!\n');
            end
            return;
        else
            wset(minindex)=0;
            if stat~=0
                fprintf('\n  Min lambda = %10.6f ',minlambda);
                fprintf('\n  Index of min lambda = %d ',minindex);
                fprintf('\n  Delete index %d from the working set.',minindex);
            end
        end
    else
        alpha =1.0;
        for i=1:m
            if wset(i)==0
                atp =jaco(i,:)*vecp;
                if (atp<0)
                    beta =(vecb(i)-jaco(i,:)*vecx)/atp;
                    if beta<alpha
                        alpha =beta;
                        addindex= i;
                    end
                end
            end
        end
        if stat~=0
            fprintf('\n  Alpha = %10.6f ',alpha);
        end
        vecx=vecx+alpha*vecp;
        if alpha<1
            wset(addindex)=1;
            if stat~=0
                fprintf('\n Add index %d to the working set.',addindex);
            end
        else
            if stat~=0
                fprintf('\n  Working set do not alter');
            end
        end
    end
```

```
    clear wjaco wvecb lambda
    if stat~=0
        fprintf('\n  x%d = ',k);
        fprintf('  %10.6f  ',vecx);
    end
end
function asm_main()
hess=[2 0;0 2];
grad=[-2,-5]';
jaco=[1 -2;-1 -2;-1 2;1 0; 0 1];
vecb=[-2 -6 -2 0 0]';
xsta=[2,0]';
mark=[0 0 0 0 0];
wset=[0 0 1 0 1];
fprintf('\n Active Set Method for Convex Quadratic Programming: ');
[xsol]=asm4qp(hess,grad,jaco,vecb,mark,xsta,wset,1);
fprintf('\n Solution: \n\n    ');
fprintf(' %10.6f',xsol);
fprintf('\n\n =============================================\n\n');
```

3.3 运行结果

```
Active Set Method for Convex Quadratic Programming:
 Program use the user specified starting point.

 x0=   2.000000  0.000000

  ---- ---- iter 1 ---- ----
 Working set =   0   0   1   0   1
 Direction p=   0.000000     0.000000
  Lambda =      -2.000000    -1.000000
  Min lambda =  -2.000000
  Index of min lambda = 3
  Delete index 3 from the working set.
  x1 =      2.000000      0.000000

  ---- ---- iter 2 ---- ----
 Working set =   0   0   0   0   1
 Direction p= -1.000000  0.000000
  Alpha =    1.000000
  Working set do not alter
  x2 =      1.000000      0.000000

  ---- ---- iter 3 ---- ----
 Working set =   0   0   0   0   1
 Direction p=   0.000000 0.000000
  Lambda =     -5.000000
  Min lambda =  -5.000000
  Index of min lambda = 5
  Delete index 5 from the working set.
  x3 =      1.000000      0.000000

  ---- ---- iter 4 ---- ----
 Working set =   0   0   0   0   0
 Direction p= -0.000000 2.500000
```

```
 Alpha =   0.600000
Add index 1 to the working set.
 x4 =     1.000000      1.500000

 ---- ---- iter 5 ---- ----
Working set =   1   0   0   0   0
Direction p= 0.400000 0.200000
 Alpha =   1.000000
 Working set do not alter
 x5 =     1.400000      1.700000

 ---- ---- iter 6 ---- ----
Working set =   1   0   0   0   0
Direction p=   0.000000  -0.000000
 Lambda =      0.800000
 Algorithm finds a solution!

 Solution:

     1.400000   1.700000

===================================================
```

4 序列二次规划方法

4.1 算例

$$\begin{aligned} \min_x \quad & f(x_1,x_2)=\mathrm{e}^{3x_1+4x_2} \\ \text{s.t.} \quad & x_1^2+x_2^2=1. \end{aligned}$$

4.2 程序

```
function [f,grad]=firstObjectFunction(x)
% Input the information of the objective function
% ==============================================
f=exp(3*x(1)+4*x(2));
grad=zeros(2,1);
grad(1)=3*f;
grad(2)=4*f;
function [c,Jacobi]=firstConstraintFunction(x)
% Input the information of the constraint functions
% ================================================
c=x(1)^2+x(2)^2-1;
Jacobi=zeros(1,2);
Jacobi(1)=2*x(1);
Jacobi(2)=2*x(2);
function [mf]=meritf(objectFunction,constraintFunction,x,mu)
% Compute the penalty function
% ===========================
f=feval(objectFunction,x);
c=feval(constraintFunction,x);
mf=f+1/mu*norm(c,1);
```

```
function [xResult,itCount]=sqp(objectFunction,constraintFunction,xstart)
% SQP method for the equality-constrained programming
% ===================================================
% xstart:     Starting point.
% itCont:     The number of iterations.
% ---------------------------------------------------
gamma=1.0e-4;
epslion=1.0e-8;
delta=0.1;
max_iter=3000;
n=length(xstart);
x=xstart;
fprintf('\n  x0 = ');
fprintf('    %10.6f',x);
Hessian=eye(n);
[f,grad]=feval(objectFunction,x);
[c,Jacobi]=feval(constraintFunction,x);
lambda=(Jacobi*Jacobi')\(Jacobi*grad);
for k=1:max_iter
    % Check Convergence.
    if (norm(c,2)+norm(grad-Jacobi'*lambda))<=epslion
        fprintf('  \n Algorithm finds a solution!');
        itCount= k;
        xResult= x;
        return;
    end
    mu =1/(norm(lambda,inf)+delta);
    % The following subprogram ecqp is just the one mentioned in Section 3.
    searchDirection =ecqp(Hessian,grad,Jacobi,-c);
    % Perform line search procedure.
    alpha=1;
    meritFunction =meritf(objectFunction,constraintFunction,x,mu);
    newMerit=meritf(objectFunction,constraintFunction,x+alpha*searchDirection,mu);
    while (newMerit>meritFunction+gamma*alpha*(searchDirection'*grad-1/mu*norm(c,1)))
        alpha=0.8*alpha;
        newMerit=meritf(objectFunction,constraintFunction,x+alpha*searchDirection,mu);
    end
    xNew=x+alpha*searchDirection;
    fprintf('\n  x%d = ',k);
    fprintf('    %10.6f',xNew);
    [fNew,gradNew]=feval(objectFunction,xNew);
    [cNew,JacobiNew]=feval(constraintFunction,xNew);
    lambdaNew=(JacobiNew*JacobiNew')\(JacobiNew*gradNew);
    s=alpha*searchDirection;
    y=gradNew-grad-(JacobiNew-Jacobi)'*lambda;
    if s'*y<0.2*s'*Hessian*s
        theta=0.8*s'*Hessian*s/(s'*Hessian*s-s'*y);
        y=theta*y+(1-theta)*Hessian*s;
    end
    Hessian=Hessian-Hessian*s*s'*Hessian/(s'*Hessian*s)+y*y'/(s'*y);
    x=xNew;
    lambda=lambdaNew;
    Jacobi=JacobiNew;
    grad=gradNew;
    c=cNew;
```

```
end
fprintf('Number of iteration exceeds max_iter.');
function sqp_main()
xstart=[-0.7 -0.7]';
fprintf(' \n SQP Method: \n');
fprintf('==============\n');
[x,itcount]=sqp(@firstObjectFunction,@firstConstraintFunction,xstart);
fprintf('\n');
fprintf('Iteration number: \n     %d\n',itcount);
fprintf('Solution:\n');
fprintf('  %10.6f',x);
fprintf('\n\n ==============\n\n');
```

4.3 运行结果

```
 SQP Method:
==============

  x0 =      -0.700000     -0.700000
  x1 =      -0.703420     -0.710866
  x2 =      -0.699120     -0.715030
  x3 =      -0.678773     -0.734899
  x4 =      -0.655549     -0.756168
  x5 =      -0.628817     -0.778823
  x6 =      -0.600702     -0.800255
  x7 =      -0.600006     -0.799996
  x8 =      -0.600000     -0.800000
 Algorithm finds a solution!
Iteration number:
     9
Solution:
   -0.600000   -0.800000

 ==============
```

MATLAB程序

附录 III　Python程序

1 共轭梯度法

1.1 算例

$$\min_{x\in\mathbf{R}^5} f(x)=\frac{1}{2}x^{\mathrm{T}}Gx-b^{\mathrm{T}}x,$$

其中

$$G=\begin{pmatrix}10&1&2&3&4\\1&9&-1&2&-3\\2&-1&7&3&-5\\3&2&3&12&-1\\4&-3&-5&-1&15\end{pmatrix},\quad b=\begin{pmatrix}12\\-27\\14\\-17\\12\end{pmatrix}.$$

1.2 程序

```
import numpy as np
def cg(G, b, x0, max_iter):
    # Conjugate gradient method for the following positive definite quadratic
    # function f(x) = x'Gx/2 - b'x
    # x0: Starting point.
    # max_iter: Maximum number of iterations.
    x = x0
    tolerance = 1.0e-6
    print(f"x0 =", " ".join([f"{val:.6f}" for val in x]))
    r = G @ x - b
    d = -r
    for k in range(1, max_iter+1):
        if np.linalg.norm(r, 2) <= tolerance:
            iter_ = k - 1
            print('\n Algorithm finds a solution!')
            return x, iter_
        alpha = (r.T @ r) / (d.T @ G @ d)
        xx = x + alpha * d
        rr = r + alpha * G @ d
        beta = (rr.T @ rr) / (r.T @ r)
        d = -rr + beta * d
        x = xx
        r = rr
        print(f"x{k} =", " ".join([f"{val:.6f}" for val in x]))
    iter_ = max_iter
    return x, iter_
```

```
def CG_main():
    G = np.array([[10, 1, 2, 3, 4],
                  [1, 9, -1, 2, -3],
                  [2, -1, 7, 3, -5],
                  [3, 2, 3, 12, -1],
                  [4, -3, -5, -1, 15]])
    b = np.array([12, -27, 14, -17, 12])
    x0 = np.array([0, 0, 0, 0, 0])
    max_iter = 1000
    print('\n Conjugate Gradient Method:')
    print(' ==========================')
    y, iter_ = cg(G, b, x0, max_iter)
    print('\n Iterative number:')
    print(iter_)
    print('\n Solution:')
    print(" ".join([f"{val:.6f}" for val in y]))
    print('\n =========================')
CG_main()
```

1.3 运行结果

```
Conjugate Gradient Method:
 ==========================
  x0 = 0.000000   0.000000  0.000000  0.000000   0.000000
  x1 = 1.073560  -2.415510  1.252487  -1.520877  1.073560
  x2 = 1.305605  -2.627981  2.146636  -1.694270  0.442393
  x3 = 1.446618  -2.225384  2.448048  -1.970691  0.620722
  x4 = 1.086550  -2.063574  2.792911  -2.101645  0.836386
  x5 = 1.000000  -2.000000  3.000000  -2.000000  1.000000
  Algorithm finds a solution!
  Iterative number:
  5
  Solution:
  1.000000 -2.000000 3.000000 -2.000000 1.000000
  =========================
```

2 BFGS 算法

2.1 算例

$$\min f(x_1, x_2) = (x_1 - 2)^4 + (x_1 - 2)^2 x_2^2 + (x_2 + 1)^2,$$

$$x_0 = (1, 1)^{\mathrm{T}}, \quad x^* = (2, -1)^{\mathrm{T}}.$$

2.2 程序

```
import numpy as np
def fun(x):
    # Get the objective function value at the current point x.
    f = (x[0] - 2) ** 4 + (x[0] - 2) ** 2 * x[1] ** 2 + (x[1] + 1) ** 2
    return f

def gradient(x):
    # Get the objective function gradient at the current point x.
```

```
    return np.array([
        4 * (x[0] - 2) ** 3 + 2 * (x[0] - 2) * x[1] ** 2,
        2 * (x[0] - 2) ** 2 * x[1] + 2 * (x[1] + 1)])

def wolfe_search(x, g, d):
    # Find a step length which satisfies Wolfe conditions.
    # x : Current iterate point.
    # g : Objective function gradient.
    # d : Search direction.
    alphamax = np.inf
    ruo = 0.1
    sigma = 0.6
    alpha1 = 0
    alpha2 = alphamax
    fai1 = fun(x)
    dfai1 = np.dot(g, d)
    alpha = 1
    faialpha = fun(x + alpha * d)
    dfai = np.dot(gradient(x + alpha * d), d)
    # If one expression of Wolfe conditions doesn't hold, continue the cycle.
    while True:
        if faialpha - fai1 > ruo * alpha * dfai1:
            while faialpha - fai1 > ruo * alpha * dfai1:
                alphaba = alpha1 + (alpha - alpha1) / (2 * (1 + (fai1 - faialpha) / ((alpha - alpha1)
                     * dfai1)))
                alpha2 = alpha
                alpha = alphaba
                faialpha = fun(x + alpha * d)
            dfai = np.dot(gradient(x + alpha * d), d)
        if dfai >= sigma * dfai1:
            alphak = alpha
            return alphak
        else:
            alphaba = alpha + ((alpha - alpha1) * dfai) / (dfai1 - dfai)
            alpha1 = alpha
            fai1 = faialpha
            dfai1 = dfai
            alpha = alphaba
            faialpha = fun(x + alpha * d)
            dfai = np.dot(gradient(x + alpha * d), d)

def bfgs(H, x0, max_iter, tol):
    # Performs the quasi-Newton BFGS method for an unconstrained problem.
    # Line search termination criteria are the Wolfe conditions
    # H : Initial inverse Hessian estimate (must be symmetric
    #      positive definite, recommended initial value:
    #      eye(n) == identity matrix).
    # x0 : Starting point.
    # max_iter: Maximum number of iterations.
    # tol : Tolerance for the gradient.
    k = 0
    x = x0
    g = gradient(x)
    print("\nBFGS Method:")
    print("============")
```

```
    print("x0 =", " ".join([f"{val:.6f}" for val in x0]))
    while np.linalg.norm(g) > tol and k <= max_iter:
        d = -np.dot(H, g)
        alpha = wolfe_search(x, g, d)
        s = alpha * d
        x = x + s
        print(f"x{k+1} =", " ".join([f"{val:.6f}" for val in x]))
        gnew = gradient(x)
        y = gnew - g
        first_term = np.outer((s - np.dot(H, g)), s) + np.outer(s, (s - np.dot(H, y)))
        second_term = np.dot((s - np.dot(H, y)).T, y) * np.outer(s, s) / np.dot(s, y) ** 2
        H = H + first_term / np.dot(s, y) - second_term
        g = gnew
        k += 1
    if np.linalg.norm(g) <= tol:
        print("\nAlgorithm finds a solution!")
    else:
        print("\nNumber of iterations exceeds max_iter.")
    return x, k

def bfgs_main():
    max_iter=1000
    tol=1e-6
    x0 = np.array([1, 1])
    n = len(x0)
    H = np.eye(n)
    solution, num_iterations = bfgs(H, x0, max_iter, tol)
    print("\nIterative number:")
    print(num_iterations)
    print("Solution:", " ".join([f"{val:.6f}" for val in solution]))
    print("Optimal objective function value:", "{:.6f}".format(fun(solution)))
    print("===========")

bfgs_main()
```

2.3 运行结果

```
BFGS Method:
============
x 0 = 1.000000    1.000000
x 1 = 1.537671    0.462329
x 2 = 2.048887   -0.365505
x 3 = 2.373703   -0.935224
x 4 = 2.272120   -0.809535
x 5 = 2.111778   -0.743933
x 6 = 2.084069   -0.856273
x 7 = 2.022336   -1.015933
x 8 = 2.009041   -0.993005
x 9 = 2.005464   -0.996029
x10 = 2.000227   -1.000342
x11 = 2.000213   -0.999991
x12 = 2.000001   -0.999987
x13 = 1.999995   -0.999996
x14 = 1.999997   -1.000001
```

```
x15 = 2.000000    -1.000001
x16 = 2.000001    -1.000001
x17 = 2.000001    -1.000000
x18 = 2.000000    -1.000000
Algorithm finds a solution!

Iterative number:
18
Solution: 2.000000   -1.000000
Optimal objective function value: 0.000000

===========
```

3 解二次规划的有效集方法

3.1 算例

$$
\begin{aligned}
\min_x \quad & q(x) = (x_1 - 1)^2 + (x_2 - 2.5)^2, \\
\text{s.t.} \quad & x_1 - 2x_2 + 2 \geqslant 0, \\
& -x_1 - 2x_2 + 6 \geqslant 0, \\
& -x_1 + 2x_2 + 2 \geqslant 0, \\
& x_1 \geqslant 0, \\
& x_2 \geqslant 0.
\end{aligned}
$$

3.2 程序

```
import numpy as np
from scipy.optimize import linprog
from scipy.linalg import qr

def ecqp(G, d, A, b):
    # Solve equality constrained quadratic programming using null space method.
    m, n = A.shape
    Q, R = qr(A.T, mode='full')
    Z = Q[:, m:n]
    Y = A.T
    py = np.linalg.lstsq(A @ Y, b, rcond=None)[0]
    pz = -np.linalg.lstsq(Z.T @ G @ Z, Z.T @ (G @ Y @ py + d), rcond=None)[0]
    p = Y @ py + Z @ pz
    return p

def lp4fp(jaco, vecb, mark, xsta):
    # Phase I of linear programming (LP): Find a new initial feasible point.

    m, n = jaco.shape
    f = np.zeros(n + m)
    f[n:] = 1
    Aieq = np.zeros((m, n + m))
```

```
    Aeq = np.zeros((m, n + m))
    bieq = np.zeros(m)
    beq = np.zeros(m)
    kieq = 0
    keq = 0
    lb = np.full(n + m, -np.inf)
    for i in range(m):
        if mark[i] == 0:
            kieq = kieq + 1
            Aieq[kieq, :n] = -jaco[i, :]
            Aieq[kieq, n + i] = -1
            bieq[kieq] = -vecb[i]
        else:
            keq = keq + 1
            Aeq[keq, :n] = jaco[i, :n]
            Aeq[keq, n + i] = -np.sign(np.dot(jaco[i, :], xsta) - vecb[i])
            beq[keq] = vecb[i]
    if kieq == 0:
        Aieq = None
        bieq = None
    if keq == 0:
        Aeq = None
        beq = None
    bounds = [(None, None)] * n + [(0, None)] * m
    res = linprog(f, A_ub=Aieq, b_ub=bieq, A_eq=Aeq, b_eq=beq, bounds=bounds)
    feap = res.x[:n]
    return feap

def asm4qp(hess, grad, jaco, vecb, mark, xsta, wset, stat):
    # Active Set Method for Convex Quadratic Programming
    # hess: Hessian of objective function.
    # grad: Gradient of objective function.
    # jaco: Jacobi matrix of constraint(s).
    # vecb: Right side vector of constraint(s).
    # mark: Mark equality(1) or inequality(0) constraint(s).
    # xsta: Starting point.
    # wset: Work set [in working set(1) or not (0)].
    # stat: Output some useful message(1) or not(0).
    tol = 1.0e-6
    m, n = jaco.shape
    n1, n2 = hess.shape
    n3 = len(grad)
    n4 = len(xsta)
    m1 = len(vecb)
    m2 = len(mark)
    m3 = len(wset)
    if (n != n1) or (n != n2) or (n != n3) or (n != n4) :
        print('error: The number of variables or constraints is not identical.')
        return None
    if (m != m1) or (m != m2) or (m != m3):
        print('please check the input data and try again.')
        return None
    feasible = 1
    for i in range(m):
        temp = jaco[i, :] @ xsta - vecb[i]
```

```
        if mark[i] != 0:
            if abs(temp) >= tol:
                feasible = 0
                break
        else:
            if temp < -tol:
                feasible = 0
                break
    if feasible != 0:
        vecx = xsta
        if stat != 0:
            print('\n Program use the user specified starting point.')
    else:
        vecx = lp4fp(jaco, vecb, mark, xsta)
        if stat != 0:
            print('\n Program use a build-in starting point.')
    meq = 0
    for i in range(m):
        if mark[i] and (wset[i] == 0):
            wset[i] = 1
            if mark[i]:
                meq += 1
    if meq > n:
        print('error: Number of equality constraints is greater than that of variables.')
        print('so, this quadratic programming is inconsistent.')
        print('please change the working set and try again.')
        return None
    for i in range(m):
        if (mark[i] == 0) and (wset[i] != 0):
            temp = jaco[i, :] @ vecx - vecb[i]
            if abs(temp) >= tol:
                wset[i] = 0
    if stat != 0:
        print('\n x0=', vecx)
    k = 0
    while True:
        k += 1
        if stat != 0:
            print('\n\n ---- ---- iter {} ---- ---- '.format(k))
            print('\n Working set = ', wset)
        vecg = hess @ vecx + grad
        j = 0
        wjaco = np.array([])
        wvecb = np.array([])
        for i in range(m):
            if wset[i]:
                j += 1
                wjaco = wjaco.tolist()
                wvecb = wvecb.tolist()
                wjaco.append(jaco[i])
                wvecb.append(0)
                wjaco = np.array(wjaco)
                wvecb = np.array(wvecb)
        if j == 0:
            vecp = -np.linalg.lstsq(hess, vecg, rcond=None)[0]
```

```
        else:
            vecp = ecqp(hess, vecg, wjaco, wvecb.T)
        if stat != 0:
            print('\n Direction p=', vecp)
        normp = np.linalg.norm(vecp, 2)
        if normp < tol:
            lambda_ = np.linalg.lstsq(wjaco @ wjaco.T, wjaco @ vecg, rcond=None)[0]
            if stat != 0:
                print('\n Lambda = ', lambda_)
            minlambda = 0
            j = -1
            for i in range(m):
                if wset[i]:
                    j = j+1
                    if mark[i] == 0:
                        if lambda_[j] < minlambda:
                            minlambda = round(lambda_[j], 6)
                            minindex = i
            if minlambda > -tol:
                xsol = vecx
                if stat != 0:
                    print('\n Algorithm finds a solution!')
                return xsol
            else:
                wset[minindex] = 0
                if stat != 0:
                    print('\n Min lambda = ', minlambda)
                    print('\n Index of min lambda = ', minindex+1)
                    print('\n Delete index {} from the working set.'.format(minindex+1))
        else:
            alpha = 1.0
            for i in range(m):
                if wset[i] == 0:
                    atp = jaco[i, :] @ vecp
                    if atp < 0:
                        beta = (vecb[i] - jaco[i, :] @ vecx) / atp
                        if beta < alpha:
                            alpha = beta
                            addindex = i
            if stat != 0:
                print('\n Alpha = ', alpha)
            vecx = vecx.astype(np.float64)
            vecx += alpha * vecp
            if alpha < 1:
                wset[addindex] = 1
                if stat != 0:
                    print('\n Add index {} to the working set.'.format(addindex+1))
            else:
                if stat != 0:
                    print('\n Working set do not alter')
        if stat != 0:
            print('\n x{} = '.format(k), vecx)

def asm_main():
    hess = np.array([[2, 0], [0, 2]])
```

```
    grad = np.array([-2, -5])
    jaco = np.array([[1, -2], [-1, -2], [-1, 2], [1, 0], [0, 1]])
    vecb = np.array([-2, -6, -2, 0, 0])
    xsta = np.array([2, 0])
    mark = np.array([0, 0, 0, 0, 0])
    wset = np.array([0, 0, 1, 0, 1])
    print('\n Active Set Method for Convex Quadratic Programming: ')
    xsol = asm4qp(hess, grad, jaco, vecb, mark, xsta, wset, 1)
    print('\n Solution: \n\n ')
    print(' ', xsol)
    print('\n\n ============================================\n\n')

asm_main()
```

3.3 运行结果

```
Active Set Method for Convex Quadratic Programming:
 Program use the user specified starting point.

 x0= [2 0]

 ---- ---- iter 1 ---- ----

 Working set =  [0 0 1 0 1]
 Direction p= [0. 0.]
 Lambda =  [-2. -1.]
 Min lambda =  -2.0
 Index of min lambda =  3
 Delete index 3 from the working set.
 x1 =  [2 0]

 ---- ---- iter 2 ---- ----
 Working set =  [0 0 0 0 1]
 Direction p= [-1.  0.]
 Alpha =  1.0
 Working set do not alter
 x2 =  [1. 0.]

 ---- ---- iter 3 ---- ----
 Working set =  [0 0 0 0 1]
 Direction p= [0. 0.]
 Lambda =  [-5.]
 Min lambda =  -5.0
 Index of min lambda =  5
 Delete index 5 from the working set.
 x3 =  [1. 0.]

 ---- ---- iter 4 ---- ----
 Working set =  [0 0 0 0 0]
 Direction p= [-0.   2.5]
 Alpha =  0.6
 Add index 1 to the working set.
 x4 =  [1.  1.5]

 ---- ---- iter 5 ---- ----
```

```
Working set =  [1 0 0 0 0]
Direction p= [0.4 0.2]
Alpha =  1.0
Working set do not alter
x5 =  [1.4 1.7]

---- ---- iter 6 ---- ----
Working set =  [1 0 0 0 0]
Direction p= [0. 0.]
Lambda =  [0.8]
Algorithm finds a solution!

Solution:

 [1.4 1.7]

============================================
```

4 序列二次规划方法

4.1 算例

$$\begin{aligned}\min_{x} \quad & f(x_1, x_2) = \mathrm{e}^{3x_1+4x_2},\\ \text{s.t.} \quad & x_1^2 + x_2^2 = 1.\end{aligned}$$

4.2 程序

```
import numpy as np
from scipy.linalg import qr

def ecqp(G, d, A, b):
    #Solve equality constrained quadratic programming using null space method.
    m, n = A.shape
    Q, R = qr(A.T, mode='full')
    Z = Q[:, m:n]
    Y = A.T
    py = np.linalg.lstsq(A @ Y, b, rcond=None)[0]
    pz = -np.linalg.lstsq(Z.T @ G @ Z, Z.T @ (G @ Y @ py + d), rcond=None)[0]
    p = Y @ py + Z @ pz
    return p

def firstObjectFunction(x):
    # Input the information of the objective function
    # ================================================
    f = np.exp(3*x[0] + 4*x[1])
    grad = np.zeros(2)
    grad[0] = 3*f
    grad[1] = 4*f
    return f, grad

def firstConstraintFunction(x):
```

```
    # Input the information of the constraint functions
    # ==================================================
    c = x[0]**2 + x[1]**2 - 1
    Jacobi = np.zeros((1, 2))
    Jacobi[0, 0] = 2*x[0]
    Jacobi[0, 1] = 2*x[1]
    return np.array([c]), Jacobi

def meritf(objectFunction, constraintFunction, x, mu):
    # Compute the penalty function
    # ===========================
    f, _ = objectFunction(x)
    c, _ = constraintFunction(x)
    mf = f + 1/mu * np.linalg.norm(c, ord=1)
    return mf

def sqp(objectFunction, constraintFunction, xstart):
    # SQP method for the equality-constrained programming
    # ===================================================
    # xstart: Starting point.
    # itCont: The number of iterations.
    # ---------------------------------------------------
    gamma = 1.0e-4
    epslion = 1.0e-8
    delta = 0.1
    max_iter = 3000
    n = len(xstart)
    x = xstart
    print('\n x0 = {:.6f}, {:.6f}'.format(x[0], x[1]))
    Hessian = np.eye(n)
    f, grad = objectFunction(x)
    c, Jacobi = constraintFunction(x)
    lambda_ = np.linalg.lstsq(Jacobi @ Jacobi.T, Jacobi @ grad, rcond=None)[0]
    for k in range(1, max_iter + 1):
        # Check Convergence.
        if (np.linalg.norm(c, 2) + np.linalg.norm(grad - Jacobi.T @ lambda_)) <= epslion:
            print(' \n Algorithm finds a solution!')
            itCount = k
            xResult = x
            return xResult, itCount
        mu = 1 / (np.linalg.norm(lambda_, np.inf) + delta)
        # The following subprogram ecqp is just the one mentioned in Section 3.
        searchDirection = ecqp(Hessian, grad, Jacobi, -c)
        # Perform line search procedure.
        alpha = 1
        meritFunction = meritf(objectFunction, constraintFunction, x, mu)
        newMerit = meritf(objectFunction, constraintFunction, x + alpha * searchDirection, mu)
        while (newMerit > meritFunction + gamma * alpha * (searchDirection.T @ grad - 1/mu * np.
            linalg.norm(c, 1))): alpha *= 0.8
            newMerit = meritf(objectFunction, constraintFunction, x + alpha * searchDirection, mu)
        xNew = x + alpha * searchDirection
        print('\n x{} = {:.6f}, {:.6f}'.format(k, xNew[0], xNew[1]))
        fNew, gradNew = objectFunction(xNew)
        cNew, JacobiNew = constraintFunction(xNew)
        lambdaNew = np.linalg.lstsq(JacobiNew @ JacobiNew.T, JacobiNew @ gradNew, rcond=None)[0]
```

```
        s = alpha * searchDirection
        y = gradNew - grad - (JacobiNew - Jacobi).T @ lambda_
        if s.T @ y < 0.2 * s.T @ Hessian @ s:
            theta = 0.8 * s.T @ Hessian @ s / (s.T @ Hessian @ s - s.T @ y)
            y = theta * y + (1 - theta) * Hessian @ s
        Hessian = Hessian - np.dot(np.dot(Hessian, s.reshape(-1, 1)), s.reshape(1, -1)) @ Hessian /
                  (s @ Hessian @ s)
                  + np.dot(y.reshape(-1, 1), y.reshape(1, -1)) / (s @ y)
        x = xNew
        lambda_ = lambdaNew
        Jacobi = JacobiNew
        grad = gradNew
        c = cNew
    print('Number of iteration exceeds max_iter.')

def sqp_main():
    xstart = np.array([-0.7, -0.7])
    print('\n SQP Method: \n')
    print('==============\n')
    x, itcount = sqp(firstObjectFunction, firstConstraintFunction, xstart)
    print('\n')
    print('Iteration number: \n', itcount)
    print('Solution:\n')
    print('\n {:.6f}, {:.6f}'.format(x[0], x[1]))
    print('\n\n ==============\n\n')

sqp_main()
```

4.3 运行结果

```
 SQP Method:
==============


  x0 =       -0.700000      -0.700000
  x1 =       -0.703420      -0.710866
  x2 =       -0.699120      -0.715030
  x3 =       -0.678773      -0.734899
  x4 =       -0.655549      -0.756168
  x5 =       -0.628817      -0.778823
  x6 =       -0.600702      -0.800255
  x7 =       -0.600006      -0.799996
  x8 =       -0.600000      -0.800000
 Algorithm finds a solution!
Iteration number:
     9
Solution:
   -0.600000   -0.800000

 ==============
```

Python程序

参考文献

[1] 邓乃扬. 无约束最优化计算方法. 北京: 科学出版社, 1982.

[2] 朱德通. 最优化模型与实验. 上海: 同济大学出版社, 2003.

[3] 何旭初, 孙文瑜. 广义逆矩阵引论. 南京: 江苏科技出版社, 1991.

[4] 席少霖. 非线性最优化方法. 北京: 高等教育出版社, 1992.

[5] 胡毓达. 非线性规划. 北京: 高等教育出版社, 1990.

[6] 徐成贤, 陈志平, 李乃成. 近代最优化方法. 北京: 科学出版社, 2002.

[7] 袁亚湘. 非线性规划数值方法. 上海: 上海科学技术出版社, 1993.

[8] 袁亚湘, 孙文瑜. 最优化理论与方法. 北京: 科学出版社, 1997.

[9] L. Armijo. Minimization of functions having Lipschitz continuous partial derivatives. *Pacific Journal Mathematics* 1966 (16): 1—3.

[10] M.S. Bazara, C.M. Shetty. *Nonlinear Programming, Theory and Algorithms.* New York: John Wiley and Sons, 1979.

[11] E.M.L. Beale. A derivative of conjugate gradients. in F.A. Lootsma eds.. *Numerical Methods for Nonlinear Optimization.* London: Academic Press, 1972: 39—43.

[12] D.P. Bertsekas. *Nonlinear Programming*, Belmont: Athena Scientific, 1995.

[13] M.C. Bartholomew-Biggs. Recursive quadratic programming methods based on the augmented Lagrangian. *Mathematical Programming Study,* 1987 (31): 21—24.

[14] C.G. Broyden. J.E. Dennis. Jr., J.J. Moré, On the local superlinear convergence of quasi-Newton methods. *Journal Institute of Mathematics and Applications,* 1973 (12): 223—246.

[15] R.H. Byrd, J. Nocedal. A tool for the analysis of quasi-Newton methods with application to unconstrained minimization. *SIAM Journal on Numerical Analysis*, 1989 (26): 727—739.

[16] R.H. Byrd, R.B. Schnabel, G.A. Schultz. Approximate solution of the trust region problem by minimization over two-dimensional subspaces. *Mathematical Programming*, 1988 (40): 247—263.

[17] A. Cohen. Rate of convergence of several conjugate gradient algorithms. *SIAM Journal on Numerical Analysis,* 1972 (9): 248—259.

[18] T. Coleman, M.A. Branch, A. Grace. *Optimization Toolbox: for use with MATLAB: user's Guide.* The Math Works Inc., Natick, MA, 1999.

[19] A.R. Conn, N.I.M. Gould, Ph.L. Toint. *Trust-Region Methods.* SIAM, 2000.

[20] G.B. Dantzig. *Linear Programming and Extensions.* Princeton: Princeton University Press, 1963.

[21] W.C. Davidon. Variable metric methods for minimization. Argonne National Labs Report, ANL-5990.

[22] J.E. Dennis Jr., J.J. Moré. Quasi-Newton Methods. motivation and theory. *SIAM Review*, 1977 (19): 46—89.

[23] A.V. Fiacco and G.P. McCormick. *Nonlinear Programming: Sequential Unconstrained Minimization Technique.* New York: Wiley, 1968. Reprint by SIAM Publications, 1990.

[24] R. Fletcher. *Practical Methods of Optimization* (second edition). Chichester: John Wiley and Sons, 1987.

[25] R. Fletcher, M.J.D. Powell. A rapid convergent descent method for minimization. *Computer Journal,* 1963 (6): 163—168.

[26] P.E. Gill, W. Murray. Newton-type methods for unconstrained and linearly constrained optimization. *Mathematical Programming,* 1974 (28): 311—350.

[27] S.M. Goldfeld, R.E. Quandt, H.F. Trotter. Maximization by quadratic hill–climbing. climbing, *Econometrica,* 1966 (34): 541—551.

[28] A.A. Goldstein. On steepest descent. *SIAM J. Control,* 1965 (3): 147—151.

[29] A.A. Golstein, J. Price. An effective algorithm for minimization. *Numerische Mathematic,* 1967 (10): 184—189.

[30] G.H. Golub, C.F.Van Loan. *Matrix Computations.* 3rd ed. Baltimore: The Johns Hopkins University Press, 1996.

[31] D.G. Luenberger. *Introduction to Linear and Nonlinear Programming* (2nd Edition). Massachusetts: Addison-Wesley, 1984.

[32] N. Karmarkar. A new polynomial-time algorithm for linear *programming.* Combinatorica, 1984 (4): 373—395.

[33] G.P. McCormick. *Nonlinear Programming: Theory, Algorithms, and Applications.* New York: John Wiley and Sons, 1983.

[34] J.J. Moré. Recent developments in algorithms and software for trust region methods, in: A. Bachem, M. Grötschel and B. Korte, eds., *Mathematical Programming: The State of the Art.* Berlin: Springer-Verlag, 1983: 258—287.

[35] J.J. Moré, D.C. Sorensen. Computing a trust region step. *SIAM Journal on Scientific and Statistical Computing,* 1983 (4): 553—572.

[36] J. Nocedal, S.J. Wright. *Numerical Optimization.* New York: Springer, 1999.

[37] J. Nocedal, Y. Yuan. Analysis of a self-scaling quasi-Newton method. *Mathematical Programming,* 1993 (61): 19—37.

[38] S.S. Oren. Self-scaling variable metric algorithm II: Implementation and experiments. *Management Science,* 1974 (20): 863—874.

[39] S.S. Oren, D.G. Luenberber. Self-scaling variable metric (SSVM) algorithm I: Criteria and sufficient conditions for scaling a class of algorithms, *Management Science,* 1974 (20): 845—862.

[40] J.M. Ortega, W.C. Rheinboldt. *Iterative Solution of Nonlinear Equations in Several Variables.* New York: Academic Press, 1970.

[41] M.J.D. Powell. A new algorithm for unconstrained optimization, in: J.B. Rosen, O.L. Mangasarian and K. Ritter, eds., *Nonlinear Programming.* New York: Academic Press, 1970: 31—66.

[42] M.J.D. Powell. Convergence properties of a class of minimization algorithms, in: O.L. Mangasarian, R.R. Meyer and S.M. Robinson, eds., *Nonlinear Programming 2.* New York: Acadmic Press, 1975: 1—27.

[43] M.J.D. Powell, Y. Yuan. A recursive quadratic programming algorithm that use differentiable exact penalty function. *Mathematical Programming.* 1986 (35): 265—278.

[44] L. Qi. Convergence analysis of some algorithms for solving nonsmoth equations. *Mathematics of Operations Research,* 1993 (18): 227—244.

[45] L. Qi, J. Sun. A nonsmooth version of Newton's method. *Mathematical Programming.* 1993 (58): 353—367.

[46] R.B. Schnabel, P.D. Frank. Tensor methods for nonlinear equations. *SIAM Journal on Numerical Analysis.* 1984 (21): 815—843.